该著作获北京市自然科学基金－小米创新联合基金项目
（L223022）支持

Optimization on Key Technologies for
Video Coding in HEVC/VVC

HEVC/VVC 视频编码
关键技术优化

张萌萌 / 著

中央民族大学出版社
China Minzu University Press

图书在版编目（CIP）数据

HEVC/VVC 视频编码关键技术优化 / 张萌萌著 . —北京：
中央民族大学出版社，2024.5
ISBN 978-7-5660-2200-4

Ⅰ . ① H… Ⅱ . ①张… Ⅲ . ①视频编码—研究
Ⅳ . ① TN762

中国国家版本馆 CIP 数据核字（2024）第 086737 号

HEVC/VVC视频编码关键技术优化

著　　者	张萌萌	
责任编辑	戴佩丽	
封面设计	舒刚卫	
出版发行	中央民族大学出版社	
	北京市海淀区中关村南大街27号	邮编：100081
	电话：（010）68472815（发行部）	传真：（010）68933757（发行部）
	（010）68932218（总编室）	（010）68932447（办公室）
经 销 者	全国各地新华书店	
印 刷 厂	北京鑫宇图源印刷科技有限公司	
开　　本	787×1092　1/16　印张：29.5	
字　　数	438千字	
版　　次	2024年5月第1版　2024年5月第1次印刷	
书　　号	ISBN 978-7-5660-2200-4	
定　　价	206.00元	

本书编委会

张萌萌　北京联合大学

刘　志　北方工业大学

张泽良　北方工业大学

王　衡　北方工业大学

刘金昂　北方工业大学

王　涛　北方工业大学

张东旭　北方工业大学

前　言

　　视觉是人类获取信息的主要途径。人类接收的信息中，超过70%来自视觉。与听觉、味觉等信息相比，视觉信息更直观、更丰富。视频是广受欢迎的一种视觉媒体形式，在人们的生产、生活、学习中都有十分广泛的应用。据统计，目前的互联网流量中，视频流量占85%以上。随着短视频应用的快速推广，该比例还在不断攀升。

　　随着视频应用的不断推广以及技术的不断进步，人们对视频质量的要求也越来越高，从最初的CIF低质量视频发展到主流的1080P高分辨率视频。目前，绝大多数的终端设备均支持1080P分辨率视频的解码与显示。近年来，超高清视频的需求也越来越大，4K分辨率（3840×2160）、8K分辨率（7680×4320）视频正在逐步成为主流。在分辨率的需求快速提高的同时，对视频帧率的要求也在不断提高，60fps、120fps，甚至更高帧率的视频码流在快速得到应用。

　　视频应用的大众化推广，高清、超高清视频不断被应用，给视频数据的传输和存储不断提出挑战。视频编码技术是音视频产业的关键基础性技术。自20世纪80年代以来，视频编码技术一直处于高速发展中，在相关标准化组织的主导下，诞生了一代又一代的视频编码标准。为了更好地满足互联网、移动网络传输的需要，2003年，ITU-T和ISO/IEC正式发布了H.264/AVC标准，成为视频标准发展历史上的一个新里程碑。在短短的十余年间，H.264/AVC主导了绝大部分视频流量的编码。随着高清晰度、高帧率视频需求的快速发展，H.264/AVC标准的局限性逐步体现，2013年，高效视频编码标准H.265/HEVC应运而生。H.265/HEVC沿用了

H.264/AVC 的混合编码框架，保留了其中的先进技术，同时引入了大量新的编码工具，在达到同等编码效果的前提下，编码性能比 H.264/AVC 提高了近一倍。随着 4K/8K 超高清、虚拟现实视频的快速应用，迫切需要通用性强、压缩性能更高的视频编码标准。2020 年，JVET 发布了最新一代的视频编码标准 —— 通用视频编码标准 H.266/VVC。据统计，与 H.265/HEVC 相比，编码同等质量的视频码流，VVC 标准能够节省大约一半的网络带宽。目前，H.266/VVC 标准的仍处于推广阶段。

H.265/HEVC、H.266/VVC 是目前主流的视频编码标准。这两个标准在有效提高编码性能的同时，由于大量先进编码工具的引入，大大增加了编码计算复杂度，给编码器软硬件的设计与实现带来巨大挑战。为此，产业界与学术界均不断致力于对这两个编码器进行优化，以提高编码性能，降低编码复杂度。本课题组基于长期的视频编码研究中积累的经验，对 H.265/HEVC、H.266/VVC 标准展开了大量的优化工作，取得了较好的优化效果，相关研究及实验数据将在后文中加以介绍。

全书共分为 8 章。第 1 章为绪论，概述视频编码的基本概念，对视频编码的国际标准及国内标准的发展情况作了介绍。第 2 章介绍 HEVC、VVC 视频编码标准的关键技术，便于读者对相关标准的关键内容有系统的了解。第 3 章 ~ 第 6 章介绍对 HEVC、VVC 编码器关键环节的优化研究，包括编码单元划分、帧内预测、帧间预测、码率控制、环路滤波等环节。第 7 章、第 8 章针对两类特殊的视频数据，对 HEVC、VVC 编码器展开优化。其中第 7 章介绍针对虚拟现实视频数据的优化研究，第 8 章介绍针对屏幕内容视频数据的优化研究。

由于视频编码涉及的理论及技术非常广泛，相关研究日新月异，加之作者学识水平有限，书中难免有不当之处，敬请广大读者批评指正。

作者

2023 年 11 月

目　录

第一章　绪论

1.1 引言

视觉是人类最为直接、有效的信息获取方式。心理学家的相关统计数据表明，视觉途径在人们感受事物、交互外界的方式中，占有率达到了80%以上。科学技术的发展使得人们的生活与互联网的结合日益紧密，网络信息也由最初的文字、音频、图片传输方式转换为更为直观的视频传输方式。视频承载了海量非结构化视觉信息，是应用最广泛的多媒体数据格式，它与人们的生活息息相关，是人类获取信息的重要途经之一[1]-[4]。目前，互联网70%以上的流量来自于图片和视频，并且这个比例仍在持续攀升，视频已成为网络上体量最大的数据格式。从网站、应用程序、社交媒体，到数字电视广播、视频会议远程通信，再到监控、安保、医疗、国防……，我们的生活被越来越多的视频元素所影响，而这一切，离不开视频编码技术的突飞猛进。视频编码又称为视频压缩，它先将视频信号转换为数值数据，再采用压缩算法减小存储和传输所需的数据量。视频编码的首要意义在于提高视频传输的效率，使得视频能够更加快速稳定地传输，且不占用过多的存储空间。

图1.1　超高清视频

5G技术的应用使得对超高速数据的传输成为可能，极大地促进了视频等媒体的应用，使得视频向高帧率、高动态范围和高分辨率方向不断发展[4]。越来越多种类的视频格式涌现出来，如360视频、HDR视频、动态点云视频等。视频的色彩从常见的8比特演变到10比特，视频的通道数由以往的单通道黑白视频变为多通道彩色视频，视频刷新率从每秒60帧演变为每秒144帧。高清和超高清（一般包括4K、8K等分辨率标准）的视频数据的快速增加给现有的视频信息存储以及网络传输带来了巨大挑战，高效的视频压缩技术成为关键。图1.1显示了，不同分辨率视频的画质。

如图1.2所示，视频是由一帧一帧的图像组成的，可见即使是一小段视频也包含了相当多帧图像，造成了总的数据量非常大。以分辨率为1920×1080P、帧率为60HZ、像素深度为24bit为例，1秒钟视频的数据量大小约为356MB，如果不对其进行压缩，直接在线供观众观看，那么观众的网络带宽至少需要300MB/s；如果用于存储，通常一部2小时的电影数据量为2.4TB，那么现今的存储设备存储一部电影都很困难，成本太高。而视频编码技术就是利用特定的技术消除视频中大量的冗余信息，在保证视频质量的前提下对视频信息进行压缩，并且将压缩后的视频进行重建。

图1.2 视频序列

1.2 视频压缩与冗余

1.2.1 视频压缩

由于数字化后的视频数据量巨大，不便于传输和存储。单纯用扩大存储容量、增加通信信道带宽的办法是不现实的，而视频压缩是个行之有效的方法。视频编码是一类特殊的数据压缩方法。通过数据压缩手段把信息的数据量压下来，以压缩编码的形式存储和传输，既节约了存储空间，又提高了通信信道的传输效率。数据压缩通常分为无损压缩和有损压缩两大类。其中无损压缩是对数据本身的压缩，采用某种算法表示重复的数据信息，对文件的数据存储方式进行优化，压缩后的数据可以完全恢复为原始数据。无损压缩通常适用于需要保留数据完整性的领域，如文档、数据库、存档文件等。对于某些类型的数据，无损压缩可以实现非常高的压缩比率，特别是在存在大量重复数据的情况下。例如，文本文件、数据库备份等含有大量重复信息的数据通常可以获得很高的压缩比率。然而，在其他类型的数据中，无损压缩的效率可能会有限。对于图像的无损压缩来说，压缩效率以为3：1左右的最为常见。对于海量的原始视频数据，这样的压缩效率是远远不够的，因此在绝大多数情况下，视频压缩都是采用有损压缩的方式。

有损压缩是通过牺牲一些细节和质量来获得压缩比率。在有损压缩中，压缩后的数据无法完全恢复为原始数据。它主要应用于图像、音频和视频等媒体数据的压缩，以降低存储需求或提高传输效率。这是由于对人耳或者人眼来说，丢掉某些信息是很难察觉的。例如，在保存图像时保留了较多的亮度信息，而将色相和色纯度的信息和周围的像素进行合并。在屏幕上观看图像时，不会发现有损压缩对图像的外观产生太大的不利影响。总的来说，有损压缩的压缩效率远远高于无损压缩，而代价就是在质量上产生损失。

在视频编码中，无损压缩和有损压缩消除的都是视频数据中存在着的大量冗余，这是压缩图像与视频数据的出发点。图像与视频压缩编码方法就是要尽可能地去除这些冗余，以减少表示图像与视频所需的数据量，使得视频数据量得以被极大地压缩，有利于传输和存储。

1.2.2 视频冗余

数字化后的视频信号能进行压缩主要依据两个基本条件。一个是图像和视频在数字化过程中产生的数据冗余，例如空间冗余、时间冗余、信息熵冗余、结构冗余等，即图像的各像素之间存在着很强的相关性。消除这些冗余并不会导致信息损失，属于无损压缩；另一个是利用人眼的视觉特性而产生的视觉冗余。因人眼的一些特性比如亮度辨别阈值、视觉阈值，对亮度和色度的敏感度不同，使得在编码的时候引入适量的误差，也不会被察觉出来。数字视频信号的压缩正是基于上述两种条件，使得视频数据量得以极大地压缩，有利于传输和存储。

（1）数据冗余类型

空间冗余是静态图像存在的最主要的一种数据冗余，主要源于图像中相邻像素之间的相关性。在一张图像中，相邻的像素之间通常存在着高度的相关性，比如一个像素的颜色和它旁边的像素颜色很相似。这种相关性就导致了空间冗余的产生。空间冗余主要表现为图像中的重复信息，如平滑区域、重复纹理等。

时间冗余主要源于视频序列中相邻帧之间的相关性。在视频中，连续的帧之间通常存在着很高的相似性，因为它们记录的是同一场景在不同时间的图像。这种相似性就导致了时间冗余的产生。时间冗余主要表现为视频中的静止区域和缓慢移动的物体，这些区域在连续的帧之间变化很小。

信息熵冗余也称为编码冗余，如果图像中平均每个像素使用的比特教大于该图像的信息熵，则图像中存在冗余，这种冗余称为信息熵冗余。

结构冗余指的是图像的纹理、图案、形状等结构特性在视频帧之间存在的重复性或相似性。例如，当一幅图有很强的结构特性，纹理和影像色调等与物体表面结构存在一定的规则时，其结构冗余很大。这种冗余可以通过对图像中的结构信息进行提取和压缩来减少数据量，从而提高视频压缩效率。

（2）视觉冗余

研究表明，人类的视觉系统对于图像的敏感性是非均匀和非线性的，它并不能感知图像的所有变化，因此对视觉不敏感的信息可以适当地舍弃。然而，在记录原始的图像数据时，通常假定视觉系统是线性的和均匀的，对视觉敏感和不敏感的部分同等对待，从而产生了比理想编码（即把视觉敏感和不敏感的部分区分开来编码）更多的数据，当某些变化不能被视觉所感知，则忽略这些变化，仍认为图像是完好的。这些对视觉不敏感的数据，并不能对人眼清晰度作出贡献，这就是视觉冗余。

通过对人类视觉进行大量实验，发现视觉系统对图像的亮度和色彩度的敏感性相差很大。随着亮度的增加，视觉系统对量化误差的敏感度降低。这是由于人眼的辨别能力与物体周围的背景亮度成反比。由此说明，在高亮度区，灰度值的量化可以更粗糙一些。人眼的视觉系统把图像的边缘和非边缘区域分开来处理，这是将图像分成非边缘区域和边缘区域分别进行编码的主要依据。人类的视觉系统总是把视网膜上的图像分解成若干个空间有向的频率通道后再进一步处理。同时人眼对低频信号比对高频信号敏感；对静止图象比对运动图像敏感；对图像中水平和垂直线条比对斜线条敏感。人眼对图像的细节分辨率、运动分辨率和对比度分辨率都有一定的限度。

此外，将由图像的记录方式与人们对图像的知识差异所产生的冗余称为知识冗余。人对许多图像的理解与某些基础知识有很大的相关性。例如，人脸的图像有固定的结构，比如说嘴的上方有鼻子，鼻子的上方有眼睛等等，这类规律性的结构可由先验知识和背景知识得到。但计算机存储图像时仍然把所有的像素信息存入，这就是知识冗余。对某些图像中所包含的物体，根据已有知识，可以构造其基本模型，并创建对应各种特征的图像库，进而使得图像的存储只需要保存一些特征参数，从而可以大大减少数据量。知识冗余是模型编码主要利用的特性。

1.2.3 消除数据冗余的方法

针对不同的冗余类型，可以采取不同的技术来减少冗余数据。

对于空间冗余的消除，包括预测和变换编码等技术。预测编码是通过预测图像中每个像素的值来消除空间冗余的一种方法。它利用图像中相邻像素之间的相关性，根据已经编码的像素来预测未编码的像素值。例如，可以使用线性回归或神经网络等预测模型来预测像素值，从而减少空间冗余。变换编码则是将图像从时域转换到频域，通过减少频域中的系数来减少空间冗余的一种方法。它首先对图像进行变换，如傅里叶变换或小波变换等，将图像从时域转换到频域，然后在频域中对变换系数进行量化，以减少数据量。通过这种变换和量化的过程，可以有效地减少空间冗余。这些技术都可以有效地减少图像中的空间冗余，从而提高视频传输的效率和准确性。具体选择哪种技术取决于具体的场景和需求。

对于时间冗余的消除，运动估计和运动补偿是两种常用的技术。运动估计是时间冗余消除中的一个重要步骤，它通过比较相邻帧之间的像素移动来估计物体的运动轨迹。运动估计的基本思想是在视频序列中寻找帧间相似性，以减少需要传输的数据量。它利用相邻帧之间的时间相关性，通过估计物体在帧间的运动来预测下一帧的内容。通过运动估计，可以有效地消除时间冗余，从而提高视频压缩的效率和准确性。运动补偿则是利用运动估计的结果，对视频帧进行补偿，以进一步消除时间冗余。运动补偿通过估计物体在帧间的运动轨迹，对视频帧进行位移和插值操作，从而消除时间冗余。例如，如果在一帧中检测到物体向左移动，运动补偿可以预测下一帧中该物体将位于不同的位置，并通过插值算法生成一个新的帧，该帧中的物体位置与预测位置相符。通过运动补偿，可以进一步消除时间冗余，提高视频压缩的效率和准确性。总之，运动估计和运动补偿是消除时间冗余的两种常用技术，通过利用相邻帧之间的时间相关性，减少需要传输的数据量，从而有效地消除时间冗余。

对于编码冗余的消除，可以采用更高效的编码算法和更精确的码率控制等方法。首先，更高效的编码算法可以更有效地压缩视频数据，从而消除编码冗余。目前，许多高效的视频编码算法已经得到广泛的应用，如基于块的编码、基于变换的编码、基于预测的编码等。这些算法通过利用图像中的空间和时间相关性，减少了需要传输的数据量，从而有效地消除了编码冗余。其次，更精确的码率控制也可以帮助消除编码冗余。码率控制是一种用于调整视频编码输出数据量的技术，它通过对编码数据进行量化来控制输出数据量。更精确的码率控制可以通过更精细的量化来更好地控制数据量，从而消除编码冗余。例如，可以根据视频内容的复杂度和重要性进行动态量化，以保证视频质量的同时减少数据量。此外，还可以结合多种编码算法和码率控制策略来消除编码冗余。例如，可以将基于块的编码和基于变换的编码结合起来，或者采用自适应的码率控制策略，以实现更高效的编码和更好的压缩效果。总之，更高效的编码算法和更精确的码率控制是消除编码冗余的两种常用技术。通过采用这些技术，可以更有效地压缩视频数据，消除编码冗余，提高视频传输的效率和准确性。

1.3 视频编码标准

1.3.1 视频编码标准介绍

视频编码标准是在数字视频领域中，规定了一种共同的、可比较的技术规范，用于视频数据的压缩、传输、存储和播放。随着视频编解码技术的快速发展和广泛应用，视频编码标准在信息传输和共享方面发挥着越来越重要的作用。视频编码标准的引入，使得不同厂商和技术团队在实现视频编解码时，有了共同遵循的技术规范，从而避免了视频格式的不兼容性和不一致性，提高了视频传输和共享的便利性。在编码器输出的码流中，数据的基本单元是语法元素，每个语法元素由若干比特组成，它表征了某个特定的物理意义，如预测类型、量化参数等。视频编码标准的语法规定了各个语法元素的组织结构，而语义则阐述了语法元素的具体含义。在编码标准的制定过程中，为了确定如何对语法元素进行合理的设计，首先要明确该标准所支持的编码方式，以及相应可能出现的编码方法。

从20世纪80年代起，国际组织开始对视频编码建立国际标准。目前，国际上主要有两大组织专门进行视频编码标准的制定工作，分别是国际标准化组织（International Organization for Standardization，ISO）/国际电工委员会（International Electrotechnical Commission，IEC）的动态图像专家组（Motion Picture Experts Group）与国际电信联盟电信标准化部门（International Telecommunication Union–Telecommunication Standardization Sector，ITU–T）的视频编码专家组（Video Coding Experts Group，VCEG）。成立于1986年的MPEG专门负责制定多媒体领域内的相关标准，主要应用于视频存储、广播电视、网络流媒体等。ITU–T主要制定面向实时视频通信领域的视频编码标准，如视频电话、视频会议等应用，其编码标准通常被称为H.26X系列，包括H.261、H.263（H.263+、H.263++）等。2006年，我国也形成了具有自主知识产权的视频编码标准AVS（Audio Video coding Standard）[7][8]。

1.3.2 视频编码的国际标准

自二十世纪八九十年代以来，为解决视频编码统一标准的问题，ITU–T和ISO/IEC就开始研究制定并提出了多种国际化视频编码标准，图1.3展示了视频编码标准的发展历程。

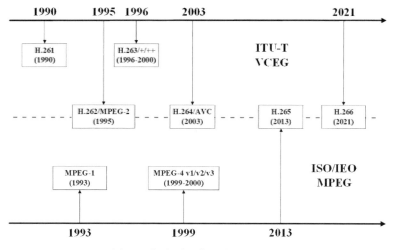

图1.3 视频编码标准的发展历程

按照制定时间和编码效率，大致可以分为四代：以H.261/H.262/H.263、MPEG-1/2/4为代表的标准称为第一代编码标准；以H.264/AVC为代表的标准称为第二代编码标准；以H.265/HEVC、HEVC-SCC为代表的标准称为第三代编码标准；最新制定的H.266/VVC和MPEG-5/EVC为第四代编码标准[10]。

H.261标准的制定开始于1984年，于1990年完成，主要是针对视频会议和可视电话等需要高实时性、低码率的使用场合所制定的一套视频编码标准。其中首次提出混合编码方法并沿用至今，是视频编码标准发展历史上的里程碑。H.261只支持CIF（352×288）和QCIF（176×144）两种视频分辨率。以H.261为前驱的MPEG-1制定于1993年，主要面向VCD（Video Compact Disk）应用，数据速率在1.5Mbit/s左右。1995年发布的面向DVD、数字视频广播等应用的MPEG-2标准是第一个由MPEG和VCEG联合制定的标准，适用于1.5～60Mbit/s甚至更高码率。H.262是MPEG-2的视频部分，引进了逐行扫描和隔行扫描两种扫描方式对视频进行压缩，并且引入了半精度的运动搜索。同时根据不同编码的工具和视频的分辨率定义了5个档次（profile）和4个级别（level）。在H.261的基础上，1996年ITU-T制定了H.263编码标准（启动于1992年），又相继推出了 H.263+、H.236++ 等,是主要针对低码率视频(小于 64kbps)所制定的标准。与只支持 CIF 和 QCIF 分辨率的视频的 H.261 相比,H.263 支持更多分辨率的视频。除此之外,H.261 中每个宏块对应一个运动矢量,而 H.263 中每 8×8 像素块对应一个运动矢量。H.263 也引进了半精度运动搜索、B 帧以及算数编码等新技术,使得编码效率有了较大的提升。MPEG-4 于 1998 年 11 月公布,主要面向低码率传输(于 1993 年启动,以 MPEG-2,H.263 为基础)。

2001 年 ITU-T 和 MPEG 联合成立了 JVT(Joint Video Team)工作组,制定了一个新的视频编码标准,标准在 ISO/IEC 中称为 MPEG-4 标准的第 10 部分(MPEG-4 Part10 AVC),在 ITU-T 中称为 H.264 标准,是 MPEG 与 VCEG 联合制定的第二个视频编码标准。H.264 是目前使用最广泛的视频编码标准,它在已有的编码标准的基础上,吸收了视频编码领域的最新研究成果,采用混合编码框架,通过对预测编码(帧内/帧间)、变换编码、量化、熵编码、环路后处理等编码算法的改进和升级,在编码效率上有了很大提升。相较于之前的标准,在同等的图像质量下,码率能节省 50% 以上,但其编码复杂度也大大增加[9]。

2010 年 ITU-T 和 MPEG 再次联合成立 JCT-VC(Joint Collaborative Team on Video Coding)工作组,并于 2013 年制定完成了 H.265 视频编码标准。H.265/HEVC 是为了应对超高清视频的需求,在 2013 年推出的新一代视频编码标准。它基于 H.264 的混合编码框架基础,采用了灵活的四叉树编码单元分块结构,更多的帧内帧间预测模式,样点自适应补偿,自适应环路滤波和并行化技术优化等新的编码技术。HEVC 旨在保持高质量图像的情况下,提高压缩性能在有限带宽下传输更高质量的网络视频,HEVC 标准也同时支持 4K(4096×2160)和 8K(8192×4320)超高清视频。可以说,H.265 标准让网络视频跟上了显示屏"高分辨率化"的脚步,同时支持高动态范围视频和 HDR10 元数据[10]。HEVC-SCC 是 HEVC 的扩展版本,主要针对包含屏幕内容的视频。HEVC-SCC 在 HEVC 的基础框架上增加了块内拷贝(Intra-Block Copy,IBC),调色板模式(Palette Mode,PLT)等编码工具来获得更好的编码效率[12]。

H.266/VVC 是继 H.265 之后的新一代视频编码标准，于 2020 年正式发布，压缩性能远优于以往同类标准。H.266/VVC 主要应用于宽应用领域，支持高清视频、超高清视频、高动态范围视频、VR 视频、使用普通投影格式所投影的 360° 全景视频以及屏幕内容等[13][14]。同年，基于 HEVC 的基本视频编码 EVC（Essential Video Coding）发布。EVC 是一种免版税的视频编码标准，旨在提供高效的视频压缩方案，并同时支持 HEVC 和 AVC（Advanced Video Coding）的编码特性。通过削减一些高级特性和采用更为简化的技术，实现更低的编码复杂度和更高的编码效率。EVC 的目标是提供具有合理权衡的视频编码解决方案，以促进 HEVC 标准的应用和推广[15]。

1.3.3 开源视频编码标准

随着最新的视频编解码标准 H.266/VVC，在同等画质下节省近 50% 传输流量，充分展示了视频编码技术的最新进展。但是，技术迭代的狂欢背后，隐藏着专利授权方面的巨大隐患，这也是 H.265 至今未能普及的原因。从 H.264 到如今的 H.266，新一代标准的推陈出新周期大概在 5 — 7 年，但一项新的标准从推出到普及应用则远超出这个时间。视频编解码标准依然面临着标准推出易，普及应用难的问题。谷歌公司一直致力于发展开放并且免费的可用网络视频编码标准。在收购 On2 之后的 10 个月，谷歌将自己拥有的 VP8 视频编码技术开源，并免费提供给所有开发者使用。2013 年又推出了 VP8 的下一代视频编码标准 VP9。

互联网的快速发展让我们的影音生活变得更加快捷和丰富多彩，越来越多的人们开始在互联网上观看电影、电视剧和各种娱乐节目。而更为重要的是，人们对高清视频甚至是超高清视频的需求日益迫切，而互联网让我们能够更加方便地获取超高清视频资源。在互联网视频压缩领域，由谷歌公司发布的 VP9 视频编码标准优势明显。VP9 是在 2013 年 6 月正式确定下来的编码标准，实际编码效率方面与 H.265/HEVC 接近，与 H.264/AVC 相比优势明显。谷歌为了让 VP9 快速成为下一代超高清视频压缩编码的主流标准之一，在 2013 年初，旗下的 Chrome 浏览器和 YouTube 开始使用这一新的视频编码标准。在2014年的CES消费展上，YouTube演示了采用VP9编码技术的高清视频流媒体服务，同时谷歌宣布VP9标准已经得到了松下、索尼、三星、东芝、飞利浦、夏普、ARM、英特尔、英伟达、高通、瑞昱半导体、LG与Mozilla的支持。事实上，由于VP9与H.265/HEVC在编码效率上相差不大，而VP9是一种免专利费的编码技术，因此能得到更多厂商的支持。

随着对高效视频应用需求的增加和多样化，到2015年，由多家视频点播提供商和网络浏览器行业公司共同组织成立了AOM，目的是开发一个开源免专利的下一代视频编码格式，称作AV1。AV1在2016年4月发布初始版本，并于2018年定稿。AV1的发展目标是实现保证高质量实时传输、支持不同带宽条件的设备应用且能够以合理的复杂度用于商业和非商业内容，并相比VP9带来较高的性能提升。

AV1在制定的过程中综合考虑了编码工具可带来的性能增益和编解码时间复杂度，从中选出性能和复杂度平衡的编码工具加入到编码标准之中。AV1相比前身VP9增加了更多种类的划分方式，对预测模式进行了扩展并加入了新的编码工具，对变换量化技术进行了细化，对熵编码技术和滤波技术进行了完善。因而，AV1带来了良好的性能提升，达到了其既定目标，研究结果表明，AV1相比VP9节省了约30%的码率，与H.265/HEVC的编码器相比，带来了约24%以上的编码增益。AOM已经开始了AV2视频编码标准的研究，将对现有的编码工具进行优化以提高编码增益，并且将寻求编码增益与编解码复杂度之间的平衡作为后续工作的重要研究方向。

1.3.4 新一代编解码器和改进方向

新一代视频编码标准将继续发展，具体包括：由AOMedia开发的AV2，将提供超越AV1的新编码工具；通过ITU–T和MPEG之间的协同努力，新开发的编码工具已经在增强压缩模型（ECM）中体现出了对VVC在压缩性能上的显著超越；对AI在视频编解码器中应用的进一步探索，打破传统2D变换＋运动补偿框架的约束。

随着互联网内容的迭代丰富，网络视频已经成为人们获取信息的最重要媒介。爱立信公司于2022年6月发布的移动市场报告显示，未来六年移动数据流量将增长4.2倍，其中视频流量占比将达79%，音视频赛道正迎来前所未有的发展机遇。视频编解码技术作为超高清以及泛音视频产业发展的基础，是未来产业竞争的制高点。

由于超高清视频、虚拟现实视频、全景视频、智能化应用视频等领域的快速发展以及面向机器视觉的视频编码和处理需求的爆发增长，传统编码工具的性能已趋于极限，难以满足通用化、智能化的视频应用需求。基于神经网络技术的智能视频编码成为下一代视频编码技术发展的重要突破口。全新的智能视频编码技术将在节省存储与传输宽带成本、降低时延、保障视觉质量的基础上满足对视频感知、分析、理解等智能应用方面的需求。

在此背景下，涌现科技创新性地定义了智构视频，提出对视频编解码"AI for Coding"的理解。跳出传统基于人眼视觉的框架，推动建立未来人机混合应用场景下的新一代视频编码技术和标准，充分发挥AI效能，满足更加高效和多元的智能化应用场景。

在不远的未来，随着前沿数字产业的活跃发展，智能视频编码将得到更加广泛的应用，从AI辅助编码、AI端到端编码，到智构视频编码，更高效的压缩、更快速的传输以及更精准的分析和理解将赋能泛音视频周边产业的强力、快速发展。

1.4 中国视频编码标准

1.4.1 AVS视频编码技术发展历程

国际视频编码标准所包含的技术专利多属于国外的公司企业或研究机构，尤其是H.265/HEVC之前的编码标准几乎没有中国专利的影子，国内的企业和用户如果使用这些专利技术，需要支付数额巨大的专利费用。2002年以前，由于缺少自主知识产权的技术标准，我国的音视频产业受制于国外的专利收费组织，缺乏国际竞争力且每年要支付数亿美元的专利费，始终处于产业链的低端。2002年初，我国加入WTO的协议刚刚签订，2002年3月，我国生产的DVD就被欧洲海关扣押，要求缴纳高昂的专利费，其中包括使用国际音视频编码标准MPEG所涉及的专利费。该事件引起了我国政府的高度重视。经过多年的积累，我国已具备自主制定数字音视频技术标准的技术和人才基础。2002年12月，信息产业部科学技术司正式发文成立"数字音视频编码技术标准工作组"（简称AVS工作组），以制定具有自主知识产权的视频编码标准，至今已有20余年的历程。

AVS工作组细分为需求组、系统组、视频组、实现组、测试组、安全与版权组等专题组，成员覆盖了我国本领域的主要开发生产厂家与研究单位。工作组成员首先商议决定了制定标准的原则：先进性、现实性、兼容性和独立性。

音视频编码技术的进步和标准的更新换代为我国提供了历史性的发展机遇，使制定AVS时坚持独立自主和先进开放的原则得以实现。2003年12月成功完成基准档次视频编码标准的制定，并于2006年公布为国家标准，压缩效率达到了与同期国际标准H.264相当的水平。此后AVS工作组又陆续制定了面向移动、监控等应用的编码标准，并于2012年成立AVS技术应用联合推进工作组，制定了面向高清晰数字电视广播的AVS+标准。第一代AVS标准实现了全国地面数字电视的覆盖，并在老挝、斯里兰卡、吉尔吉斯斯坦等国的地面数字电视领域得到大规模使用。

2011年底，AVS启动了面向超高清应用的视频编码标准AVS2的制定工作，主要面向超高清电视领域。2016年5月，广电总局将AVS2颁布为行业标准，2016年12月颁布为国家标准。广电总局测试表明，AVS2在超高清电视方面的编码效率优于最新国际标准HEVC/H.265，对监控视频的编码效率可达HEVC两倍。中央电视台于2018年10月1日开通AVS2超高清频道，2019年正式采用AVS2播出，成功保障国庆70周年重大活动4K直播。广东省自2017年全省采用AVS2超高清播出。各地新上的4K频道均采用AVS2。

第三代AVS标准（AVS3）主要面向8K超高清视频需求，并早于

H.266完成，率先于国际标准发布，第一次领跑世界。2019年9月，首个基于AVS3标准的8K端到端解决方案发布，华为海思同时推出全球首颗基于AVS3标准的支持8K分辨率、120P的超高清视频解码芯片。2021年1月21日，《中央广播电视总台8K超高清电视节目制播技术要求（暂行）》正式发布，明确视频编解码技术采用AVS3标准。2021年春晚采用AVS3实现全球首次8K超高清电视直播；2021年12月31日，采用AVS3编码的北京广播电视台冬奥纪实8K超高清试验频道正式开播；2022年1月1日，北京电视台冬奥纪实频道采用AVS3视频标准播出；同年1月25日，中央广播电视总台采用AVS3播出8K超高清频道，随后全程8K播出北京冬奥会，实现了申办时8K播出的承诺[19]。

1.4.2 新一代AVS3视频编码标准

AVS工作组自2002年成立以来，一直致力于制定高压缩率和友好专利政策的视频编码标准。经历了多年的发展，AVS工作组已经制定从AVS1到AVS3这三代视频编码标准。面向超高清视频应用，AVS3沿用了基于块的预测变换混合编码框架，具体如图1.4所示。AVS3包括块划分、帧内预测、帧间预测、变换量化、熵编码、环路滤波等模块。相较于AVS2，AVS3在保留部分编码工具的同时，针对不同模块引入了一些新的编码工具，并采用了更灵活的块划分结构、更精细的预测模式、更具适应性的变换核，实现了节省约30%的码率，显著提升了编码效率[20][21]。

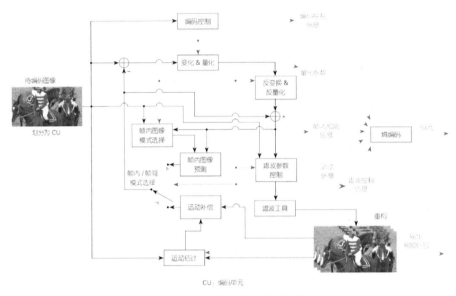

图1.4　基于块的混合编码框架

（1）块划分

如图1.5（a）所示，AVS2采用了基于四叉树（QT）的递归划分编码框架，每个编码单元（CU）的尺寸都是方形且允许被进一步划分为不同形状的预测单元（PU）。为提升划分的灵活性，AVS3引入了基于四叉、二叉（QTBT）和扩展四叉树（EQT）的划分方式，如图1.5（b）。QTBT加EQT的划分方式允许出现非方形编码单元。编码单元是后续预测、变换和量化的基础，非方形划分更加符合纹理精细。为了便于硬件实现，AVS3采用了局部分离树（LST）。另外为了避免色度出现边长等于2像素的变换块，在亮度块划分时，如果亮度块出现边长等于4像素的边，则仅对亮度块划分，无须对色度块划分。为提高硬件流水处理效率，AVS3对一些小块添加了模式限制。当块大小满足限制后，该节点及其划分得到的编码块的编码模式只能全部选择同一种预测模式，如帧间预测或帧内预测。

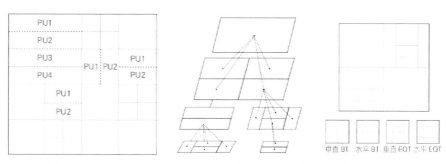

（a）AVS2四叉树划分示例　　　　　（b）AVS3四叉、二叉和扩展四叉树划分示例

AVS：数字音视频编解码技术标准　　BT：二叉树　　EQT：扩展四叉树　　PU：预测单元

图1.5　AVS2、AVS3块划分示例

（2）帧间预测

帧间预测工具可以分为三类：一类是针对跳过模式和直接模式候选项的扩充，一类是差分运动矢量（MVD）编码，最后一类则是基于子块的运动补偿。

跳过模式和直接模式是一项对使用相邻编码块的运动矢量（MV）进行预测的高效编码技术。AVS2中的跳过模式和直接模式候选项只有4个相邻模式和1个时域模式，对图像非相邻结构性和纹理多变性的区域编码效率不高。AVS3引入了基于历史运动矢量的预测（HMVP）和高级运动矢量表达（UMVE）等技术。HMVP利用非局部相似性的原理获取更多非相邻的运动矢量候选，如图1.6（a）所示。HMVP通过动态更新运动候选矢量列表，保留了与当前块运动相关性最高的候选项，提高了跳过模式和直接模式处理非局部相似性运动的能力。UMVE通过对跳过模式和直接模式候选项加入运动矢量偏移，对运动矢量进行更精细的表达，可以更好地消除视频场景中因剧烈运动而带来的匹配误差。

自适应运动矢量精度（AMVR）和扩展运动矢量精度（EMVR）的引入提升了MVD的编码效率。在AVS2中，运动矢量精度只有1/4像素和1/2像素，且无法灵活选择。AVS3中的AMVR使用了1/4、1/2、1、2、4像素精度的运动矢量，根据视频内容自适应地选择预测精度，提高了帧间预测在不同区域的适应性。EMVR提供了不同的运动搜索起始点，扩大了运动矢量的搜索空间，有效提升了运动估计的准确性。

双向光流（BIO）、仿射运动（AFFINE）和解码端运动矢量修正（DMVR）等技术采用基于子块的运动补偿，提高了帧间预测准确度。基于物体运动轨迹是平滑的这一假设，BIO通过最小化每个子块的前向和后向预测样本之间的差异来计算运动细化差，然后使用运动细化差来调整每个子块的预测样本值。如图1.6（b）所示，AFFINE根据仿射变换模型，利用2个（四参数）或3个（六参数）控制点的运动矢量导出当前编码块的运动矢量场。AFFINE运动模型相对于AVS2中的平移运动模型，可以有效提升具有缩放、旋转、透视和其他不规则运动等性能的视频序列编码。DMVR将编码区域划分为若干个不重叠的子块，以初始MV为起始位置，使用最小化均方误差的模板匹配方法对当前MV进行偏移，进一步修正双向预测样本值。

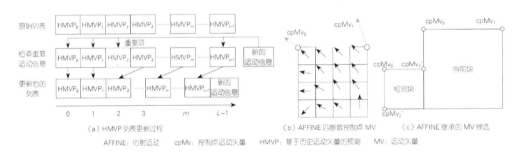

图1.6　HMVP和AFFINE示意图

（3）帧内预测

帧内预测方面的新技术包括帧内预测模式扩展（EIPM）、预测像素滤波、跨分量预测等。

EIPM扩展了帧内预测的角度，如图1.7（a）所示。帧内预测模式从33种扩展到66种，包括62种角度模式和4种特殊模式，提高了对方向性纹理的预测能力，可以适应纹理丰富的超高清视频内容。

帧内预测滤波包含分像素插值滤波和预测像素值滤波。多组滤波（MIPF）根据块内像素点的个数和所在位置，使用4组不同的插值滤波器生成预测像素。多组滤波适用于不同的颜色分量和像素平滑程度，在复杂度极低的情况下，取得了可观的性能增益。MIPF得到预测像素后，还可以对预测像素进行帧内预测滤波（IPF）。IPF使用高斯平滑滤波器，根据参考像素、预测模式和与参考像素的距离对预测像素做进一步的修正，如图1.7（b）所示。跨分量预测是指在色度预测编码过程中，通过两步预测模式（TSCPM）对色度进行预测编码。其原理是假定亮度和色度分量之间线性相关，通过最小二乘法求解对应线性回归的参数，在求得参数后，使用亮度重构像素以精细重建对应位置的色度像素，在色度上取得了显著的增益。

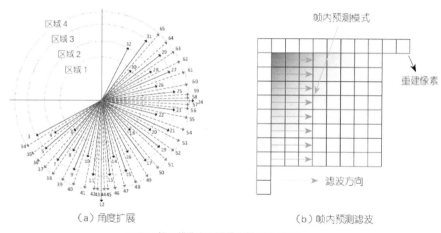

（a）角度扩展　　　　　　　　　（b）帧内预测滤波

AVS3：第3代数字音视频编解码技术标准

图1.7　AVS3帧内编码工具

（4）变换与量化

变换可以集中能量，利于熵编码进行系数压缩。离散余弦变换（DCT）具有很好的去相关能力，且其对称性有利于软硬件实现，因此能够在视频压缩领域得到广泛的应用。在上一代视频编码标准中，DCT-II作为主要应用的变换核，适用于均匀分布的残差变换，但缺乏处理不均匀残差分布的能力。在AVS3中，隐则变换（IST）和子块变换（SBT）引入了新的变换核DST-VII和DCT-VIII，能够聚集不均匀分布残差的能量。

IST通过量化块中偶数系数个数的奇偶性隐式地导出变换核的类型，在提高变换灵活性的同时，没有引入额外的比特消耗。基于帧间预测残差分布的局部性，SBT把预测残差分布的位置限制在残差块的1/2或者1/4区域（如图1.8（a）所示），从而降低变换系数的局部分量，并减少了全零块的编码代价，提高了压缩性能。

在系数编码中，AVS3采用了一种基于扫描区域的系数编码方案（SRCC）。SRCC使用参数（SRx，SRy）控制量化系数非零的区域。为了达到码率和失真之间的平衡以及提高系数编码的灵活性，SRCC使用率失真优化选择最优扫描区域。在扫描编码区域内的非零系数时，SRCC采取了从右下到左上的反Z形扫描方式，如图1.8（b）所示；非零系数采用了分层编码，不同层级使用多套上下文，根据系数在扫描区域的位置和扫描区域的面积确定上下文模型。精确的上下文建模显著提升了压缩效率。

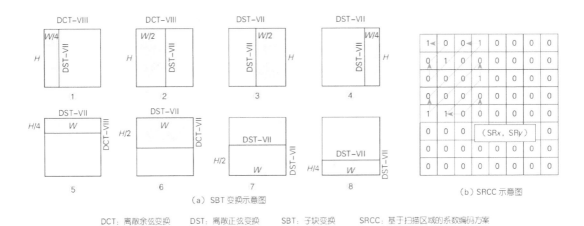

（a）SBT 变换示意图　　　　　　（b）SRCC 示意图

DCT：离散余弦变换　　　DST：离散正弦变换　　　SBT：子块变换　　　SRCC：基于扫描区域的系数编码方案

图1.8　变换与系数编码

（5）基于卷积神经网络的环路滤波

为了探索神经网络在编码标准中的可实现性，AVS3工作组设立了智能编码专题小组，对基于卷积神经网络的环路滤波（CNNLF）进行了深入研究。CNNLF能够代替传统的去块（Deblock）滤波和样本自适应偏移

（SAO）滤波，并取得了6%左右的性能增益。

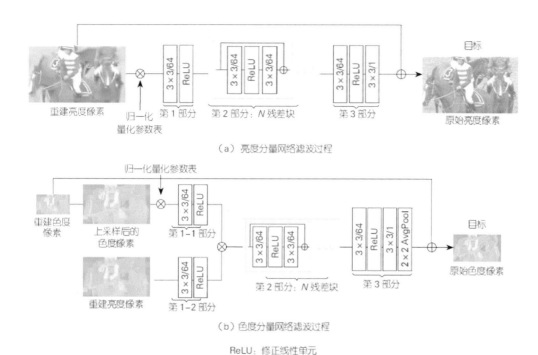

（a）亮度分量网络滤波过程

（b）色度分量网络滤波过程

ReLU：修正线性单元

图1.9　基于卷积神经网络的环路滤波过程

CNNLF使用神经网络探索视频信号之间的非线性关系和变化规律，对视频信号的全局信息和局部关系进行了联合建模。得益于海量的训练数据和算力的提升，CNNLF的网络泛化能力要远高于传统滤波方式。CNNLF训练时以残差块为单位，加速了网络收敛过程，并且设置不同量化参数（QP）段为训练单元，增强了网络对QP的泛化能力。如图1.9（a）所示，CNNLF的网络由全局残差、残差块、卷积层和激活层组成，采用亮度、色度分量分离训练的方式，且亮度分量指导色度分量滤波，进一步提升色度分量的重建质量，如图1.9（b）所示。

1.4.3 AVS3超高清产业应用

随着超高清、全景视频等应用的高速发展，8K超高清乃至16K、32K

等更高分辨率的视频内容将进一步流行。2019年，中国发布的《超高清视频产业行动计划（2019—2022）》明确指出超高清视频将成为未来视频产业的重要发展方向[22]。

AVS3标准的颁布显著加速了超高清产业链的升级革新。为了缩短标准制定和成果落地的时间，AVS3工作组在标准制定过程中，采用了分档制定与芯片集成技术协同研发的推进方式，同步推进全产业链应用开源合作。2019年6月，AVS3第1阶段基准档次完成；2019年9月，在阿姆斯特丹举办的第五十届荷兰广播电视设备展览会上，海思发布了首个基于AVS3标准的8K端到端解决方案，同时推出了全球首颗基于AVS3标准的支持8K分辨率、120帧的超高清解码芯片Hi3796CV300，如图1.10（a）所示；随后，北京大学、北京博雅睿视科技有限公司和英特尔合作推出了SVT-AVS3 8K实时编码器，并搭建了8K端到端实时编解码系统，如图1.10（b）所示。北京大学深圳研究生院开发了支持AVS3标准，8K分辨率、60帧实时解码器uAVS3d。2020年5月，当虹科技AVS38K超高清编码器和上海海思AVS3 8K超高清解码板完成了AVS3+5G+8K全国直播首测，主要测试在5G链路下的8K超高清节目直播传输应用。近期，中央广播电视总台启动"5G+4K/8K超高清制播示范平台"项目，其中包括搭建AVS2/AVS3标准超高清电视影院直播系统以及5G和超高清相关的测试体系。中央广播电视总台8K超高清频道、北京广播电视台冬奥纪实8K超高清试验频道均采用AVS3视频编码标准，为北京2022年冬奥会提供开闭幕式直播和重要赛事转播服务。

（a）Hi3796CV300　　　　　　　（b）8K端到端实时编解码系统

AVS3：第3代数字音视频编解码技术标准

图1.10　基于 AVS3 的 8K 应用实例

1.5 视频图像质量评价

视频编码属于有损编码，视频序列输入编码器进行压缩编码，之后再经过解码器输出，压缩后的码流会受到不同程度的损失，这也导致了输出后视频质量会产生不同程度的降级，此时需要一个视频质量的评价方法来衡量解码后的视频质量以及编码算法的好坏程度。一般情况下，视频质量分为以下两种评估方法，主观评价即使用人类肉眼观察的手段进行评分，常用的评价方法例如C-MOS（Mean Opinion Score）法，描述的是受损视频序列的平均人眼打分[26]；SAMVIQ（Subjective Assessment Method for Video Quality evaluation）法，能够测试多个场景下人眼的主观分数等。但是，主观测试的准确度非常容易受到测试人员的个体差异或观察条件等外界因素的影响，结果并不稳定。而且进行主观测试不仅评价方法十分复杂，实施成本也非常高，首先需要对受测者进行综合筛选，还需要大量的测试样本以达到测试的可信度。客观质量评价是根据数学模型，对实验得到的客观数据进行快速计算，实施上简单且高效，因此大多实验结果选择客观评价指标作为最终评价标准。接下来将分别介绍视频编码里的主观质量评价和客观质量评价。

1.5.1 主观质量评价

主观质量评价依赖人的视觉主观能力，选择一批非专家受测者，通过观看测试序列并按照评分标准进行打分。测试的不同环境包括不同的观看距离、观测时间、测试集的选择和帧率等。根据不同的应用场合，主观质量评价方法又可以分为双刺激损伤量表、双刺激连续质量量表、单刺激法和单刺激连续质量评价法。下面将对这4种评价方法进行介绍。

1）双刺激损伤量表（Double Stimulus Impairment Scale，DSIS）

这种测试方法要求被测试者首先观看原始视频序列，接着观看编码重构视频序列，然后采用表1.1中的5种失真测度为原始视频和编码视频打分。在测试过程中，对于每个视频序列，被测试者都是先观看原始序列，再观看编码重构序列。DSIS是最基础、最简单且实际的主观质量测试方法。

表1.1　DSIS的5分制失真测试

分值	1	2	3	4	5
含义	感觉不到的	能感觉到但不令人不适	轻微令人不适	令人不适的	十分令人不适的

2）双激连续质量量表（Double Stimulus Continuous Quality Scale，DSCQS）

与DSIS一样，被测试者也是观看原始视频序列和编码重构视频序列对，但是该方法中视频序列对的显示顺序是随机的，被测试者在不知晓哪个为参考视频图像的前提下为两个测试视频序列分别打分，为了避免量化误差，这种方法提供了一个连续的评分测度。与DSIS类似，也是采用5分制，如图1.11（a）所示。

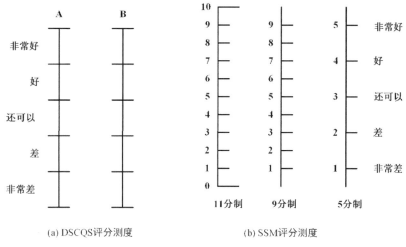

(a) DSCQS评分测度   (b) SSM评分测度

图1.11　DSCQS和SSM评分测试方法

3）单刺激法（Single Stimulus Methods，SSM）

在这种主观质量评价方法中将所有待测试序列随机排序，且不同于之前两种——配对的形式，不同被测试者也会观看到不同排序的测试序列，然后分别为这些序列打分。在播放形式上，分为单次播放和重复多次播放两种。评分测度如图1.11（b）所示。该测度方法在传统的5分制上还扩展了9分制和11分制，以提高评分的精度。

4）单刺激连续质量评价法（Single Stimulus Continuous Quality Evaluation，SSCQE）

在这种主观评价方法中不显示用作参考的视频，只显示单个的测试视频，被测试者只通过观看单个序列进行主观质量打分。与单刺激法不同的是，这种方法一般观看时间较长，并且在最后进行统计时，不仅会考虑被测试者主观质量的平均分，还会考虑被测试者打分所用的时间。使用这种方法时，测试序列的选择对实验结果影响较大，并且由于缺少参考视频，无法准确地给出实验评分。在每个被观察者打分完成后，我们需要对所有的评分进行统计，从而获得最终的视频质量评价。一般将平均分C作为最终的评价结果，其计算公式如下：

$$\overline{C} = \frac{\sum_{i=1}^{K} N_i C_i}{\sum_{i=1}^{K} N_i}$$ （1-1）

其中，C 表示第 i 类的分数；N_i 表示判定图像为 i 类的被测试者人数。

DSIS 适合评估特殊效应引起的视觉失真，而 DSCQS 能表示视频间细微的质量差别，所以更适用于测试视频和参考视频质量差别不大的情况。由于人的记忆力的限制，DSCQS 和 DSIS 的评分会倾向于依赖最后 10s～20s 的视频质量，因此这两种方法不适合评估长的视频序列，这是它们共同的缺点。但是由于在 DSCQS 和 DSIS 测试中加入了参考视频、重复序列等测试条件，不同于人眼的实际观看环境，这给主观测试的结果带来了一定的误差。SSCQE 就是针对这一问题设计的，它能够较好地评估时变质量，但 SSCQE 评分与被评价图像的内容关系很大，并且由于缺少参考视频，被测试者很难进行准确评估。

图像主观质量评价方法的优点是能够准确反映出人类主观上对图像质量的真实感受，并且在实验中不需要复杂的算法和操作。但与此同时，被测试者之间的认知差异使结果不能保证完全准确，变量较多，难以完全统一。最后仍需对结果进行筛选，这无疑是一个需要耗费大量时间的过程，不便于应用在各种工程场景中。

1.5.2 客观质量评价

客观质量评价采用数学模型通过某些参数直接度量视频质量，具有可量化、测试结果可重复的优点。整个过程不需任何人员介入，测量简单、迅速。因为客观质量评价测试结果可重复，和主观质量评价相比更具公正性和公平性，不会因为人眼观察的差距使得测试结果不同。目前，视频编码一般都采用客观质量评价方法来度量重建视频的质量。

根据是否存在参考原始图像，视频客观质量评价方法分为 3 类：全参考方法、部分参考方法和无参考方法。全参考方法需要提供完整的原始视频信息和解码后的视频信息，然后按照一定的算法，将解码后的视频图像与原始视频进行比较，从而对重建视频的质量做出评价。部分参考方法不需要完整的原始视频信息，而是通过一定的算法来提取原始视频特征，再按同样的方法得到重建帧的特征信息，最后将原始视频特征信息和重建帧特征信息进行比较。这使得在对失真图像质量进行实时评价时更加快速，并且在某些原始图像部分信息缺失时有着较好的应用。无论是何种部分参考评价方法，提取参考图像的特征信息都是方法中最重要同时也是最关键的部分，特征信息的选择和好坏直接影响了部分参考评价方法的评价结果。无参考方法则不需要任何原始视频信息，而是通过对重建帧进行分析和处理得到序列中的失真特征，然后通过这些失真特征来对重建视频的质量做出评价。本书主要关注全参考方法，在已知原始视频信息的情况下，对重建视频的质量做出评价，换句话说，就是获取视频的失真信息。和其他质量评价方法相比，无参考评价方法的难点是评价结果与图像内容的无关性，目前常见的无参考评价方法一般基于机器学习算法，而想要机器学习到恰到好处的特征信息是非常困难的，这也是当前无参考评价方法研究中亟待解决的问题和难点。

在全参考方法中，要按照一定的算法，将解码后的视频图像与原始视频进行比较，而常用的算法主要有如下几种：

（1）均方误差（mean Square Error，MSE）

MSE是计算编码后的图像与原始图像对应点的误差的平方和均值，其定义如式（1-2）所示。MSE越小，说明编码损失小，图像质量好，相反则说明编码损失大，图像质量差[27]。

$$MSE = \frac{1}{WH} \sum_{i=0}^{W-1} \sum_{j=0}^{H-1} \left[f_o(i,j) - f_d(i,j) \right]^2 \qquad （1-2）$$

其中，W和H分别代表图像的宽度和高度；$f_o(i,j)$和$f_d(i,j)$分别代表原始图像和重构图像在点(i,j)处的像素值。

（2）平均绝对值差（Mean Sbsolute Deviation，MAD）

原始视频与解码后视频之间的平均绝对值差可以由式（1-3）表示：

$$MAD = \frac{1}{WH} \sum_{i=0}^{W-1} \sum_{j=0}^{H-1} \left| f_o(i,j) - f_d(i,j) \right| \qquad （1-3）$$

（3）信噪比（Signal Noise Ratio，SNR）

原始视频与解码后视频之间的信噪比可以由式（1-4）表示：

$$SNR = 10\lg\left[\frac{\frac{1}{WH}\sum_{i=0}^{W-1}\sum_{j=0}^{H-1}f_d^2(i,j)}{MSE}\right] \qquad (1-4)$$

（4）峰值信噪比（Peak Signal to Noise Ratio，PSNR）

PSNR 即峰值信噪比，是图像处理和视频编码领域中最常用的客观质量评价指标之一，它是最大信号和最大噪声信号的比值。具体计算是使用原始图像作为对比基准，公式如下：

$$PSNR = 10\times\log_{10}\frac{(2^n-1)^2}{MSE} \qquad (1-5)$$

其中 n 是每个采样值的比特数。

从式（1-5）中可以看出，PSNR 代表了编码后失真的图像相较于原始图的像素保真度，值越高则表示像素保真效果越好。近年来，尽管在图像视频领域提出了很多全新的或优化的评价标准，但是 PSNR 指标依旧在被广泛应用，这都得益于它的计算原理可靠且模型简单。但与此同时，PSNR 也存在着非常大的局限性，例如该指标无法很好地分析评价帧与帧之间、像素与像素之间的时间相关性和空间相关性。从视觉的角度，图像之间是存在着很大的关联性的，例如在复杂度较高的地方出现的失真并不容易被人眼察觉，可是 PSNR 给出的评价却往往估计过高，在复杂度较低的区域则容易估计不足。如图 1.12（a）和 1.12（b）所示，对同一张图片进行处理后，两图 PSNR 值相似，但从主观角度评价，两张图片的质量有明显差异；而图 1.12（c）的质量在人眼观看角度明显不如图 1.12（d），可是 PSNR 值却高于图 1.12（d）。以上现象足以证明 PSNR 指标与人眼真实感受并不太相符。

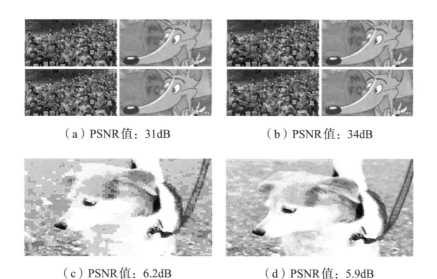

（a）PSNR值：31dB　　　　　　　（b）PSNR值：34dB

（c）PSNR值：6.2dB　　　　　　　（d）PSNR值：5.9dB

图1.12　图片的PSNR值对比

（5）结构相似度（Structure Similarity Image Measurement，SSIM）

考虑到人眼才是图像或视频最后的接受者这一问题，一些研究者开始考虑人眼视觉特性等因素，提出一系列能与主观评价指标尽量一致的客观指标。其中应用较为广泛的就是结构相似性SSIM，它能够基于未经压缩的无失真图像与失真后图像的相似度，给出一种更为精细的评价方式。SSIM评价重点在于图像的结构，还考虑到少部分人眼视觉感知中的亮度和对比度等信息。与PSNR相比，SSIM算法关注到人眼视觉系统对像素本身的细节不如对图像整体结构敏感，因此它在一定程度上与人眼视觉有关[28][29]。

SSIM主要由三个相互独立的分量亮度、对比度和结构来考虑图像相似度，具体计算公式如下所示：

$$SSIM(x,y) = \frac{(2\mu_x\mu_y + c_1)(2\sigma_{xy} + c_2)}{(\mu_x^2 + \mu_y^2 + c_1)(\sigma_x^2 + \sigma_y^2 + c_2)} \qquad （1-6）$$

其中，μ_x是x的平均值，σ_x是x的方差，μ_y是y的平均值，σ_y是y的方差，σ_{xy}是x和y的协方差，c_1、c_2是两个用于维持稳定的常数。从式（1-6）中可以看出，SSIM的取值范围在[0, 1]之间，值越接近于1说明压缩后图像主观角度失真比较少，压缩质量更高，值越接近于0则表示解码图像结构相似度发生较大变化，失真较高。

（6）视频多方法评价融合指标（Video Muitimethod Assessment Fusion，VMAF）

PSNR和SSIM两种指标虽然是视频编码中最常用的两种，但是这些算法过于简单且评价角度单一，也没有对视频前后帧在时域上的评估，结果与人眼真实感受不符。2020年由网飞开发出的视频多方法评价融合指标VMAF很好地弥补了上述指标的不足之处。

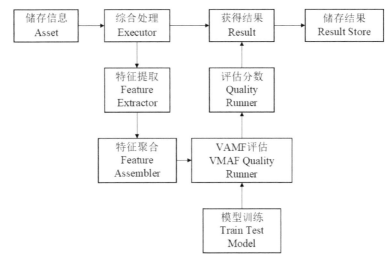

图1.13 VMAF重要模块

VMAF使用了机器学习的方法，将大量的图片及其主观数据作为训练集，从不同的评估角度进行融合算法，从而得到一个与人眼主观感受基本一致的客观评价算法[30]。融合的指标主要有三种，首先是视觉信息保真度VIF（Visual Quality Fidelity），它使用了基于自然场景的统计模型NSS（Nelson Siegel Svensson）、图像失真和人眼失真，将人眼能提取到的信息与原始图像进行比较，给出评测结果；之后采用了细节丢失指标DLM（Detail Loss Measure），这种评价方法需要分别计算评估细节损失和附加损伤，以上两种指标是在同一帧图像中进行；最后采用的瞬时信息指标TI（Temporal Information）则是在时间域也就是相邻多帧之间计算时域差分。VMAF指标考虑了时间和空间域，在不同方面尽量贴近人眼视觉系统，使得最终结果在客观层面最能展现人眼感受。VMAF中的主要几个核心模块如图1.13所示。

每一步所用到的信息均来源于Asset模块，Executor会提取数据并对数据信息做综合处理，处理结果传入Results链表中，最终结果储存到Store里。Feature Extractor和Quality Runner作为Executor的子类，有着提取数据特征和对图像打分的作用。Feature Assembler存放的是特征提出标准，供VMAF Quality Runner使用。每种视频特征根据提前训练好的模型分配了不同的权重，VMAF标准将为视频序列中的每一帧画面分别评分，最终结果为每帧的平均值。图1.14分别为VMAF、PSNR和平均主观评分DMOS（Difference Mean Opinion Score）拟合曲线的对比，散点图中散点越集中，越接近拟合曲线，说明客观评分与主观感知的一致性越好。从图中可以看出，VMAF分数与主观评分更为接近，更能体现人眼的主观感受。

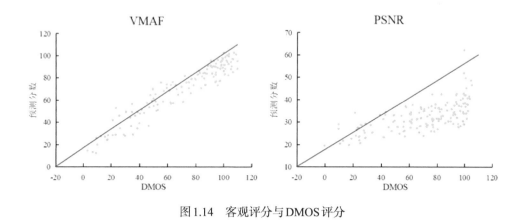

图1.14　客观评分与DMOS评分

1.5.3 视频编码性能的比较

上节提到的几种客观评价指标，考虑的重点是视频图像质量的损失，但是在实际编码过程中，仍需要注意编码消耗的码率大小，也就是综合失真和码率两个方面共同评价编码器的性能。在视频编码中，R–D（Rate–Distortion）率失真曲线和P–R（Precision–Recall）曲线可以用来衡量某种编码算法的编码性能。图1.15为PSNR与码率曲线图，其中横轴代表码率，纵轴表示PSNR值，每个点表示在不同量化参数（Quantization Parameter，QP）值下的码率值，连接这些点就得到此曲线。由率失真理论可得，在同等QP值下，消耗码率越少，编码性能越好。因此，在图1.15中，位于左上方的曲线所代表的算法有更好的编码性能，并且两条曲线之间的距离越大，所代表的算法所获得的编码性能差距也就越大。

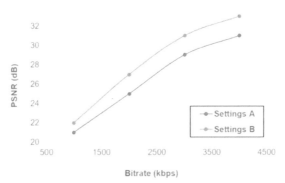

图1.15　PSNR与码率曲线图

虽然R–D与P–R曲线能够反映编码算法的优劣，但是这种方法并不精确。在比较两种编码算法时，我们需要在同等码率下对两种算法的PSNR进行比较后得出数值结果，或者需要在同等PSNR下对两种算法的码率进行比较后得出数值结果。由于两种编码算法的PSNR和码率很难达到完全一致，因此很多视频编码采用BD–Rate与BD–PSNR来比较编码算法的优劣。BD–Rate表示在相同编码质量下较优的编码算法节省的码率，负值越大，节省的比特数越多。BD–PSNR表示在相同码率下，两种编码算法的PSNR差异，PSNR越大，算法性能越好[31]。

要计算BD–Rate和BD–PSNR，首先要采用多个（通常是4个）QP值编码后，获得多组PSNR和码率；然后根据这些测试数据得到R–D和P–R曲线拟合函数；最后利用某种计算方法来计算出BD–rate和BD–PSNR。

式（1-7）和式（1-8）分别给出了 BD-Rate 和 BD-PSNR 的计算方法，下面详细讲述具体做法。

$$BD-PSNR = \frac{\int_a^b (s_1 - s_2)dm}{b-a} \qquad (1-7)$$

$$BD-Rate = \left\{ \exp\left[\frac{\int_a^b (s_1 - s_2)dm}{d-c}\right] - 1 \right\} \times 100 \qquad (1-8)$$

其中，s_1 和 s_2 表示拟合函数，式（1-7）中的 s_1 和 s_2 表示比特率函数，式（1-8）中的 s_1 和 s_2 表示 PSNR 函数；a、b、c、d 分别表示图1.8中的曲线积分区间。

选 QP 时，H.26x 系列标准的通用测试条件将 QP 定为 22、27、32、37，然后经编解码后得到4个失真视频/图像以及对应的(Bitrate，PSNR)散点对。通过插值法得到曲线函数，首先假设曲线由一元三次函数表示，如式（1-9）所示：

$$R = a + bD + cD^2 + dD^3 \qquad (1-9)$$

其中，a、b、c、d 为参数；R 表示 Bitrate（码率）的对数值；D 表示经压缩后的失真图像的 PSNR 值。

之后对提供的4个散点对进行一元三次函数的插值。与数据拟合不同的是，插值法是为了使得一个一元三次函数与给出的数据相符，即得到一个一元三次函数使得完全经过给出的4个散点对，而数据拟合则并不要求得出的函数或曲线完全经过每一个散点对，而是需要看总体的效果。在获取到计算同等编码质量情况下比特率的平均增加值 BDBR(Bjontegaard Delta Bit Rate) 所需的4个散点对后，根据这些数据，可以算出 a、b、c、d 4个系数的值，最后得出两个 R-D 曲线的方程。

在计算最终的 BD-Rate/BD-PSNR 指标时，需要用到积分运算。在求得两个编码算法的插值函数之后，对两组数据在重合区间进行积分并除以区间长度，得到最终的 BD-Rate/BD-PSNR 值。

目前，图像质量评价方法也在逐步发展，部分参考方法和无参考方法发展得越来越成熟，获得越来越广泛的应用，但是单纯的客观质量评价方法在很多情况下都无法准确地反映人眼的视觉感知，主客观相结合的评价方法将取代传统方法。在不同的领域中，图像的质量由多个特征决定，不同应用情境下往往需要不同的图像质量评价系统，面向具体失真类型的图像质量评价方法也在逐渐增多。

参考文献

[1]万帅，霍俊彦.新一代通用视频编码标准H.266/VVC：原理、标准、实现[M].北京：电子工业出版社，2022.

[2]高文，赵德斌，马思伟.数字视频编码技术原理（第二版）[M].科学出版社，2018.

[3]万帅.新一代高效视频编码 H. 265/HEVC: 原理，标准与实现[M].电子工业出版社，2014.

[4]François E, Segall C A, Tourapis A M, et al. High dynamic range video coding technology in responses to the joint call for proposals on video compression with capability beyond HEVC[J]. IEEE Transactions on Circuits and Systems for Video Technology, 2019, 30(5): 1253–1266.

[5]靳思雨.基于视觉感知的VVC码率控制算法研究[D].北方工业大学，2023.DOI:10.26926/d.cnki.gbfgu.2023.000414.

[6]朱秀昌，唐贵进. H. 266/VVC: 新一代通用视频编码国际标准[J]. 南京邮电大学学报（自然科学版），2021,41(2): 1–11.

[7]Bross B, Chen J, Ohm J R, et al. Developments in international video coding standardization after avc, with an overview of versatile video coding (vvc)[J]. Proceedings of the IEEE, 2021, 109(9): 1463–1493.

[8]Joint Video Team (JVT) of ISO/IEC MPEG & ITU–T VCEG. Draft ITU–T recommendation and final draft international standard of joint video specification (ITUT Rec. H. 264/ISO/IEC 14496–10 AVC)[J]. Jvt G, 2003.

[9]Richardson I. H.264 and MPEG–4 video compression : video coding for next–generation multimedia[M]. H.264 and MPEG–4 video compression :

video coding for next-generation multimedia, 2004.

[10]Bouaafia S, Khemiri R, Sayadi F E. Rate-distortion performance comparison: VVC vs. HEVC[C]//2021 18th International Multi-Conference on Systems, Signals & Devices (SSD). IEEE, 2021: 440-444.

[11]Sullivan G J, Ohm J R, Han W J. Overview of the High Efficiency Video Coding (HEVC) Standard[J]. IEEE Transactions on Circuits and Systems for Video Technology, 2012, 22(12): 1649-1668.

[12]Xu J, Joshi R, Cohen R A. Overview of the emerging HEVC screen content coding extension[J]. IEEE Transactions on Circuits and Systems for Video Technology, 2015, 26(1): 50-62.

[13]Pakdaman F, Adelimanesh M A, Gabbouj M, et al. Complexity analysis of next-generation VVC encoding and decoding[C]//2020 IEEE International Conference on Image Processing (ICIP). IEEE, 2020: 3134-3138.

[14]Bross B, Wang Y K, Ye Y, et al. Overview of the versatile video coding (VVC) standard and its applications[J]. IEEE Transactions on Circuits and Systems for Video Technology, 2021, 31(10): 3736-3764.

[15]Topiwala P, Krishnan M, Dai W. Performance comparison of VVC, AV1 and EVC[C]//Applications of Digital Image Processing XLII. SPIE, 2019, 11137: 290-301.

[16]Joint Video Team (JVT) of ISO/IEC MPEG & ITU-T VCEG. Draft ITU-T recommendation and final draft international standard of joint video specification (ITUT Rec. H. 264/ISO/IEC 14496-10 AVC)[J]. Jvt G, 2003.

[17]Chen Y, Mukherjee D, Han J, et al. An overview of coding tools in AV1: The first video codec from the alliance for open media[J]. APSIPA Transactions on Signal and Information Processing, 2020, 9: e6.

[18]Bienik J, Uhrina M, Kuba M. Performance of H.264, H.265, VP8 and VP9 Compression Standards for High Resolutions[C]. 2016 19th International Conference on Network-Based Information Systems (NBiS). 2016: 246-252.

[19]Fan L, Ma S, Wu F. Overview of AVS video standard[C]//2004 IEEE

International Conference on Multimedia and Expo (ICME)(IEEE Cat. No. 04TH8763). IEEE, 2004, 1: 423–426.

[20]张嘉琪，雷萌，马思伟.AVS3视频编码关键技术及应用[J].中兴通讯技术，2021，27（01）：10–16.

[21]Zhang J, Jia C, Lei M, et al. Recent development of AVS video coding standard: AVS3[C]//2019 picture coding symposium (PCS). IEEE, 2019: 1–5.

[22]8K Ultra HD TVs Market 2018 – Global Industry Analysis, Size, Share, Growth, Trends and Forecast 2025[J]. M2 Presswire,2018.

[23]Huang B, Chen Z, Cai Q. Coefficient–group level modeling for low complexity RDO in HEVC[C]. 2017 IEEE Visual Communications and Image Processing (VCIP). 2017: 1–4.

[24]Zeng H, Xu J, He S, et al. Rate Control Technology for Next Generation Video Coding Overview and Future Perspective[J]. Electronics, 2022, 11(23): 40–52.

[25]D. Liu, Y. Li, J. Lin, et al. Deep Learning–Based Video Coding: A Review and A Case Study[J]. ACM Computing Surveys (CSUR), 2020, 53(1): 1–35.

[26]Streijl R C, Winkler S, Hands D S. Mean opinion score (MOS) revisited: methods and applications, limitations and alternatives[J]. Multimedia Systems, 2016, 22(2): 213–227.

[27]Murphy A H. Skill scores based on the mean square error and their relationships to the correlation coefficient[J]. Monthly weather review, 1988, 116(12): 2417–2424.

[28]Bo W, Wang Z, Liao Y. HVS–based structural similarity for image quality assessment[C]. International Conference on Signal Processing.

[29]Lin J, Lin H, Zhang Z. SSIM–Variation–Based Complexity Optimization for Versatile Video Coding[J]. 2022.

[30]Vu T H, Cong H P, Sisouvong T. VMAF based quantization parameter prediction model for low resolution video coding[C]. 2022 International

Conference on Advanced Technologies for Communications (ATC). 2022: 364–368.

[31]Bjontegaard G. Calculation of average PSNR differences between RD–curves[J]. ITU–T VCEG–M33, April, 2001, 2001.

[32]Du L, Yang S, Zhuo L, et al. Quality of Experience Evaluation Model with No–Reference VMAF Metric and Deep Spatio–temporal Features of Video[J]. Sensing and Imaging, 2022, 23(1): 15.

[33]Ramsook D, Kokaram A, O'Connor N. A differentiable estimator of VMAF for Video[C]. 2021 Picture Coding Symposium (PCS). 2021.

[34]Shyam A, Shingala J N, Thangudu N K. Energy efficient perceptual video quality measurement (VMAF) at scale[C]. TESCHER A G, EBRAHIMI T. Applications of Digital Image Processing XLIII. Online Only, United States: SPIE, 2020: 12.

第二章　HEVC/VVC编码关键技术

随着智能移动终端、高清晰度视频的显示设备的普及，视频作为承载着巨大信息量的载体，若想获得更广泛的应用，必须采取高效的数据压缩和编码。自20世纪80年代以来，国际化标准组织一直持续研究视频编码方法。2013年，国际电信联盟ITU–T与国际标准化组织ISO/IEC合作推出了高效视频编码标准（High Efficiency Video Coding，HEVC），目前已被广泛应用于视频压缩领域[1～2]。随着5G、云计算、虚拟现实等技术的快速发展，短视频、直播视频、4K/8K超高清视频、虚拟现实视频等新兴的视频形式层出不穷，逐渐成为人们生产生活不可或缺的一部分，互联网上的视频数据流量呈现爆发式增长态势。2020年，国际电信联盟ITU–T与国际标准化组织ISO/IEC再次通力合作推出了新一代的通用视频编码标准H.266/VVC。本章将对HEVC和VVC编码标准关键技术进行综述介绍和分析。

2.1 编码结构

2.1.1 HEVC的编码结构

（1）码流结构

在码流结构方面，HEVC采用了类似于 H.264/AVC 的分层结构，将属于图像组（Group Of Pictures，GOP）层、Slice 层中共用的大部分语法元素游离出来，组成视频参数集（Video Parameter Set，VPS）、序列参数集（Sequence Parameter Set，SPS）和图像参数集（Picture Parameter Set，PPS）[3]。

VPS是为了传送应用于多层和子层视频编码所需的信息，提供了整个视频序列的全局性信息。它主要用于传输视频分级信息，有利于兼容标准在可分级视频编码或多视点视频编码的扩展。VPS主要包含：多个子层和操作点共享的语法元素；会话所需的有关操作点的关键信息；其他不属于SPS的操作点的特性信息。

SPS包含一个编码视频序列（Coded Video Sequence，CVS）中所有图像共用的信息。其中CVS被定义为一个GOP编码后生成的压缩数据。SPS主要包含：图像格式的信息；编码参数信息；与参考图像相关的信息；档次、层和级相关参数；时域分级信息；可视化可用性信息和其他信息。当一个SPS被引用时，盖SPS处于激活状态，直到整个CVS结束。

在编码视频流中，一个CVS包含多幅图像，每幅图像可能包括一个或多个片段（Slice Segment，SS）。每个SS头提供了所引用的PPS标识号，以此得到相应PPS中的公用信息。PPS主要包含编码工具的可用标志；量化过程相关句法元素；Tile相关句法元素；去方块滤波相关句法元素；片头的控制信息；其他编码图象时可以共用的信息。

（2）片段层

为了保证码流传输过程中当前数据的丢失不影响后续解码，在HEVC中一幅图像被分割为一个或多个片（Slice）。每个Slice独立压缩，且当前Slice头信息无法通过前一个Slice的头信息推断得到。所以，Slice不能跨过它的边界来进行帧内或帧间预测，且在进行熵编码前需要进行初始化。但HEVC允许滤波器跨越Slice的边界进行滤波，并且除了Slice的边界可能受环路滤波影响外，Slice的解码过程可以不使用任何来自其他Slice的影响。在HEVC中，根据编码类型不同，Slice可以分为I Slice、P Slice和B Slice。I Slice在编码过程中使用帧内预测；P Slice在编码过程中使用前向帧间预测；B Slice在编码过程中使用双向帧间预测。

在HEVC中，一个独立的Slice可以被进一步分为若干个SS，包括一个独立SS和若干个依赖SS，并且以独立的SS作为Slice的开始。而一个

SS可以包含整数个CTU。HEVC编码的最高层为SS层，一个Slice中的SS可以互相参考。图2.1展示了一帧图像中Slice和SS之间的关系。

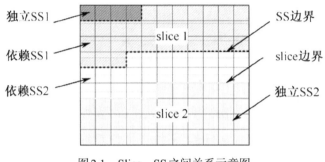

图2.1　Slice、SS之间关系示意图

（3）Tile单元

为了增强视频编码的并行处理能力且又不引入新的错误扩散，HEVC首次提出了Tile的概念，一帧图像不仅可以划分为多个Slice，还可以划分为若干个Tile。Tile必须为矩形区域，且每个Tile包含整数个CTU，可以独立编码。Tile的划分十分灵活，不要求水平和垂直边界均匀分布。

虽然Slice和Tile划分的目的都是为了独立编码，但二者的划分方式有所不同。Slice的形状为条带状，而Tile的形状为矩形。Slice由一系列的SS组成，一个SS由一系列的CTU组成，而Tile直接由一系列的CTU组成。每个Slice或SS和Tile至少要满足下述条件之一：（1）一个Slice或SS中的所有CTU属于同一个Tile。（2）一个Tile中的所有CTU同属于一个Slice或SS。

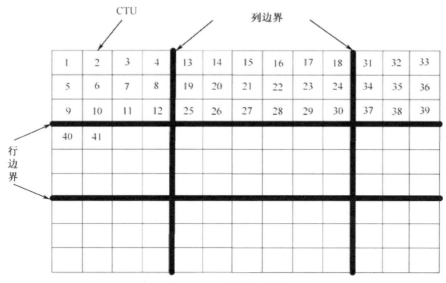

图2.2　Tile 划分示意图

（4）树形编码块

传统的视频编码是基于宏块实现，对于4：2：0采样格式的视频，一个宏块包含一个16×16大小的宏块和两个8×8大小的色度块。HEVC标准引入了编码树单元（Coding Tree Unit，CTU），其尺寸由编码器指定，通常指定为64×64。一个 CTU 包含一个亮度编码树块（CTB，Coding Tree Block）和两个色度CTB[4]。

在AVC中，编码块（Coding Block，CB）的大小是固定的。而HEVC为了适应高清晰度视频的普及，一个CTB可以直接作为一个CB，也可以进一步划分为4个小的CB。大的CB可以提高平缓区域的编码效率，小的CB能较好地处理每帧图片的细节区域。一个亮度CB和相应的色度CB及它们相关的句法元素共同组成一个编码单元（Coding Unit，CU）。在HEVC中，每一帧图像可以被划分为若干个不重叠的CTU，每个CTU可能只包含一个CU，也可采用四叉树（Quad-Tree，QT）方式迭代划分为小尺寸CU。一个CU包含一个亮度编码块 (CB，Coding Block) 和两个色度编码块及相关语法结构，最大CU大小为CTU，最小CU大小为 8×8。

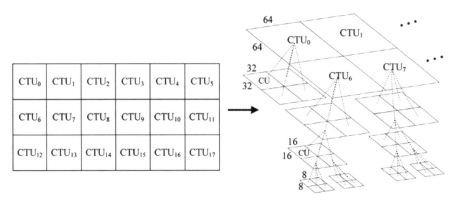

图2.3　图像划分结构示意图

　　HEVC引入了预测单元（Prediction Unit，PU），来进行帧内预测和帧间预测。PU包含一个亮度预测块（Prediction Block，PB）和两个色度PB。一个2N×2N的编码单元的预测单元的划分模式如图2.4。对于一个2N×2N的CU，帧内预测的PU有两种模式：2N×2N和N×N；帧间预测的PU有8种模式：4种对称模式（2N×2N、2N×N、N×2N、N×N）和4种非对称模式（2N×nU、2N×nD、nL×2N、nR×2N）。此外，当需要编码的运动信息只有运动参数索引，不需要编码残差信息时，采用skip帧间模式。

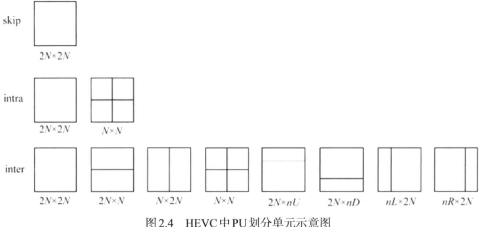

图2.4　HEVC中PU划分单元示意图

　　HEVC突破了原有的变换尺寸的限制引入了变换单元（Transform Unit，TU），作为独立完成变换和量化的基本单元。TU的尺寸依赖于CU模式，在一个CU内，允许TU跨越多个PU，以四叉树形式递归划分。编码单元CU可以只由一个TU或是由许多个较小的TU组成。PU可以以四叉树的形式划分TU，同一个PU内所有的TU共享同一种预测模式。图2.5展示了CU中的TU划分图。

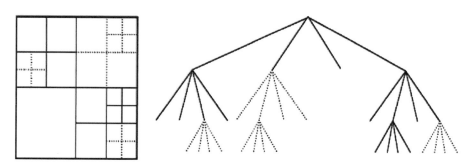

图2.5　CU中的TU划分示意图（实线代表CU，虚线代表TU）

　　（5）档次、层和级别

　　HEVC依然沿用了AVC的档次（Profile）和级别（Level）的概念，并定义了一个新的概念层（Tier）。档次主要规定编码器可采用哪些编码算法和使用了哪些编码工具。HEVC提出了三种档次，分别是Main、Main 10和Main Still Picture。级别主要是根据解码端的负载和存储空间情况对关键参数加以限制。HEVC定义了13个级别，同一级别就是一套对编码比特流的一系列编码参数限制。Level可以定义2个Tier，分别为：用于大多数应用的主层（Main Tiger）和用于最苛刻应用的高层（High Tier）。

　　2.1.2 VVC的编码结构

　　（1）多层视频及参数集

　　VVC采用了多层视频编码结构，一个CVS可以包含多个编码视频序列层（Coded Layer Video Sequence，CLVS）。为了配合参考帧管理支持多视点视频编码、可分级视频编码和多层视频编码的需求，VPS描述不同

CLVS间的参考依赖关系[5]。

多视点视频编码是由摄像机阵列从不同的角度拍摄同一场景所得到的一组视频信号。多视点视频编码除了利用单视点视频的时空相关性外，还可以利用视点间的相关性。

基础视点　　　　　相关视点1　　　　　　　　　相关视点n

图2.6　多视点视频编码

可分级视频编码是传统视频编码的延伸，它具有可伸缩和可分层的特点，可以在帧率、分辨率、质量上进行划分，一次编码可以输出多层码流，分为基本层和增强层，适用不同的终端和网络状况。基本层占用比较少的带宽资源，保证基本的视频质量。基本层加上增强层后就可以得到更好的帧率、分辨率或质量。

为了支持可分级视频编码和多视点视频编码，VVC采用了多层视频编码结构。各层间可以独立编码，也可以使用层间参考预测编码。多视点编码将每个视点看作一层，可分级编码将每个空域或质量等级看作一层。低层图像不使用比自身时域层高的图像作为参考。此外，VVC引入了参考图像重采样（Reference Picture Resampling，RPR），通过改变图像空间分辨率，生成自适应视频流，提高信道匹配能力[6]。

在VVC中VPS主要用于承载视频分级信息、PU间的依赖关系，以支持多视点视频编码或可分级视频编码。对于一段码流，可以包含一个或多个编码视频序列。SPS包含CVS共用的编码参数，一旦被CVS引用，该CVS中的所有编码图像都使用该参数集的编码。一个CVS中所有被引用的PPS必须引用同一个SPS。此外，VVC针对图像及参数集除了HEVC已经提出的PPS外，还使用了图像头（Picture Header，PH）和自适应参数集（Adaptation Parameter Set，APS）来表示图像的共用编码参数。PH的作用与PPS类似，承载Slice的共用参数。APS主要包含自适应环路滤波参数、亮度映射与色度缩放参数、量化矩阵参数等。

（2）子图像

为了适应 VR 全景视频、多视角视频等的应用，VVC 引入了子图像（Subpicture）的概念。一个子图像可包含一个或多个 Slice，这些 Slice 共同覆盖图像的一个矩形区域。相应地，每个子图像的边界总是 Slice 的边界。每个子图像和 Tile 至少要满足以下两个条件之一：（1）一个子图像中的所有 CTU 属于同一个 Tile。（2）一个 Tile 中的所有 CTU 属于同一个子图像。图 2.7 是包含子图像的划分的示例，一帧图像被划分为 18 个片（Tile），其中 12 个较大的片 Tile 在左边，每个 Tile 覆盖一个 4×4 CTU 的 Slice；其余的 6 个较小的 Tile 在右边，每个覆盖 2 个 2×2 CTU 的 Slice，这样总共形成 24 个 Slices 和 24 个子图像（每个 Slice 就是一个子图像）。

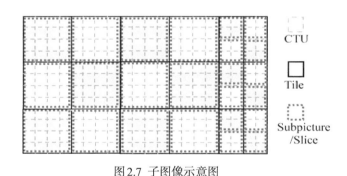

图 2.7　子图像示意图

（3）编码树单元

VVC 同样使用树形编码单元（CTU）作为编码的基本单位。对于一幅三通道图像，CTU 由一个亮度 CTB 和两个色度 CTB 构成。以匹配 4K、8K 等视频编码要求。VVC 中 CTU 亮度块的最大允许尺寸为 128×128，色度块的最大允许尺寸为 64×64。不同于 HEVC 的四叉树划分，VVC 采用了包含二叉树、三叉树等多类型树划分方式，如图 2.8 所示。同时，对于图像边界上的 CTU，当 CU 超出了图像底部或右侧边界时，该块需要强制划分，直到 CU 的所有样本点都在图像边界内。

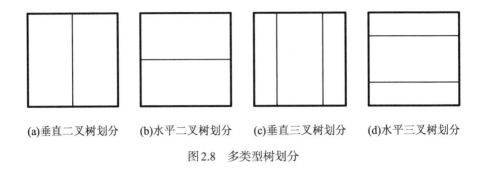

(a)垂直二叉树划分　(b)水平二叉树划分　(c)垂直三叉树划分　(d)水平三叉树划分

图2.8　多类型树划分

不同于HEVC提出的预测单元PU和变换单元TU的概念，VVC不再使用独立的预测单元PU和变换单元TU。VVC将预测、变换和量化均以编码单元CU作为基本单位，只有当CU尺寸大于标准所要求的最大变换尺寸时，TU才使用更小的尺寸。

2.2 帧内预测

2.2.1 HEVC的帧内预测

（1）亮度帧内预测模式

帧内预测编码是指利用视频的空域相关性，使用当前图像已编码的像素预测当前像素，以消除空域冗余。HEVC在帧内预测中有许多关键技术，相比AVC编码标准，HEVC在亮度帧内预测模式和色度帧内预测模式都提出了新技术[7]。

HEVC的亮度帧内预测分为角度模式、Planar模式和DC模式。帧内预测的预测模板如图2.9所示，其中，Rx,y表示相邻块的像素重建值，用作参考像素；Px, y表示当前块像素的预测值。与AVC相比，HEVC增加了左下方块的边界像素作为当前块的参考块。HEVC亮度分量帧内预测支持5种大小的PU：4×4、8×8、16×16、32×32 和 64×64，每一种PU支持35种预测模式，包括33种角度预测、Planar模式、DC模式[8]。表2.1列出了35种预测模式的编号，模式0为Planar模式，模式1为DC模式，模式 2～34 为 33 种角度模式。其中，模式 2～17 成为水平模式，模式 18～34 称为垂直模式[9]。Planar 模式适用于像素值缓慢变化的区域，Planar 模式使用水平和垂直方向的两个线性滤波器，将其均值作为当前块像素的预测值[10]。DC 模式适用于大面积平坦区域，当前块的预测值可由其左侧和上方参考像素的平均值得到。

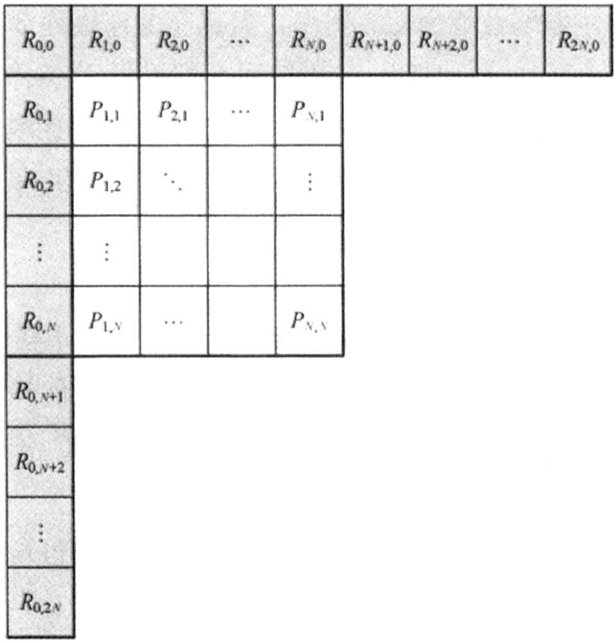

图 2.9　HEVC 帧内预测示意图

表 2.1　HEVC 帧内预测 35 种模式编号

帧内模式编号	帧内模式名称
0	Planar 模式
1	DC 模式
2-34	33 种角度模式

（2）色度帧内预测模式

HEVC 中的色度帧内预测共有 5 种模式：模式 0：Planar 模式、模式

1：垂直模式（角度模式26）、模式2：水平模式（角度模式10）、模式3：DC模式以及模式4：对应色度分量的预测模式[11]。若对应亮度模式不是前4种预测模式的一种，则直接对模式编号进行编码。若对应亮度模式是前4种模式中的一种，则将模式4替换为角度预测模式34，并分以下两种情况进行：（1）若最优色度模式与亮度模式相同，则色度模式为模式4。（2）若（1）不满足，则按表2.2推断出色度模式编号。

表2.2　色度模式编号

色度模式编号	亮度模式			
	模式0（Planar）	模式26（垂直）	模式10（水平）	模式1（DC）
0	34	0	0	0
1	26	34	26	26
2	10	10	34	10
3	1	1	1	34

2.1.2 VVC的帧内预测

（1）多参考行帧内预测

VVC在HEVC编码标准的基础上进行了大量改进。在参考像素值获取上VVC引入了多参考行帧内预测（Multiple Reference Line Intra Prediction，MRLP）技术，邻域像素可选范围扩展到当前CU的上侧三行和左侧三列，选择其中1行（列）生成预测值[12]。对于不存在或不可用的像素，采用与单参考行相同的填充方式。为了防止编码复杂度过高，VVC仅对MPM列表中的模式采用MRLP技术。VVC还引入了模式依赖的帧内平滑（Mode Dependent Intra Smoothing，MDIS）技术，根据预测模式和CU尺寸对邻域像素进行不同方式的滤波处理。

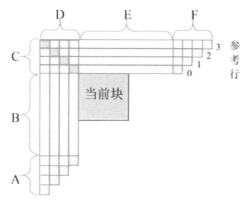

图 2.10　多参考行预测

（2）帧内预测模式

为了适应丰富的视频纹理 VVC 在 HEVC 的 33 个角度预测模式的基础上，将角度预测模式扩展到了 65 个（如图 2.11 实线所示），再加上 Planar 模式和 DC 模式，共 67 个预测模式。

针对 VVC 提出的多类型树划分技术，VVC 采用了宽角度帧内预测技术（Wide Angle Intra Prediction，WAIP）对非方形 CU 进行模式决策。WAIP 将角度范围扩展为从当前 CU 的左下到右上对角线的角度方向，模式编号扩展到 [−14, 80]。其中 [−14, −1] 和 [67, 80] 表示宽角度预测模式。对于非方形 CU，虽然增加了宽角度预测模式，但 VVC 将增加宽角度预测模式根据待编码 CU 的宽高比替换了部分传统角度预测模式，仍使用 65 种角度预测模式。

另外，VVC 引入了基于矩阵的帧内预测模式（Matrix-based Intra Prediction，MIP）技术，MIP 的核心思想是将一行和一列参考样本与根据帧内预测模式选择的系数矩阵进行卷积。通过离线训练得到矩阵集，并将其系数写入 VVC 标准中。MIP 提高了编码效率，允许在多个方向上进行预测(即非线性预测)，而这在传统的角度模式中是不可能的。图 2.12 为 MIP 的处理流程，包括参考像素平均、矩阵加权预测及插值过程。

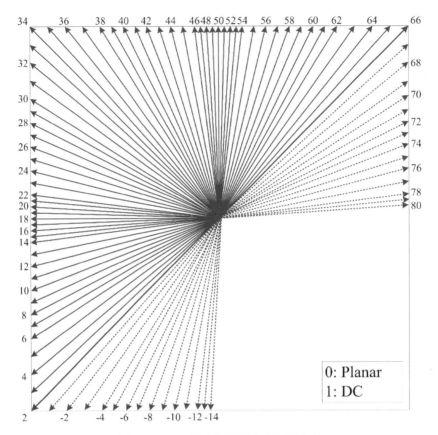

图2.11 VVC帧内预测模式的预测方向

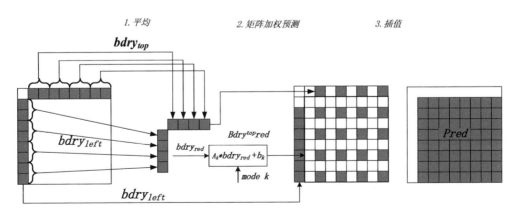

图2.12 MIP技术流程

（3）位置相关的帧内预测组合

通常像素之间距离越近，像素的相关性就越强。为了补偿VVC帧内预测模式在利用空间冗余度方面的不足，VVC采用了位置决策帧内预测联合（Position Dependent Intra Prediction Combination，PDPC）技术，将传统帧内预测的预测像素与未滤波的参考像素采用线性组合的方式得到的修正结果作为最终的预测结果，其中将参考像素与预测像素之间的距离作为权值进行线性组合。PDPC技术只针对部分预测模式进行修正，具体包括Planar模式、DC模式及模式编号为[2, 18]和[50, 66]内的角度预测模式。

（4）帧内子区域划分

VVC还使用了帧内子区域划分技术（Intra Sub-Partitions，ISP）技术[13]。在帧内预测过程中，当前块需要参考其左侧和上方的重建像素得到预测信号。计算预测结果后得到预测残差，对残差进行变换、量化和熵编码，然后发送到解码端。可用于创建帧内预测信号的参考样本仅位于块的左侧和上方。由于自然图像中样本之间的相关性一般会随着距离的增加而减小，因此位于图像块右下角附近的样本的预测质量一般会比位于图像块左上角附近的样本的预测质量差。为了解决这个问题，VVC提出了一种ISP编码模式，它将亮度帧内预测块水平或垂直地划分为4个或者2个大小相等的子块，这些子块至少包含16个像素。另外，可以使用ISP的最大编码块尺寸为64×64。当编码块大小为 4×8 或 8×4 时，则相应的块被垂直或水平划分为2个子块；其他情况下相应的块被水平或垂直地划分为4 个子块。给定一个宽度为W、高度为H的$W \times H$输入块，子块的大小将是$W \times H / K$（水平划分）和$W \times K / H$（垂直划分），其中K是子块的数量。如图2.13所示，一个32×16的块可以被水平地划分为4个32×4子块或者被垂直地划分为4个8×16的子块，一个8×4的块可以被垂直划分为2个4×4的子块或水平划分为两个8×2的子块。值得注意的是，ISP可以产生$1 \times H$、$2 \times H$、$W \times 1$和$W \times 2$的子块，这在HEVC中是不存在的。

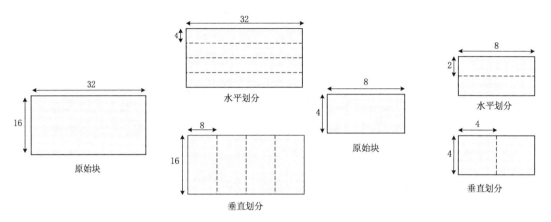

图 2.13　ISP 划分示意图

（5）分量间线性模型预测

VVC 还引入了分量线性模型预测技术（Cross-Component Linear Model Prediction，CCLM）。在 YUV 的 4：2：0 采样格式中，亮度分量和色度分量的尺寸不同。在应用 CCLM 技术之前，为了使亮度分量的分辨率及位置和色度分量匹配，需要对亮度分量（当前 CU 亮度分量和邻域参考像素的亮度分量）进行下采样。亮度分量和色度分量的空间采样位置有 4 种常见类型，色度采样类型示意图如图 2.14 所示。VVC 标准根据采样位置及滤波位置的不同，采用了三种下采样滤波器，如图 2.15 所示。白色像素为色度分量（x, y）对应亮度分量位置，使用滤波模板进行下采样滤波，得到对应位置滤波后的亮度分量。对于色度采样类型 2 和类型 3，使用如图 2.15（a）所示的 5 抽头下采样滤波器；对于色度采样类型 0 和类型 1，使用如图 2.15（b）所示的 6 抽头下采样滤波器；当亮度上参考行处于 CTU 的边界时，采用如图 2.15（c）所示的 3 抽头下采样滤波器。CCLM 通过构建线性模型，利用已经完成重建的同一编码块的亮度分量来对色度分量进行预测。

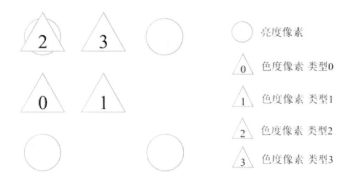

图2.14　4∶2∶0格式色度采样类型示意图

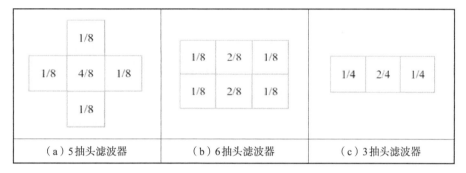

图2.15　亮度下采样滤波器

（6）最可能模式列表

VVC在帧内预测模式编码中采用了最可能模式（Most Probable Mode，MPM）列表技术，充分利用相邻块预测模式之间的相关性。每个CU进行帧内编码时，有多种预测模式可以选择，最终选择的预测模式需要编码表示。在VVC中每个待编码CU进行帧内编码时，都会采用MPM列表保存最可能候选模式。MPM列表包含Planar模式和5个候选预测模式，5个候选预测模式由上相邻和左相邻的CU的预测模式确定。

（7）亮度派生模式

针对色度分量，VVC使用亮度派生（Derived Mode，DM）模式，即直接使用对应位置的亮度预测模式信息。当I帧使用双树划分时，允许亮度分量和色度分量使用独立的块划分结构。因此在VVC中一个色度块可能对应多个亮度块。经过统计结果分析，当前色度块对应亮度块的中心位置的预测模式更符合当前色度块的预测值，预测效果更好。所以将色度块的同位亮度块的中心位置的预测模式作为DM模式的预测模式，当该预测模式与Planar模式、DC模式、垂直模式或者水平模式这4种默认角度模式中的一种重复时，就将模式66替换为该默认模式。DM模式也是利用了分量间相关性进行预测的模式，但相对于CCLM模式，DM模式复杂度低很多。图2.16展示了DM模式所继承的亮度块的预测模式的位置，左边的编码块为右边色度块的同位亮度块，一个橙色的小方块"CR"处于亮度块中心位置，该橙色小方块所处位置的亮度块预测模式就是DM模式所继承预测模式。VVC的色度帧内预测模式可以分为3类：第1类为4种传统预测模式，包括Planar模式、DC模式、水平模式和垂直模式；第2类为DM模式；第3类为CCLM模式，包括CCLM_LT、CCLM_T、CCLM_L。

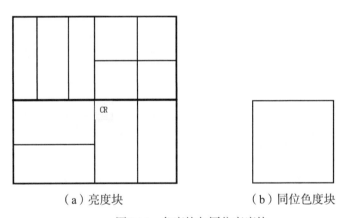

（a）亮度块 　　　　　　　　　（b）同位色度块

图2.16　色度块与同位亮度块

2.3 帧间预测

帧间预测是利用视频时间域的相关性，使用邻近已编码的图像像素预测当前图像的像素，以减少视频时域冗余。目前帧间预测主要通过基于块的运动补偿技术，其主要原理为通过运动估计寻找当前块的最佳匹配块。

2.3.1 HEVC 的帧间预测

（1）运动估计

运动估计是提取当前图像运动信息的过程。目前常用的是基于块的运动估计方法，并制定了运动估计准则、运动搜索算法和亚像素精度运动估计。运动估计准则用来判定当前块与参考块的匹配程度[14]。运动搜索算法是为了以低复杂度的搜索方式寻找高性能的参考块，常用的搜索算法有：全搜索算法、二维对数搜索算法和三步搜索算法。HEVC 采用了两种搜索算法：全搜索算法和 TZsearch 算法。全搜算算法是通过对窗内所有可能的位置计算当前块与参考块的匹配误差，所得的最小匹配误差对应的 MV 一定是全局最优 MV。但全局搜算算法复杂度极高，无法满足实时编码。HEVC 提出的 TZsearch 算法，是以菱形模板或正方形搜索模板进行搜索的。首先，HEVC 采用 AMVP 技术确定起始搜索点，AMVP 给出若干个候选预测 MV，从中选择率失真代价最小的作为预测 MV，并确定该 MV 所指向的位置为起始搜索点。然后，以步长 1 开始且以 2 的整数次幂的形式递增，在如图 2.17 所示的菱形模板（或 2.18 所示的正方形模板）范围内进行搜索，选出率失真代价最小的点作为搜索结果。最后，为了补充搜索最优点周围尚未搜索的点，若上述得到的最优点对应的步长为 1，则在该点周围做两点搜索[15]。亚像素精度运动估计是为了提高运动补偿的精度而应用的更多的邻近像素点进行插值。对于亮度分量，HEVC 进一步发展了亚像素精度差值，采用 8 阶 1/4 像素插值滤波器。对于色度分量，HEVC 采用 4 阶 1/8 插值滤波器。

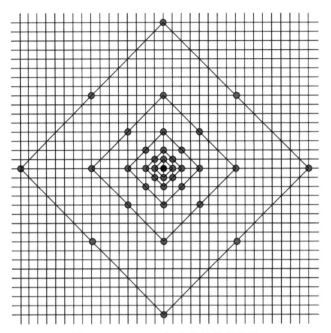

图2.17　TZSearsh算法中的菱形模板

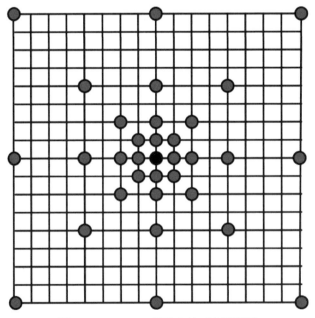

图2.18　TZSearch算法中的正方形模板

（2）Merge 模式

在视频中，一个运动物体可能覆盖多个运动补偿块，因此空间相邻的运动矢量具有较强的相关性。为了节省编码所需的比特数，使用相邻已编码块 MV 对当前块的 MV 进行预测。MV 预测主要通过空域和时域两种方式。HEVC 在 MV 预测方面提出了两种新技术 —— Merge 技术和 AMVP 技术。Merge 模式会为当前 PU 建立 MV 候选列表，列表中存在 5 个候选 MV，最终选取率失真代价最小的一个作为该 Merge 模式的最优 MV。Merge 模式建立的 MV 候选列表中包含空域和时域两种情形。

1）空域候选列表的建立

空域 MV 候选列表的建立如图 2.19 所示，HEVC 标准规定，空域最多提供 4 个候选 MV，列表按照 A_1–B_1–B_0–A_0–（B_2）的顺序建立，其中 B_2 为替补。对于图 2.20 所示的矩形划分方式中的 PU_2，其候选列表中不能存在 A_1 的运动信息。这主要是因为若 PU2 使用了 A_1 的运动信息，会使 PU_1 和 PU_2 的 MV 一样，这与 2N×2N 划分方式没有区别。同理，如图 2.20 所示 PU_2 的候选列表中不能存在 B_1 的运动信息。

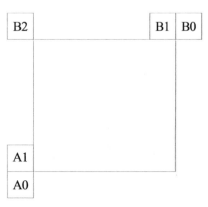

图 2.19　空间 Merge 候选模式的建立

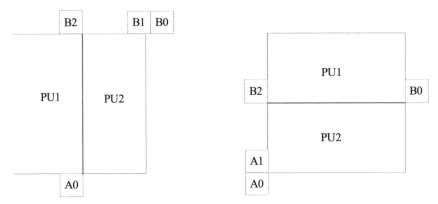

图 2.20　非对称块的空间 Merge 候选模式的建立

2）时域候选列表的建立

时域 Merge 候选列表创建过程与空域情况不一样，需要用参考图像的位置作依据间接使用候选块的运动信息，需作对应的比例伸缩变化，具体可用图 2.21 说明，其中 Cur_PU 是当前 PU，Col_PU 是当前 PU 的同位 PU，td 是 Cur_Pic 到 Cur_Ref 的距离，tb 是 Col_Pic 到 Col_Ref 的距离。当前 PU 的时域候选 MV 可由公式 2-1 计算得出。

$$\text{curMV} = \frac{\text{td}}{\text{tb}} \text{colMV} \qquad （2-1）$$

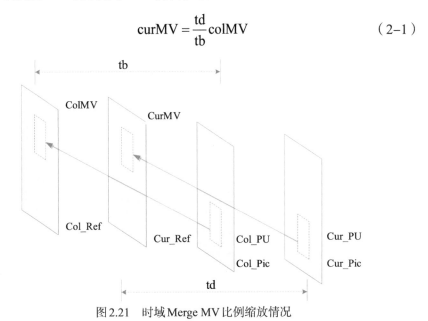

图 2.21　时域 Merge MV 比例缩放情况

3）组合列表的建立

对于 B Slice 中的 PU 而言，由于存在两个 MV，因此其 MV 候选列表也需要提供两个预测 MV。H.265 标准将 MV 候选列表中的前 4 个候选 MV 进行两两组合，产生了 B Slice 的组合列表。

（3）AMVP 技术

高级运动矢量预测（Advanced Motion Vector，AMVP）技术利用空域、时域运动向量的相关性，为当前 PU 建立候选预测 MV 列表。编码器从中选出最优的预测 MV，并对 MV 进行差分编码。类似于 Merge 模式，AMVP 候选 MV 列表也包含时域和空域两种情形，但其列表长度仅为 2。

1）空域列表的建立

AMVP 空域列表建立如图 2.19 所示，当前 PU 的左侧和上方各产生一个候选预测 MV，左侧选择顺序为 A_1–A_1-scaled A_0-scaled A_1，上方选择顺序为 B_0–B_1–B_2（–scaled B_0-scaled B_1-scaled B_2）。其中，scaled A_0 表示对 A_0 的 MV 进行比例伸缩。然而对于上方 3 个 PU，其 MV 的比例只有在左侧两个 PU 都不可用或都是帧内预测模式时才会进行。

2）时域列表的建立

AMVP 时域 MV 列表建立与 Merge 模式相同，其流程图见图 2.22。

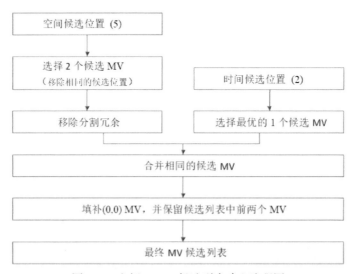

图 2.22 空间 AMVP 候选列表建立流程图

2.3.2 VVC 的帧间预测

VVC继承了HEVC的帧间预测技术，并在运动矢量预测和获取、运动补偿等模块增加了许多新技术。在运动矢量的预测及获取中，VVC新增了基于历史MV预测（History based MV Prediction，HMVP）及成对平均MVP候选、联合帧内帧间预测技术（Combined Inter and Intra Prediction，CIIP）、带有运动矢量差的Merge技术（Merge-Mode with MVD，MMVD）和几何划分帧间预测技术（Geometric Partitioning Mode，GPM）[16]。

（1）历史MV预测和成对平均MVP候选

HMVP是将先前已编码的运动信息存储在一个长度为5的HMVP列表中。HMVP列表随着编码过程不断更新，在每个CU完成帧间预测后，将其运动信息作为新候选项添加到HMVP列表的末端。然后对列表进行冗余检查，若新插入的列表候选项与已有的列表候选项重复，将列表已有候选项删除。最后按照先进先出（FIFO）的原则保持列表的最大长度为5[17]。时域MVP确定后，如果MergeMVP列表还有空余，则逐个检验HMVP列表中的候选项，并将非重复项添加到MergeMVP列表的后续位置，直至HMVP候选为空或MergeMVP列表填满。成对平均候选MVP是在MergeMVP仍有空余位置时，使用成对平均候选AvgCand来补充MergeMVP列表。

Merge模式直接利用MVP作为当前CU的运动矢量信息，然而，视频相邻区域CU通常有不同的运动特性，常规Merge模式虽然降低了编码比特数，但可能会因为MV不准确产生大量的预测残差[18]。AMVP技术的运动矢量的预测残差MVD，与MVP一起可以更准确表达运动矢量，获得小的预测残差，但需要花费较多比特。为了权衡运动矢量的准确性和编码比特数，VVC引入了MMVD技术[19]。MMVD模式设定了包含多个固定值的M_MV_d集合，选取M_MV_d集合中的一个值作为当前CU的MVD，此时只需要编码被选值在M_MV_d中的索引。当CU采用MMVD模式时，由于MMVD模式只允许使用MergeMVP列表的前两项候选MVP，MVP在

MergeMVP列表中由mmvd_cand_flag得到。MMVD对应4种方向上8种偏移步长，共64个新的运动矢量候选项。若当前CU采用单向预测则有：

$$MV_d = M\_MV_d \qquad (2-2)$$

在当前编码CU采用双向预测时，其基本思想是距离较远的参考帧的 MV_d 为 M_MV_d，距离较近的 MV_d 由 M_MV_d 根据时域距离缩放得到。根据MVP，参考列表L0、L1分别获得当前CU的参考图像。设与当前图像距离较远的参考图像为Far_RefPic，对应时域距离为Far_PocDiff；与当前图像距离较近的参考图像为Near_RefPic，对应时域距离为Near_PocDiff。用 MVN_d 表示Far_RefPic对应的 MV_d，用 MVN_d 表示Near_RefPic对应的 MV_d：

$$MVF_d = M\_MV_d \qquad (2-3)$$

（2）联合帧内帧间模式

联合帧内帧间（CIIP）模式是联合帧内预测和帧间预测，利用帧内预测和帧间预测的加权平均值得到当前CU的预测值的技术。为了降低编码复杂度，VVC对联合帧内帧间预测技术的应用设定了限制，其中帧间预测值利用常规Merge模式中的最优候选MV获取，帧内预测值利用帧内角度预测Planar模式获取，得到的帧间预测值与帧内预测值依据CIIP模式的权重值加权，计算最终的CIIP模式预测值。权重值的确定取决于当前编码块的上方相邻块与左方相邻块的预测模式，CIIP模式示意图如图2.23所示：

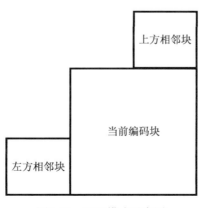

图2.23　CIIP模式示意图

　　CIIP模式与Merge模式中其他帧间预测模式最大的区别在于：在当前编码块进行帧间预测的过程中利用了帧内预测模式信息。需要注意的是，CIIP模式在帧间预测过程中存在一定的限制条件。只有当前编码块以Merge模式进行帧间预测，并且当前编码块的宽度乘以高度大于64，小于128，VVC编码器才会发送对应的标志信号指示当前块是否采用CIIP模式进行帧间预测。

　　（3）几何划分帧间预测

　　在VVC中引入了多叉树划分可以得到不同大小的矩形CU，以匹配不同的视频内容。然而，实际视频内容多种多样，当运动的物体具有非水平或垂直边缘时，常规矩形CU并不能有效匹配，预测表达不够高效。VVC针对上述问题引入了几何划分帧间预测技术（GPM），使用非水平或垂直直线对矩形CU进行划分，每个子区域可以使用不同的运动信息进行运动补偿，从而提高预测精确度[20]。GPM模式共支持64种划分方式且GPM的运动信息采用Merge方式编码。当CU使用GPM模式时，可通过"方向"指示的量化角度和"距离"指示的分割线到CU中心的距离来指定GPM的划分方式，由如图2.24所示的20个量化角度φ和4个偏移距离ρ构成。考虑到帧间预测中编码效率和复杂性之间的权衡问题，量化角度1～4和6～9可以使用4个偏移值，量化角度11～14和16～19可以使用3个偏移值，水平和垂直方向的量化角度只能使用2个偏移值，由此组成了VVC中的64种GPM划分方式。

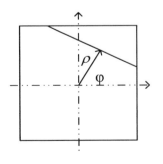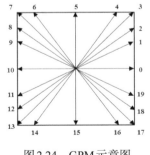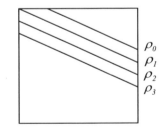

图2.24　GPM示意图

　　GPM模式的目标是提高CU划分精度，在尽量减小计算复杂度和技术实现难度的前提下，提高帧间编码视频质量。因此，GPM模式利用一组预定义的直线，将CU几何划分成两个非矩形块分区，作为计算复杂度高和技术实现难度大的几何分割算法的替代方案。如图2.25所示，使用GPM模式的CU被划分为两个非矩形块分区MV_0和MV_1。然后分别对每个分区执行单向运动补偿，GPM模式通过基于Merge模式的单向运动补偿预测每个分区，最终每个分区的合并索引都会被编码到比特流中。为了将两个非矩形块分区合并成最终的预测单元，GPM模式根据两个非矩形块分区划分边界处的加权矩阵得到最终的预测CU。

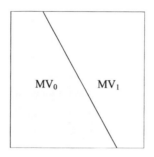

图2.25　GPM模式将CU划分为两个非矩形块分区

　　VVC/H.266帧间预测中的GPM模式是TPM技术的扩展，同样仅适用于跳过（Skip）或合并（Merge）模式下的CU，并且都对CU的大小有着严格的限制以平衡帧间预测编码的复杂度，在编码器中允许使用GPM和TPM模式的CU最小尺寸都为8×8。在判断当前CU是否使用GPM模式时，应当首先判断当前CU是否为Skip模式或者Merge模式。如果当前CU使用Skip模式或者Merge模式，则进一步判断帧间预测模式是否为GPM模式，如果为GPM模式，则对当前CU编码GPM模式；如果不是GPM模式，则使用其他模式进行编码。如果当前CU不使用Skip模式或者Merge模式，在编码时就不可能使用GPM模式，直接使用其他编码模式。GPM模式熵编码流程如图2.26所示。

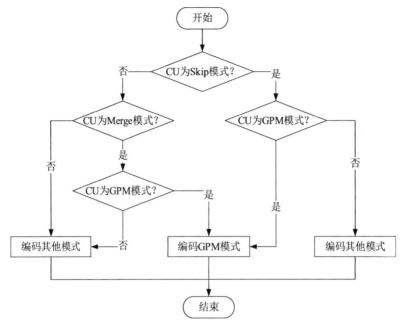

图 2.26　GPM 模式熵编码流程图

（4）对称运动矢量差分编码

VVC 在双向 AMVP 模式的基础上，增加对称运动矢量差分编码（SMVD）技术。在实际场景中，通常物体的运动在短时间内是匀速的，对于参考帧位于当前帧两侧的情形，前后向运动矢量可能具有对称一致性。SMVD 只编码前向 MVD，后向 MVD 则根据对称一致性推导得出。当 CU 采用 SMVD 模式编码时，前向参考图像直接选取两个参考图像列表中距离当前图像最近的，并且在时间上处于当前图像两侧的短期参考图像。因此，除了编码 SMVD 标识，只需编码双向 AMVP 候选列表索引、前向运动矢量差 MVD0，以节省比特数。SMVD 构建候选比较复杂，但是最多为 Merge 候选提供一个 MV 候选，SMVD 要求必须是 B 帧的 PU 并获得其前后向参考列表，其获取参考列表过程如图 2.27 所示。

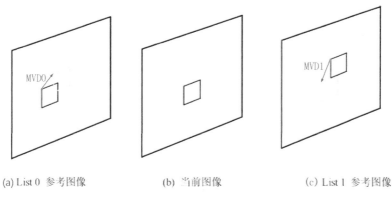

(a) List 0 参考图像　　　　(b) 当前图像　　　　(c) List 1 参考图像

图 2.27 SMVD 获取参考列表过程图

List0表示前向参考图像列表，List1表示后向参考图像列表。在候选选择过程中，任选前后向参考中的候选进行两两配对，如果出现不可用的候选则跳过。配对后进行平均，平均后的 MV 作为候选加入 Merge 候选列表。同时，VVC 为了兼顾运动矢量范围和精度，引入了CU级的自适应运动矢量精度（AMVR）技术。AMVR技术允许每个CU自适应选择一种精度表示MVD，最高精度为1/16亮度像素，最低精度为4亮度像素。AMVR技术适用于AMVP相关模式编码传输非零MVD的情况。

（5）基于子块的时域MV预测

VVC针对子块的MV提出了基于子块的时域MV预测（Subblock-based Temporal Motion Vector Prediction，SbTMVP）技术。与Merge模式中的时域运动矢量预测（Temporal Motion Vector Prediction，TMVP）类似，SbTMVP使用同位图片中的运动场来改善当前图片中CU的运动矢量预测和Merge模式。 SbTVMP和TMVP使用的相同的同位图片，在当前Slice是P Slice时为每个子块构造一个单项预测TMVP，在当前Slice是B Slice时为每个子块构建一个双向预测TMVP。SbTMVP主要在以下两个方面与TMVP不同：TMVP预测CU级别的运动，但SbTMVP预测子CU级别的运动；TMVP直接从同位图片的同位块获取时间运动矢量（同位块是相对于当前CU的右下或中心块），而SbTMVP在从同位图片中获取时间运动信息之前应用了运动偏移，其中运动偏移来自当前CU的空间相邻块的运动矢量。SbTMVP中使用的子CU大小固定为8×8，SbTMVP模式仅适用于宽度和高度都大于或等于8的CU。另外，SbTMVP Merge候选的编码逻辑与其他Merge候选的编码逻辑相同，即对于P或B片中的每个CU，执行附加RD检查以决定是否使用SbTMVP候选。

（6）仿射运动补偿

针对旋转、缩放、拉伸等非平移运动，编码块中每个像素的运动矢量都不同，但运动矢量具有一定的规律性。VVC引入了基于子块的仿射运动补偿技术[21]。在VVC中的帧间仿射预测模式采用了图像变换中的仿射变换，旨在解决旋转、剪切、翻折等复杂运动类型。仿射变换是一次空间线性变换或多次不同空间线性变换的组合。经过仿射变换的图像只改变点与点的长度、线与线的夹角，图像中原本的直线、弧线、平行线不会发生变化。图2.28描述了运动中的旋转、剪切、翻折的情况。

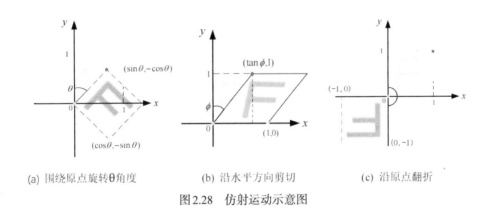

(a) 围绕原点旋转θ角度　　　　(b) 沿水平方向剪切　　　　(c) 沿原点翻折

图2.28　仿射运动示意图

为了应对不同复杂场景的运动估计，VVC分别采用了4参数仿射模型和6参数仿射模型，如图2.29（a）和图2.29（b）所示：

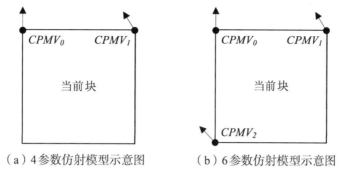

（a）4参数仿射模型示意图　　（b）6参数仿射模型示意图

图2.29　VVC的4、6参数仿射模型示意图

仿射变换是一种线性变换，包括旋转、缩放、平移等操作。仿射预测技术利用这些操作来描述当前帧与参考帧之间的几何变换关系。在仿射预测过程中，首先对当前帧的每个图像块与参考帧的相应区域进行匹配，以寻找两者之间的最佳匹配块，通过计算当前帧与参考帧之间的仿射变换参数，得到一个在几何变换上尽可能地接近当前帧的图像块。最后，将预测误差送入下一个编码环节。

VVC运动补偿模型的选择和设计是为了平衡编码性能和编码复杂度。在运动估计中，当前编码块的子块尺寸越小，仿射模型的性能越高，但这同时需要传输更多的子块信息，增加了比特开销。为了平衡编码性能和编码复杂度，VVC采用了基于4×4尺寸块的仿射变换运动补偿模型。基于子块的仿射运动补偿模型具有显著优势，能对局部运动区域形成更加精确的描述。尤其是4参数仿射模型和6参数仿射模型，实现了这种精确的描述。这些模型分别使用了2个控制点运动矢量（CPMV）和3个CPMV，这些控制点运动矢量（CPMV）参数描述了参考帧的区域如何通过仿射变换映射为当前帧的块。尤其是在6参数仿射模型中，它使用了3个控制点运动矢量，其中左下角控制点运动矢量加权了左下角的空间信息。因此6参数仿射模型相较于4参数仿射模型，对当前编码块子块的局部运动描述更加准确，能够进一步提高运动补偿的性能。

如果当前编码块的运动非常复杂，比如为旋转、缩放和剪切的组合，则当前编码块的各个子块运动差别会比较大，平移模型的单个运动矢量无法描述各个子块的运动。此时，可以采用6参数仿射模型。其中，当前编码块子块的运动矢量（mv_x, mv_y）可由6参数仿射模型计算得到，如2-4式所示：

$$\begin{cases} mv_x = \dfrac{CPMV_{1x} - CPMV_{0x}}{W}\text{x} + \dfrac{CPMV_{2x} - CPMV_{0x}}{H}y + CPMV_{0x} \\ mv_y = \dfrac{CPMV_{1y} - CPMV_{0y}}{W}x + \dfrac{CPMV_{2y} - CPMV_{0y}}{H}y + CPMV_{0y} \end{cases} \quad （2\text{-}4）$$

其中 $CPMV_0$、$CPMV_1$ 和 $CPMV_2$ 分别为6参数仿射模型的左上角、右上角和左下角的控制点运动矢量，M 和 H 分别为当前编码块的宽和高。

在某些情况下，物体可能只发生相对复杂的运动，如单一的旋转运动，此时不需要使用6参数仿射模型来描述，使用4参数仿射模型更合适。在4参数仿射模型中，当前编码块的子块运动矢量（mv_x, mv_y）可由4参数仿射模型计算得到，如式2-5所示：

$$\begin{cases} mv_x = \dfrac{CPMV_{1x} - CPMV_{0x}}{W}x - \dfrac{CPMV_{1y} - CPMV_{0y}}{W}y + CPMV_{0x} \\ mv_y = \dfrac{CPMV_{1y} - CPMV_{0y}}{W}x + \dfrac{CPMV1x - CPMV_{0x}}{W}y + CPMV_{0y} \end{cases} \quad （2\text{-}5）$$

其中 $CPMV_0$、$CPMV_1$ 分别为4参数仿射模型的左上角、右上角的控制点运动矢量，W 和 H 分别为当前编码块的宽和高。

VVC 中的仿射运动估计部分需要通过 Affine Merge 或 Affine AMVP（AAMVP）模式对多个 MV 候选进行代价计算，从而获得最优的 MV 候选，然后通过 TZS（Test Zone Search，测试区域搜索）获取最优 MV。

1）Affine Merge 仿射候选列表的构建

Affine Merge 模式主要应用于编码块的宽和高都大于或等于8的情况下。它的 CPMV 候选列表最多可以使用5个候选 CPMV。Affine Merge 考虑了块的形变情况，使用了多个参考块来进行预测。它的优势在于可以更准确地估计块的形变情况，从而提高视频编码的质量。Affine Merge 候选列表的构建需要借助相邻块的已编码信息，包括相邻块仿射模式编码和平移模式编码的 MV 信息[22]。Affine Merge 候选列表主要由三种方式构建，它们分别是通过空域相邻仿射模式CU的CPMV构建CPMV候选，通过空域和时域相邻CU的平移MV构建CPMV候选以及直接由零MV构建CPMV候选三种方式，如图2.30所示：

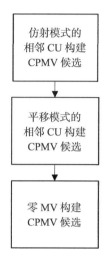

图2.30　Affine Merge候选列表构建方式示意图

以下是对Affine Merge候选列表三种构建方式的详细介绍：

a）仿射模式的相邻CU构建CPMV候选

仿射模式的相邻CU构建CPMV候选，就是当相邻CU采用仿射模型编码时，通过相邻CU来构建CPMV候选。当前编码块的相邻块如图2.31所示，主要分为左侧相邻块CU，包括A0、A1块以及上侧相邻块CU，包括B0、B1、B2块。以这种方式构建的CPMV候选最多有两个，分别来自左侧相邻块CU和上侧相邻块CU，每侧只采用第一个有效的CU相邻块。左侧相邻块的检查顺序为A0、A1，上侧相邻块的检查顺序为B0、B1、B2。

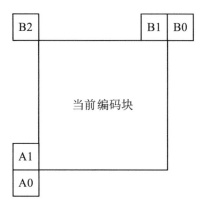

图 2.31　Affine Merge 候选列表使用的邻居块位置示意图

通过仿射模式编码的相邻块 CU 可以构建 CPMV 候选项，如图 2.32 所示。假如利用当前编码块左侧相邻块 A 构建 CPMV 候选，对应图 2.31 的 A1 块，如果 A 块被 4 参数仿射模型编码，其控制点运动矢量记为 U0、U1，通过 U0、U1 可以计算得出 V0、V1，作为生成的 CPMV 候选。同理，如果 A 被 6 参数仿射模型编码，其控制点运动矢量记为 U0、U1、U2，根据编码块 A 的三个控制点运动矢量 U0、U1、U2 计算得到 V0、V1、V2，作为构建的 CPMV 候选。

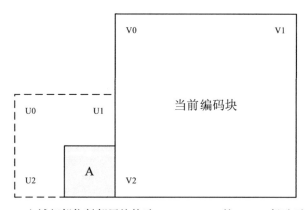

图 2.32　空域相邻仿射邻居块构造 Affine Merge 的 CPMV 候选示意图

b）平移模式的相邻CU构建CPMV候选

Affine Merge候选列表的第二种构建方式，主要是通过和当前编码块空域和时域上相邻的采用平移模式编码的相邻块CU构建，以此生成当前编码块的4个备选控制点运动矢量。如图2.33所示，按照B2、B3、A2顺序，采用第一个有效相邻块的平移MV信息生成CPMV0。同理，按照B1、B0的顺序，筛选出第一个有效块的MV来生成CPMV1。按照A1、A0的顺序，采用第一个有效相邻块的平移MV生成CPMV2。右下角相邻块T的同位块MV，按照时域距离缩放作为CPMV3。

当得到CPMV0、CPMV1、CPMV2、CPMV3后，这些CPMV通过特定组合，形成有效的CPMV候选，以供4、6参数仿射模型使用。4、6参数仿射模型获得CPMV后，生成子块的MV，然后进行仿射运动补偿（AMC）得到最终的预测块。

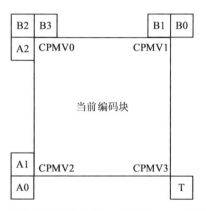

图2.33　非仿射相邻块平移MV构建CPMV候选示意图

c）零MV构建CPMV候选

如果当前Affine Merge候选列表仍然没填满，直接用零MV构建CPMV候选。由于仿射运动模型是为了解决复杂运动物体而生，零MV使用概率较小，因此零MV直接作为当前编码块的CPMV这一类型排在仿射候选列表顺序最后。

2）Affine AMVP 候选列表的构建

当Affine Merge模式无法得到有效的CPMV时，可以选择Affine AMVP技术来达到更好的编码效果。Affine AMVP技术应用的前提是当前编码块的宽和高都必须大于或等于16，Affine AMVP的候选列表大小有两个。CU编码块宽度和高度的最大值可由VVC测试模型（VVC Test Model，VTM）进行设置，目前VVC支持使用Affine AMVP的最大编码块尺寸为 128×128[23]。Affine AMVP的候选列表大小为2，其候选列表中的CPMV候选主要通过五种方式构建，它们分别是利用仿射模式的相邻CU构建、平移模式的相邻CU的平移MVP构建、平移模式的相邻CU的平移MV构建、时域平移MV构建以及零MV构建，如图2.34所示：

图2.34　Affine AMVP候选列表构建示意图

由于Affine AMVP候选列表的构建方式和Affine Merge候选列表的构建方式非常相似，本章不对Affine AMVP每种构建方式都进行详细地展开。其中需要注意的是，Affine AMVP利用时域平移MV构建CPMV候选时，如果同位块无效或者不是帧间预测模式，可以使用当前编码块中心块位置处的同位块。如图2.35所示，如果Br位置的同位块无效，可以使用中心Ctr块所示位置的同位块。若同位块的MV有效，则经过缩放后的MV作为构建CPMV候选的MV。其中A0、A1、A2以及B0、B1、B2、B3为其他方式构建Affine AMVP候选列表中使用的相邻块。

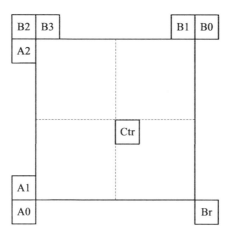

图2.35 Affine AMVP候选列表构建中使用的相邻块和同位块位置示意图

2.4 变换编码

变换编码是指将以空间域中像素形式描述的图像转换至变换域，以变换系数的形式加以表示，多数图像都含有内容变化缓慢的区域和较多平坦区域，适当的变换可使在空间域分散分布的图像能量在变换域中相对集中，以达到去除空间冗余的目的。

2.4.1 HEVC 的变换编码

（1）DCT整数变换

数学上共存在8种类型的DCT变换，而II类DCT变换在图像、音视频编码等多媒体信号处理领域应用最为广泛，其逆变换对应于III类DCT。因此，HEVC采用了II类DCT变换作为基础[24]。HEVC使用了4种不同尺寸的整数DCT，分别为4×4、8×8、16×16和32×32。HEVC中整数DCT公式为：

$$Y=\left(HXH^{T}\right)\otimes\left(E\otimes E^{T}\right) \tag{2-6}$$

HEVC允许根据视频内容自适应地选择变换尺寸。同时，HEVC中的整数DCT保留来更多精度，更接近浮点DCT能够获得更好的性能。HEVC不同大小的变换形式较为统一，利用这一特征，可为不同大小的整数DCT设计出具有统一形式的快速蝶形算法。

（2）整数DST变换

与DCT变换类似，DST变换也存在8种类型，HEVC采用了VII类
DST变换作为基础。在HEVC中，由于距离预测像素越远，预测残差幅度
越大。而DST–VII的基函数能很好适应这一特征[25]。所以，在帧内4×4
模式亮度分量残差编码中使用4×4整数DST，而在帧内其他模式、帧间
所有模式以及所有色度分量残差编码中一律使用整数DCT。其整数DST
公式与整数DCT公式形式相同。

（3）哈达玛变换

哈达玛变换复杂度远小于DCT变换，同样也小于整数DCT变换。在
视频处理领域哈达玛变换常用于计算残差信号SATD，见公式2–7。HEVC
规定了5种不同大小的帧内预测块，每种大小又包含17～35种模式。如
果所有模式都使用SSD来计算率失真代价，则计算复杂度很高。为了降
低模式选择的计算复杂度，HEVC使用SATD计算率失真代价。类似地，
HEVC在帧间编码亚像素精度运动估计过程中也使用了SATD来降低帧间
运动估计的计复杂度，如公式2–8。

$$SATD=\sum_{M}\sum_{M}|HXH| \qquad (2-7)$$

$$J = SATD(s,p) + \lambda \cdot R \qquad (2-8)$$

2.4.2 VVC的变换编码

VVC为了进一步提高变换性能，采用了多核变换技术（Multiple
Transform Selection，MTS）、子块变换技术（Sub–Block Transform，SBT）、
色度残差联合变换技术（Joint Coding of Chroma Residuals，JCCR）。针
对变换后的系数，VVC又采用了低频不可分的二次变换（Low Frequency
Non–Separable Transform，LFNST）技术。此外，VVC摒弃了HEVC中的
独立于编码单元（CU）的变换单元（TU）[26]。

（1）多核变换选择和高频调零

在视频编码中，受预测模式的影响，预测残差会具有不同特性。在

通常情况下，帧内预测残差沿帧内预测方向随着与参考点距离的增大而增大；帧间预测残差越接近CU边缘越大。而不同的变换核具有不同的变换特性，见表2.3。因此，VVC在水平方向和垂直方向分别应用DST-VII和DCT-VIII，从而有了4种不同的变换核组合，分别是：水平DST-VII和垂直DST-VII、水平DST-VII和垂直DCT-VIII、水平DCT-VIII和垂直DST-VII、水平DCT-VIII和垂直DCT-VIII。多核变换选择（Muitiple Transform Selection，MTS）通过引入4种变换核组合，与传统的DCT-II变换核一起作为主变换的候选[27]。

在VVC中，DCT-II允许变换块的最大尺寸是64×64，DST-VII和DCT-VIII允许变换块的最大尺寸是32×32。对于尺寸为$M \times N$的变换块，如果M或N等于最大允许尺寸，VVC采用了高频调零技术，则变换后的部分高频系数置为0，仅保留低频系数。

表2.3　不同变换核的特性

变换类型	特点
DCT-II	适合平坦的残差分布
DST-VII	适合递增的残差分布
DCT-VIII	适合递减的残差分布

（2）子块变换

当同一CU包含不同内容时，由于运动补偿能力不同，不同区域的预测残差可能不同。针对帧间预测，VVC采用SBT技术，仅对CU部分区域的预测残差进行变换。SBT基本原理如图2.36所示，将CU划分为两个TU，只对其中一个TU的预测残差进行变换、量化等处理，另一个TU的预测残差强制置为0并不再处理。对于所选的TU，根据其划分方式与所选的位置信息确定一个变换核。

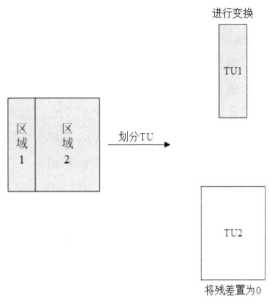

图 2.36　SBT 原理图

（3）色度残差联合编码

为了降低色度分量之间的相关性，VVC 采用了 JCCR 编解码框架，在传统空间变换之前，先对 Cb、Cr 分量使用分量间变换（ICT）技术[28]。ICT 技术是对相同位置的两个色度分量进行旋转变换，目的是去除色度分量间的相关性。YCbCr 格式视频中 Cb、Cr 分量间旋转变换如图 2.37 所示。R_{cb} 表示 Cb 分量残差信号，R_{cr} 表示 Cr 分量残差信号，经过正向旋转变换后，分别得到 R1 和 R2 分量信号，α 为旋转角度。编码端的正向变换表达式为：

$$\begin{pmatrix} R_1 \\ R_2 \end{pmatrix} = T_\alpha \begin{pmatrix} R_{cb} \\ R_{cr} \end{pmatrix} \tag{2-9}$$

其中，$T_\alpha = \beta_\alpha \begin{pmatrix} \cos\alpha & \sin\alpha \\ -\sin\alpha & \cos\alpha \end{pmatrix}$，$\beta_\alpha = \max\left(|\cos\alpha|,|\sin\alpha|\right)$。

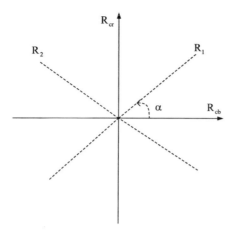

图 2.37　Cb、Cr 分量间旋转变换

（4）低频不可分的二次变换

在视频编码中，变换是去除预测残差空间冗余的重要工具。预测残差空间冗余特性与预测模式相关，特别是在帧内编码方向预测模式下，预测残差具有方向性。在对预测残差进行主变换后，其中一些低频分量仍可能是可预测的模式。因此，为了进一步处理这些仍具有预测模式的低频系数，VVC 在主变换之后又引入了一种称为低频不可分变换（LFNST）的二次变换技术[29]。在编码端，预测残差经过正向主变换（DCT–II）后得到一次变换系数，然后将其低频系数进行二次变换（LFNST），再进行量化、熵编码等。针对 TU 尺寸的不同，LFNST 支持两种变换尺寸：4×4 LFNST 和 8×8 LFNST。不可分变换的系数矩阵 Y 为：

$$Y = \begin{pmatrix} a_{11} & \cdots & a_{N1} \\ \vdots & \ddots & \vdots \\ a_{N1} & \cdots & a_{NN} \end{pmatrix} \qquad （2–10）$$

将矩阵展开为一位列向量 $\vec{Y}$，见公式 2–11

$$Y_j = \begin{pmatrix} a_{11} \\ a_{12} \\ \vdots \\ a_{NN-1} \\ a_{NN} \end{pmatrix} \qquad (2\text{--}11)$$

不可分变换为公式 2–12:

$$F = T \cdot Y_j \qquad (2\text{--}12)$$

其中 F 表示变换后的变换系数向量;T 是 $N^2 \times N^2$ 的变换矩阵。最后按熵编码扫描顺序将系数向量 F 重新组织为 N×N 的块。

LFNST 只处理主变换系数的低频部分,非低频部分的主变换系数将被置 0。对于 4×4 LFNST,只保留 TU 左上角 4×4 区域的数值,其余区域的数值被强制置 0[30]。对于 8×8 LFNST,只保留 TU 最靠近左上角的 3 个 4×4 区域的数值,其余区域的数值被强制置 0。

为了降低计算复杂度、减少存储变换矩阵所需的空间,LFNST 中采用了简化不可分变换的方法(Reduced Non–Separable Transform,RT)。RT 的核心思想就是将一个 N 维向量映射到不同空间的 R 维向量上(R<N),其中 R/N 称为约简因子。因此,RT 采用 R×N 的变换矩阵,其形式为:

$$T_{R,N} = \begin{pmatrix} t_{11} & \cdots & t_{1n} \\ \vdots & \ddots & \vdots \\ t_{n1} & \cdots & t_{nn} \end{pmatrix} \qquad (2\text{--}13)$$

在 H266/VVC 中,对于 8×8 LFNST,采取了约简因子为 1/3 的 RT 技术,将变换矩阵尺寸由 48×48 进一步缩减为 16×48;对于 4×4 LFNST,未使用 RT 技术,变换矩阵尺寸为 16×16。

LFNST 的变换核是由离线训练(Offline Training)得到。该训练过程可视为一个聚类问题(Clustering Problem),每个聚类代表一个巨大的群组,其中的元素是从实际编码过程中获取的变换块系数。每个聚类的质心就是最佳不可分变换的变换核。

2.5 量化

量化（Quantization）主要应用于从连续的模拟信号到数字信号的转换，作用是将信号的连续取值（或者大量可能的离散取值）近似为有限多个（或较少的）离散值，即量化相当于一个多对一的映射过程，通过量化降低了数据量。具体到视频编码领域，量化主要是在变换之后，对变换系数的量化处理，即用较少的量化值近似表示大量的变换系数。量化器可以分为标量量化器和矢量量化器。

2.5.1 HEVC 的量化

HEVC 采用传统标量量化方法，表示如下：

$$l_i = floor\left(\frac{c_i}{Q_{step}} + f\right)$$　　　　（2-14）

其中，c_i 表示 DCT 系数，Q_{step} 表示量化步长，l_i 为量化后的值，floor(·) 为向下取整，f 控制舍入关系[31]。HEVC 规定了 52 个量化步长，对应于 52 个量化参数（0 ~ 51）。二者关系见公式 2-15：

$$Q_{step} \approx 2^{(QP-4)/6}$$　　　　（2-15）

量化步长可以在一个很大的范围内变化，实际应用时可以根据不同的需求灵活地选择 QP。

在视频编码中量化器设计为了权衡失真与比特率，率失真优化量化（Rate-Distortion Optimized Quantization，RDOQ）将量化过程同率失真优化准则相结合，对于一个变换系数 c_i，给定多个可选的量化值 $l_{i,1}$，$l_{i,2}, \cdots, l_{i,k}$，并利用 RDO 准则选出最优的量化值，见公式：

$$l_i^* = \arg\ \min\left\{D\left(c_i, l_{i,k}\right) + \lambda \cdot R\left(l_{i,k}\right)\right\}$$　　　　（2-16）

其中，$D\left(c_i, l_{i,k}\right)$ 为 c_i 量化为 $l_{i,k}$ 时所需的编码比特数，λ 为拉格朗日因子，l_i^* 为最优的量化值。

2.5.2 VVC 的量化

VVC 中除了使用标量量化，还采纳了低复杂度的矢量量化 —— 依赖量化（Dependent Quantization, DQ）[32]。依赖量化（DQ）是指当前变换系数的量化值依赖前一个变换系数的量化值。与传统的标量量化不同，DQ 利用了变换系数间的相关性，使得变换系数经量化后在 N 维向量空间更紧密（N代表变换块中的变换系数个数）[33]。因此，依赖量化减小了输入向量（量化前的块）和重建向量（反量化得到的块）之间的误差，即减小了量化带来的失真。依赖标量量化实现过程为：（1）定义两个不同重建水平的标量量化器；（2）定义两个标量量化器间的转换方式。VVC中定义的两种标量量化器（Q0和Q1）如图2.38所示，其中圆圈下方的标识值为量化索引，即量化值。量化器Q0对应偶数倍量化步长，其量化索引 k 的重建值见公式2-17。量化器Q1对应奇数倍量化步长，其量化索引 k 的重建值见公式2-18。

$$t' = 2 \cdot k \cdot \Delta \qquad (2\text{-}17)$$

$$t' = \left(2 \cdot k - \mathrm{sgn}(k)\right) \cdot \Delta \qquad (2\text{-}18)$$

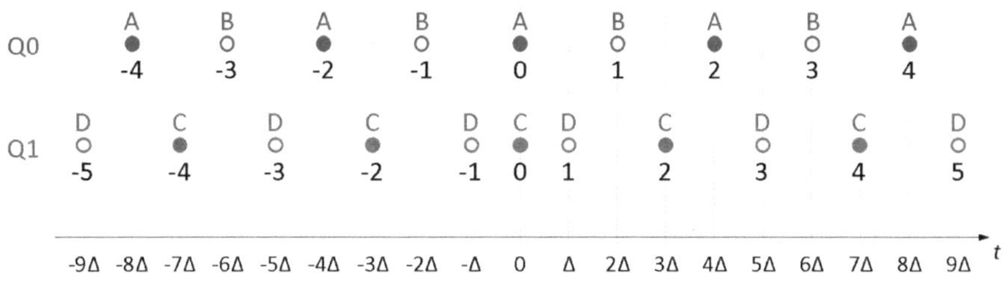

图2.38　VVC中的标量量化器

两个标量量化器(Q0和Q1)间的转换由一个有4个状态的状态机实现。状态可以取4个不同的值：0，1，2，3。它由编码/重建顺序在当前变换系数之前的变化系数层级的奇偶性唯一决定。在变换块反量化的初始阶段状态设置为0。变换系数按扫描顺序（例如和熵解码顺序相同）重建。当当前变换系数重建后，它的状态按图2.39更新，k表示变换系数层级值。

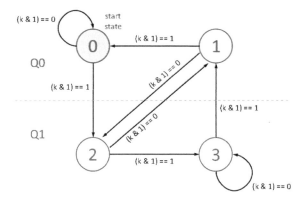

图2.39　VVC中的标量量化器

2.6 熵编码

熵编码是指按信息熵的原理进行的无损编码。熵编码的目标是去除信源符号在信息表达上的表示冗余，也称为信息熵冗余或者编码冗余。熵编码技术是视频编码系统中的基础性关键技术之一。

2.6.1 HEVC 的熵编码

由于零阶指数哥伦布编解码简单，且对广义高斯信源的压缩效率较高，在HEVC中，零阶指数哥伦布编码方法被用于视频参数集（VPS）、序列参数集（SPS）、图像参数集（PPS）。同时基于上下文的自适应二元编码（CABAC）技术是HEVC的主要编码方案[32]。CABAC把一系列用来表示视频序列的语法元素转变为一个用来传输或储存的压缩码流。变换系数熵编码指的是对量化后的变换系数进行熵编码。量化后的变换系数进行熵编码包括两部分：一是对量化后变换系数扫描；二是对非零的变换系数位置和值进行熵编码。变换系数扫描就是将二维变换系数变成一维变换系数。扫描时尽量使幅值相近的数排列在一起。H.265/HEVC对变换系数的扫描是基于4×4块的，所以对于大于4×4的TB要先将它分为若干个 4×4 的子块，子块内部和子块间按同样方式进行扫描[33]。H.265/HEVC 使用反向扫描方式，扫描顺序总是从右下角开始到左上角的 DC 系数[34]。这一顺序和 H.264/AVC 扫描顺序正好相反。并且 H.265/HEVC 通过了三种扫描方式：对角扫描、水平扫描和垂直扫描，如图 2.40 所示。

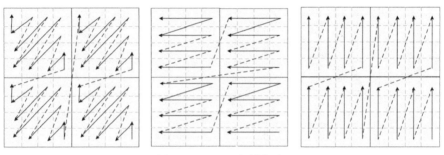

图 2.40　HEVC 扫描方式

2.5.2 VVC 的熵编码

VVC 中的熵编码在 HEVC 的基础上进行了改进。为了获得更好的编码性能，针对 CABAC 编码中的上下文建模方面进行了改进，采用双概率模型预测每个上下文的 LPS 符号概率[35]。针对变换系数熵编码，VVC 引入了两种反转扫描方式，如图 2.41 所示。水平翻转扫描起始于最后一个变换系数，终止于右上角的变换系数。垂直翻转扫描起始于最后一个变换系数，终止于左下角的变换系数。这两种扫描方式仅在调色板编码模式中使用。

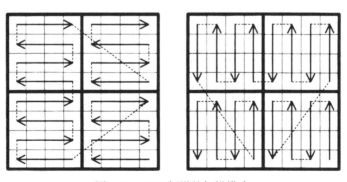

图 2.41　VVC 新增的扫描模式

2.7 环路滤波

经混合编码框架压缩后的视频会存在方块效应、振铃效应、颜色偏差以及图像模糊等失真效应。为了降低这些失真对视频质量的影响，采用了环路滤波技术提高编码图像的质量，同时为后续编码图像提供高质量的参考图像，从而获得更好的预测效果，提升编码效率。

2.7.1 HEVC 的环路滤波

HEVC 采用的环路滤波技术主要包括去方块滤波和像素自适应补偿两个模块。去方块滤波用于降低方块效应，像素自适应补偿用于改善振铃效应。环路滤波处理后的重建像素更有利于参考，进一步减小后续编码像素的参考使用，有效地提高视频的主客观质量。

（1）去方块滤波

方块效应是指图像编码中编码块边界的不连续型。出现方块效应有以下两点原因：基于块的帧内和帧间预测产生的预测残差在变换、量化过程中会产生误差；运动补偿时由于噪声等影响也存在匹配误差[36]。HEVC 的去方块滤波包括：滤波决策和滤波操作。

滤波决策的目的是对所有 PU 和 TU 边界中 8×8 的块边界，根据视频内容及编码参数，确定其滤波强度及滤波参数，是去方块滤波的关键环节。滤波决策包含 3 个步骤：（1）获取边界强度。获取边界强度是根据边界块的编码参数初步判断块边界是否需要滤波及滤波参数，由于相邻块采用不同的编码参数容易造成像素值在块边界的不连续。（2）滤波开关决策。由于滤波的对象主要是平坦区域的不连续块边界，滤波开关决策主要是根据边界两侧块内像素值的变化及编码参数进一步对视频内容进行分析，确定边界是否需要滤波。（2）滤波强弱选择。由于边界的不连续也可能是视频自身内容所导致，滤波强弱选择可以根据视频内容及编码参数进一步判断边界是否需要滤波以及选择合适的滤波强度。流程图如图 2.43 所示。

图2.42　去方块滤波流程图

HEVC中去方块滤波有如下特点：（1）无论是亮度还是色度分量，只按照8×8的块边界进行处理，且必须是TU或PU的边界，图像边界不处理。对于色度分量仅当边界两侧至少有一个块采用帧内预测时该边界才需要被滤波，这使滤波次数大大降低。（2）滤波时，待处理边界两边最多各修正3个像素值，这使得8×8块边界空间独立可以并行处理。（3）可以先处理整幅图像的垂直边界再处理水平边界。如图2.43所示，虽然去方块滤波按照8×8块边界处理，而实际上是将8×8的块分成两部分独立处理，垂直边界以8×4为基本单位，水平边界以4×8为基本单位。

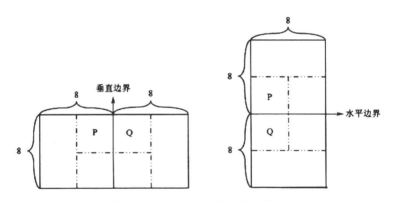

图2.43　去方块滤波的边界块处理

获取边界强度（Boundary Strength,BS）就是根据边界块的编码参数初步判断块边界是否需要滤波及滤波参数，如图2.44所示。BS的取值为0、1或2。对于亮度分量当BS为0时表示该边界不需要滤波，不再进行后续处理。当亮度分量的BS为1或2时才会进行后续处理。对于色度分量当BS为0或1时表示该边界不需要滤波，不再进行后续处理，只有BS为2时才需要滤波（也不需要进行后续的滤波开关决策和滤波强度选择）。

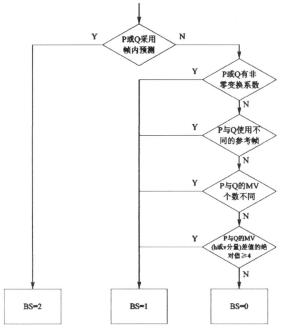

图2.44 获取边界强度流程图

　　由于人眼的空间掩蔽效应，图像平坦区域的不连续边界更容易被观察到。当边界两侧变化剧烈时边界处的不连续可能是由视频内容自身导致。另外，滤波会减弱强纹理区域应有的纹理信息。滤波开关决策就是根据边界块内像素值的变化程度判断该边界的内容特性，然后根据内容特性确定是否需要进行滤波操作，如图2.45所示。

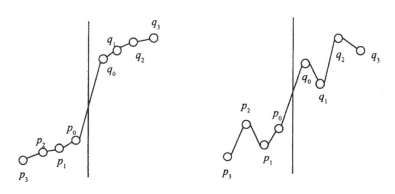

图2.45 图像中的块边界示意图

在上一步滤波开关打开的前提下，需要对视频内容进行更细致的判断以进一步确定滤波强度。下面3种边界情况如图2.46所示，（a）与（b）相比，边界两侧像素平坦而边界处变化剧烈，在视觉上会形成更强的块效应，因此需要对边界周围像素进行大范围、大幅度修正。（c）边界处像素变化特别大，由于失真总会处于一定范围，当差值超出一定范围后，则可以推断出这种块边界是由视频内容本身所致。

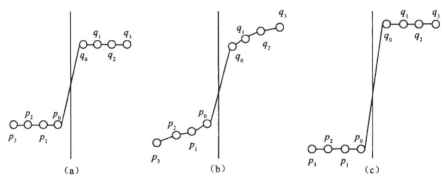

图2.46　不同情况的边界

滤波操作的过程包括3种情况：亮度分量的强滤波、弱滤波以及色度分量的滤波。亮度分量的强滤波会对边界两侧的像素进行大范围、大幅度的修正。弱滤波操作中修正的像素范围及幅度较小，而且需要根据每一行像素的具体情况确定每行的滤波操作。当获取边界强度模块判定BS=2，色度分量需要进行滤波操作。

（2）样点自适应补偿

对于图像里的强边缘，由于高频交流系数的量化失真，解码后会在边缘周围产生波纹效应，这种失真被称为振铃效应。样点自适应补偿用于消除振铃效应，如图2.47所示，虚线是原始像素值，实线是重构像素值。

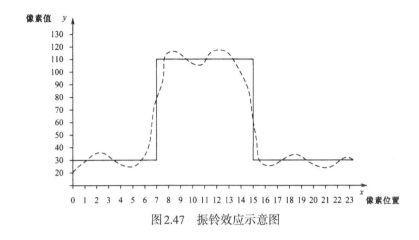

图2.47　振铃效应示意图

SAO以CTB为基本单位，包括两大类补偿形式：边界补偿（Edge Offset，EO）和边带补偿（Band Offset，BO），此外还引入了参数融合技术。根据选取的像素位置差异，EO有4种模式：水平方向EO_0、垂直方向EO_1、135°方向EO_2、45°方向EO_3[37]。对CTB中的每个重建像素，通过和相邻像素比较被分为5个类别。比较方法如表2.4。

表2.4　边带补偿的类型

类型	条件
1	c<a&&c<b
2	(c<a&&c==b) || (c == a&&c<b)
3	(c>a&&c==b) || (c ==a&&c>b)
4	c>a&&c>b
0	不属于以上4种情况

边带补偿根据像素值大小进行分类，它将像素分为32个等长的边带。例如8比特像素，像素值范围0～255，则每个边带包含256/32=8个像素值，即像素值属于[8k,8k+7]范围属于第k个边带，k=0...31。同一边带使用相同补偿值。一般情况下，在一定区域内像素值波动范围很小，一个CTB中大多数像素属于少数几个边带[38]。H.265/HEVC规定一个CTB只能

选择4条连续的边带，且只对属于这4条边带的像素进行补偿。可以通过率失真优化决定选择哪4条边带，然后将最小边带号及4个补偿值传到解码端。参数融合（Merge）是指对于一个CTB，其SAO参数可以直接使用相邻块的SAO参数，这时只需标识采用了哪个相邻块的SAO参数即可。

2.7.2 VVC的环路滤波

VVC在HEVC环路滤波技术的基础上，增加了亮度映射与色度缩放（Luma Mapping with Chroma Scaling，LMCS）和自适应环路滤波（Adaptive Loop Filter，ALF）。其中LMCS通过改善动态范围内信息重新分配码字提高压缩效率；ALF可以减少编码误差。

（1）亮度映射与色度缩放

亮度映射的基本思想是在指定的位深下更好地使用允许的亮度值范围。视频信号中所有允许范围的亮度值并不是都被使用的。LMCS亮度映射就是为了充分利用允许的位深，将原始域度值映射到允许的亮度值范围[39]。色度缩放的基本思想是补偿亮度信号映射对色度信号的影响 H.266/VVC 中，色度分量的量化参数 QP 取决于相应的亮度分量LMCS 可能会引起亮度值的变化，导致色度QP 被影响。色度缩放通过调整色度块内的色度残差来平衡这影响。

（2）自适应环路滤波

ALF 是使用基于维纳滤波器的自适应滤波器来最小化原始像素和重建像素之间的均方误差[40]。在VVC中，ALF技术根据视频内容自适应地在有限个滤波系数集中选择一组滤波器，对重建视频进行滤波。滤波系数集包含M个滤波器子集，每个滤波器子集包含与视频内容相关的N类滤波器，ALF滤波系数集如图2.48所示。编码端首先根据像素块内容确定滤波器类，然后利用率失真优化准则确定最优滤波器子集，并对子集索引进行编码。解码端针对每个CTU，ALF 根据子集索引确定滤波器子集，根据像素块（4×4）的内容确定滤波器类，即可确定该像素块使用的滤波系数。重建图像中的像素被分成多个类别，每个类别中的像素使用相应的滤波器系数进行滤波。ALF使用了两种菱形滤波器参数模板，对于亮度分量ALF采用7×7菱形滤波器，滤波系数集包含16个固定子集和最多8个APS子集，每个子集包含最多25组滤波器类。对于每个选用亮度ALF的CTU，选用的滤波子集由编码的子集索引确定，选用的滤波器类由像素块的内容特征确定。对于色度分量ALF采用5×5菱形滤波器，方法较为简单，只使用APS子集色度分量。APS层编码传输到APS子集时，与亮度信息APS子集共用一个ID号，也最多维持ID号为0～7的8个APS子集。色度分量Cb和Cr，每个APS子集都包含最多8组滤波器。每个CTU选择使用其中的一个滤波器，Cb分量和Cr分量可以使用不同索引的滤波器。

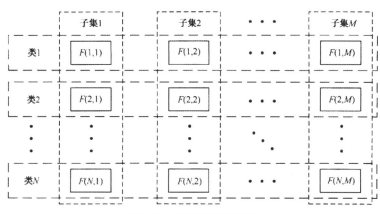

图2.48　ALF滤波系数集

由于人眼对亮度信息更加敏感，且视频的亮度分量会包含较多的细节纹理，色度分量相对平坦，因此视频编码会尽量保留更多的细节。VVC通过对亮度信息进行ALF补偿色度分量的细节，改善色度分量的重建质量，即分量间ALF（CCALF）。CCALF利用重建亮度值对色度值进行补充和修正。CCALF滤波器采用3×4的菱形滤波器模板，如图2.49所示，当前滤波像素为"7"位置处的像素（因为色度分量实际采样位置不与亮度分量一致，应用在亮度分量上的滤波器针对色度分量是对称的），因此，每个CCALF滤波器只需要存储7个滤波系数。CCALF滤波过程和色度ALF相似，只不过对亮度信息滤波，得到的滤波值叠加在色度分量上。

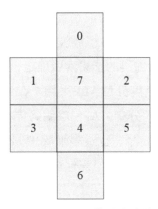

图 2.49　CCALF 菱形滤波器

2.8 率失真优化

为了将具有庞大数据量的视频在有限信道内传输、存储，高压缩率的编码往往会造成编码重建视频与原始视频存在差别，即重建视频产生失真，该类压缩被称为有损压缩[41]。视频编码的主要目的就是在保证一定视频质量的条件下尽量减少编码比特率，或在一定编码比特率限制条件下尽量地减小编码失真。基于率失真理论的编码参数优化方法被称为率失真优化，率失真优化技术是保证编码器编码效率的主要手段。

2.8.1 HEVC 的率失真优化

准确度量视频的失真是权衡编码性能的先决条件。一般来说，视频的客观失真测度应与人类视觉系统的感知失真一致。在实际应用中常常采用平方误差和（SSE）、均方误差（MSE）、绝对误差和（SAD）以及峰值信噪比（PSNR）等客观评价方法来作为失真测度[42]。

$$SSD = \sum_{x=0}^{M-1}\sum_{y=0}^{N-1}\left|f(x,y)-f^{'}(x,y)\right| \qquad (2-19)$$

$$MSE = \frac{1}{MN}\sum_{x=0}^{M-1}\sum_{y=0}^{N-1}\left|f(x,y)-f^{'}(x,y)\right| \qquad (2-20)$$

$$SAD = \sum_{x=0}^{M-1} \sum_{y=0}^{N-1} \left| f(x,y) - f^{'}(x,y) \right| \tag{2-21}$$

$$PSNR = 10 \log_{10} \frac{255^2 MN}{\sum_{x=0}^{M-1} \sum_{y=0}^{N-1} \left| f(x,y) - f^{'}(x,y) \right|^2} \tag{2-22}$$

不同的编码参数可以得到不同的率失真性能，最优的编码方案就是在编码系统定义的所有编码参数中使用能够使系统性能最优的参数值，视频编码系统中的率失真优化就是基于率失真优化理论选择最优的编码参数。视频编码过程往往将视频序列分为多个较小的子任务，分别为每个子任务确定最优的参数集。这里的子任务可以是编码一个 CU、一幅图像或一个 GOP[43]。假设编码中共包含 N 个子任务，第 i 个子任务 U_i 有 M 种不同的参数组合，它对应 M 个可操作点，即码率 $R_{i,j}$ 和失真 $D_{i,j}$，j=1,2,…,M，则确定最优参数集的过程等价于最小化所有子任务的失真和：

$$\min \sum_{i=1}^{N} D_{i,j} \ s.t. \sum_{i=1}^{N} R_{i,j} < R_c \tag{2-23}$$

该约束性问题可以通过引入拉格朗日因子 λ，转换为非约束性问题：

$$\min J, \ J = \sum_{i=1}^{N} D_{i,j} + \lambda \sum_{i=1}^{N} R_{i,j} \tag{2-24}$$

HEVC 中的率失真优化分为图像组（GOP）、片层（Slice）、CTU 层、CU 层和 PU 层。根据不同层的特点利用上述公式推导出各层的率失真优化方法。

2.8.2 VVC 的率失真优化

VVC 依然沿用了 HEVC 的率失真优化函数，并依然将它的率失真优化分为 GOP 层、Slice 层、CU 层和 PU 层。针对 VVC 采用的更先进的编码算法和多种高效编码工具，率失真优化函数根据各种编码算法和编码工具的特性进一步推导出符合各种应用场景的率失真优化方法。在帧内预测中，VVC 增加了针对 MIP 模式的率失真优化。在帧间预测中，VVC 分别增加了针对 SbTMVP 模式、仿射 Merge 模式、CIIP 预测模式、MMVD 预测模式和GPM模式的率失真优化。其中常规Merge帧间预测模式、CIIP预测模式和MMVD预测模式选出的率失真代价最小的模式，将此模式同GPM预测模式和AMVP预测模式选出率失真代价最小的再次进行比较，进一步确定最终的模式。

2.9 速率控制

为了满足在信道带宽和传输时延的限制下有效传输数据，保证视频质量，需要对视频编码过程进行速率控制。速率控制的重点是确定与速率相关的量化参数（Quantization Parameter，QP）。速率控制的主要工作是：建立编码速率与量化参数的关系模型，根据目标码率确定视频编码参数中的量化参数。

2.9.1 HEVC 的速率控制

HEVC的速率控制算法分为两个步骤：目标比特分配和量化参数确定。目标比特分配仍采用分级的策略，分为GOP级、图像级、CTU级[44]。而量化参数确定是根据R与λ，λ与QP的关系模型确定不同编码单元的量化参数。

（1）目标比特的分配

视频序列在编码时通常划分为多个连续的GOP，所以GOP是速率控制算法需要处理的最大编码单元。GOP级目标比特是根据信道速率和缓冲区状态为每个GOP分配目标比特数，见公式2-25：

$$T_G = \overline{T_f} \cdot N_G \qquad (2\text{--}25)$$

其中，$\overline{T_f}$ 为每一帧图像的平均比特数，N_G 为一个GOP的图像数。

由于一个GOP包含多帧图像，图像级目标比特分配是根据GOP级的目标比特数为每帧图像分配目标比特[45]。第j幅图像（j取值范围为[1, N_G]）的目标比特数$T_f(j)$见公式2-26：

$$T_f(j) = \beta \cdot \tilde{T}_f(j) + (1-\beta) \cdot \hat{T}_f(j) \qquad (2\text{--}26)$$

其中，β为典型值0.9。$\tilde{T}_f(j)$是根据当前GOP剩余的编码比特数为该图像分配目标比特数。$\hat{T}_f(j)$为根据当前GOP剩余的编码比特数为该图像分配的目标比特数。

CTU级目标比特分配是根据当前图像的总的目标比特数为此图像内的CTU分配目标比特数，对于一个包含N_L个CTU的图像，第m个编码CTU的目标比特数$T_L(m)$见公式2-27：

$$T_L(m) = \frac{T_f - H_f - R_{L,c}}{\sum_{k=m}^{N_L} \omega_L(k)} \cdot \omega_L(m) \qquad （2-27）$$

其中，$R_{L,c}$为当前图像已编码CTU所消耗的实际比特数，H_f为该图像头信息比特数的预测值，$\omega_L(m)$为每个CTU的比特分配权重。

（2）量化参数的确定

量化参数的关键是建立速率 —— 量化参数（R-QP）模型，进而用它估计目标编码速率所对应的量化参数。HEVC分别提供了7种量化参数模型。分别为二次模型、一阶线性模型、对数模型、指数模型、分段模型、R-λ-QP模型和R-ρ-QP模型。

2.9.2 VVC的速率控制

VVC在码率控制方面的改进主要在以下三方面：（1）增加了CTU级的skip和非skip块码率分配。skip块没有残差信息，它消耗的比特仅用于编码一些辅助信息（例如skip flag、运动向量、参考帧索引等），所以skip块的失真只和其参考块相关，不满足公式的R-D双曲线关系，需要分别考虑[46]。当编码完一个CTU后即可知道该CTU的skip块面积，如果小于预定义的阈值TH则认为它是正常CTU，否则认为它是skip CTU。对于正常CTU认为其λ，满足R-D双曲线模型。对于skip CTU，由于skip块使用的比特数少，为了避免误差传播对skip块不进行参数更新，它的λ直接使用该帧的λ。正常CTU和skip CTU分块进行参数更新的策略不仅会影响CTU的参数更新也会影响该帧的R-D参数。当一帧完成编码后，正常CTU的像素数、失真、实际使用比特数会用于帧级R-D参数更新。

skip CTU 的信息会被忽略。（2）针对 GOP 级的目标比特分配，增加了滑动窗口，并根据缓冲区的状态对滑动窗口尺寸 SW 进行调整平滑比特波动。（3）由于视频编码采用分级的结构，低层帧作为高层帧的参考帧，这就使得不同层级的帧间产生了质量依赖关系。VVC 将基于质量依赖因子（Quality Dependency Factor，QDF）的码率分配方法扩展到低帧率下的速率控制，以提升编码质量[47]。

参考文献

[1]G. J. Sullivan, J. –R. Ohm, W. –J. Han and T. Wiegand, "Overview of the High Efficiency Video Coding (HEVC) Standard," in IEEE Transactions on Circuits and Systems for Video Technology, vol. 22, no. 12, pp. 1649–1668, Dec. 2012, doi: 10.1109/TCSVT.2012.2221191.

[2]Sze V, Budagavi M, Sullivan G J. High efficiency video coding (HEVC) [M] Integrated circuit and systems, algorithms and architectures. Berlin, Germany: Springer, 2014, 39: 40.

[3]万帅，杨付正. 新一代高效视频编码 H. 265/HEVC：原理，标准与实现[M]. 电子工业出版社，2014.

[4]马思伟. 新一代高效视频编码标准HEVC 的技术架构[J].中国多媒体通信，2013（7）：20–21.

[5]ITU–T Recommendation H.266 and ISO/EC 23090–3.Versatile Video Coding[S]. 2020.

[6]Wang Y K, Skupin R, Hannuksela M M. The High–Level Syntax of the Versatile VideoCoding (VVC) Standard[J]. IEEE Transactions on Circuits and Systems for VideoTechnology,2021,31(10): 3779–3800.

[7]赵耀，黄晗，林春雨，等. 新一代视频编码标准 HEVC 的关键技术[J]. 数据采集与处理，2014，29（1）：1–10.

[8]Lainema J, Bossen F, Han W J, et al. Intra coding of the HEVC standard[J]. IEEE transactions on circuits and systems for video technology, 2012, 22(12): 1792–1801.

[9]Rutledge C W. Vector DPCM: vector predictive coding of color images[C]//Proceedings of the IEEE Global Telecommunications Conference. 1986: 1158–1164.

[10]Weinberger M J, Seroussi G, Sapiro G. The LOCO–I lossless image compression algorithm: Principles and standardization into JPEG–LS[J]. IEEE Transactions on Image processing, 2000, 9(8): 1309–1324.

[11]Weinberger M J, Seroussi G, Sapiro G. LOCO–I: A low complexity, context–based, lossless image compression algorithm[C]//Proceedings of Data Compression Conference–DCC'96. IEEE, 1996: 140–149.

[12]ITU–T Recommendation H.266 and ISO/EC 23090–3. Versatile Video Coding[S].2020.

[13]De–Luxan–Hernandez S, George V, et al. CE3: Intra Sub–Partitions Coding Mode[CJ.JVET M0102.13th JVET Meeting.Marrakech,Morocco.2019.

[14]Jain J, Jain A. Displacement measurement and its application in interframe image coding[J]. IEEE Transactions on communications, 1981, 29(12): 1799–1808.

[15]Purnachand N, Alves L N, Navarro A. Improvements to TZ search motion estimation algorithm for multiview video coding[C]//2012 19th International conference on systems, signals and image processing (IWSSIP). IEEE, 2012: 388–391.

[16]Bross B, Chen J, Ohm JR, et al. Developments in International Video Coding Standardization After AVC, With an Overview of Versatile Video Coding (VVC)J]. Proceedings of the IEEE.2021.109(9): 1463–1493.

[17]Chen J, Ye Y, Kim S H Algorithm Description for Versatile Video Coding and Test Model12(VTM 12)[C]. JVET–U2002, 21th JVET Meeting, Online, 2021.

[18]Wang Y K, Skupin R, Hannuksela M M, et al. The High–Level Syntax of the Versatile Video Coding (VVC) Standard[J]. IEEE Transactions on Circuits and Systems for VideoTechnology,2021,31(10): 3779–3800.

[19]Zhang L, Zhang K, Liu H, et al. History–based Motion Vector Prediction in Versatile Video Coding[C]. 2019 Data Compression Conference (DCC),Snowbird, Utah, USA, 2019.

[20]Gao H, Esenlik S, Alshina E, et al. Geometric Partitioning Mode in Versatile Video Coding: Algorithm Review and Analysis[J]. IEEE Transactions on Circuits and Systems for VideoTechnology,2020,31(9): 3603–3617.

[21]Zhang K，Chen YW, Zhang L，et al. An Improved Framework of Affine Motion Compensation in Video Coding[J]. IEEE Transactions on Image Processing, 2018, 28(3):1456–1469

[22]Huang Y, An J, Huang H, et al. Block Partitioning Structure in the VVC Standard J. IEEE Transactions on Circuits and Systems for Video Technology, 2021, 31(10): 3813–3833.

[23]Yang H, Chen H, Chen J, et al. Subblock–Based Motion Derivation and Inter Prediction Refinement in Versatile Video Coding Standard l. IEEE Transactions on Circuits and Systems for Video Technology, 2021, 31(10): 3862–3877.

[24]Zeng Y, Cheng L, Bi G, et al. Integer DCTs and fast algorithms[J]. IEEE Transactions on Signal Processing, 2001, 49(11): 2774–2782.

[25]Sole J, Joshi R, Nguyen N, et al. Transform coefficient coding in HEVC[J]. IEEE Transactions on Circuits and Systems for Video Technology, 2012, 22(12): 1765–1777.

[26]ITU–T Recommendation H.266 and ISO/IEC 23090–3. Versatile Video Coding[S]. 2020.

[27]Zhao X, Kim S H, Zhao Y, et al. Transform Coding in the VVC Standard[J]. IEEE Transactions on Circuits and Systems for Video Technology, 2021, 31(10): 3878–3890.

[28]Rudat C, Helmrich C R, Lainema J. Inter–Component Transform for Color Video Coding[C]. 2019 Picture Coding Symposium (PCS), Ningbo, China, 2019.

[29]Koo M, Salehifar M, et al. Low Frequency Non–Separable Transform (LFNST)[C]. 2019Picture Coding Symposium (PCS), Ningbo, China, 2019.

[30]Zhao X, Chen J, et al. Joint Separable and Non–Separable Transforms for Next–Generation Video Coding[J]. IEEE Transactions on Image Processing,2018,27(5): 2514–2525.

[31]Budagavi M, Fuldseth A, Bjøntegaard G. HEVC transform and quantization[M]//High Efficiency Video Coding (HEVC) Algorithms and Architectures. Cham: Springer International Publishing, 2014: 141–169.

[32]Schwarz H, Coban M, Karczewicz M, et al. Quantization and Entropy Coding in the Versatile Video Coding (VVC) Standard[J]. IEEE Transactions On Circuits Systems for VideoTechnology,2021,31(10): 3891–3906.

[33]Schwarz H, Nguyen T, Marpe D, et al. Wiegand. Hybrid Video Coding with Trellis–coded quantization [C]. 2019 Data Compression Conference (DCC), Snowbird, Utah, USA, 2019.

[34]Heising G, Wiegand T. Further Results for CABAC entropy coding scheme Purpose: Proposal[J].

[35]Schwarz H, Coban M, Karczewicz M, et al. Quantization and Entropy Coding in the Versatile Video Coding (VVC) Standard[J]. IEEE Transactions on Circuits and Systems for video Technology, 2021, 31(10): 3891–3906.

[36]Norkin A, Bjontegaard G, Fuldseth A, et al. HEVC deblocking filter[J]. IEEE Transactions on Circuits and Systems for Video Technology, 2012, 22(12): 1746–1754.

[37]Fu C M, Alshina E, Alshin A, et al. Sample adaptive offset in the HEVC standard[J]. IEEE Transactions on Circuits and Systems for Video technology, 2012, 22(12): 1755–1764.List P, Joch A, Lainema J, et al. Adaptive deblocking filter[J]. IEEE transactions on circuits and systems for video technology, 2003, 13(7): 614–619.

[38]Lu T, Pu F, Yin P, et al. Luma mapping with chroma scaling in versatile video coding[C]//2020 Data Compression Conference (DCC). IEEE, 2020:

193–202.

[39]Andersson K, Ström J, Zhang Z, et al. Fix for ALF Virtual Boundary Processing[C]//document JVET–Q0150, 17th JVET meeting, Brussels, Belgium. 2020.

[40]Lin W, Kuo C C J. Perceptual visual quality metrics: A survey[J]. Journal of visual communication and image representation, 2011, 22(4): 297–312.

[41]Bertsekas D P. Dynamic programming and optimal control 4th edition, volume ii[J]. Athena Scientific, 2015.

[42]H. Li, B. Li and J. Xu, "Rate–Distortion Optimized Reference Picture Management for High Efficiency Video Coding," in IEEE Transactions on Circuits and Systems for Video Technology, vol. 22, no. 12, pp. 1844–1857, Dec. 2012, doi: 10.1109/TCSVT.2012.2223038.

[43]Wang S, Ma S, Wang S, et al. Rate–GOP based rate control for high efficiency video coding[J]. IEEE Journal of selected topics in signal processing, 2013, 7(6): 1101–1111.

[44]Wan S, Gong Y, Yang F. Perception of temporal pumping artifact in video coding with the hierarchical prediction structure[C]//2012 IEEE International Conference on Multimedia and Expo. IEEE, 2012: 503–508.

[45]H. Choi, J. Nam, J. Yoo, et al. "Rate control based on unified RQ model for HEVC", ITU–T/ISO/IEC JCT–VC Document JCTVC–H0213, San Jose, CA, USA, Feb. 2012.

[46]Liu Z, Li Y, Chen Z, et al. AHG10: Adaptive Lambda Ratio Estimation for Rate Control in VVC [C]. JVET–L0241,12th JVET Meeting, Macao, China, 2018.

[47]Liu Z, Chen Z, Li Y. AHG10: Quality Dependency Factor Based Rate Control for VVC [C]. JVET–M0600, 13th JVET Meeting, Marrakech, Morocco, 2019.

第三章 编码单元划分优化

3.1 HEVC/VVC 编码单元划分技术

传统的视频编码都是基于宏块实现的，自 H.265/HEVC 标准后，VVC 引入了树形编码单元 CTU，其尺寸由编码器指定[1]。为了灵活、高效地表示视频场景中的不同纹理细节、运动变化的视频内容或者视频对象，HEVC 和 VVC 为图像划分定义了一套全新的语法单元，包括编码单元 CU、预测单元（Prediction Unit，PU）。对于 HEVC 标准，还定义了变换单元(Transform Unit，TU)。

3.1.1 HEVC 中的编码单元划分

HEVC 将每帧图像划分为统一大小、紧邻又不重叠的若干个 $2N \times 2N$ 的编码树块（CTB，Coding Tree Blocks），其大小为 64×64、32×32 或 16×16[2]。一个 CTU 由一个亮度 CTB、两个色度 CTB 以及包含的所有编码单元（CU）组成[3]。每一个 CTU 都可以由若干个 CU 组成，CU 的尺寸为 64×64、32×32、16×16 或 8×8。与 CTU 相同，每个 CU 也包含一个亮度编码块（CB，Coding Blocks）和两个色度 CB[4]。而预测的过程就是通过量化与反量化过程确定每一位置的 CTU 划分方案，该过程的进行是根据四叉树结构完成的。CB 还可以划分成一个或多个预测块（PB，Prediction Blocks）和变换块（TB，Transform Blocks）[2]。

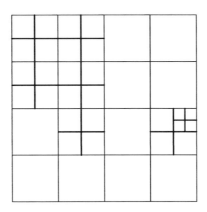

图 3.1 编码单元划分示意图

在 H.265/HEVC 中，一个 CTB 可以直接作为一个 CB，也可以进一步以四叉树的形式划分为多个小的 CB[5]。所以 H.265/HEVC 中 CB 的大小是可变的，亮度 CB 最大为 64×64，最小为 8×8[6]。一方面大的 CB 可以使得平缓区域的编码效率大大提高，另一方面小的 CB 能很好地处理图像局部的细节，从而可以使复杂图像的预测更加准确。一个亮度 CB 和相应的色度 CB 及与它们相关的句法元素共同组成一个编码单元（CU）[7]。在 H.265/HEVC 中，一幅图像可以被划分为若干个互不重叠的 CTU，在 CTU 内部，采用基于四叉树的循环分层结构[8]。同一层次上的编码单元具有相同的分割深度。HEVC 将 64×64 的 CU 定义为深度 0，32×32 的 CU 定义为深度 1，16×16 的 CU 定义为深度 2，而 8×8 的 CU 定义为深度 3[9]。根据四叉树结构，每一个较大尺寸的 CU 都可以划分为四个子 CU，划分判断取决于率失真代价（RD-cost）大小。

3.1.2 VVC 中的编码单元划分

VVC 使用树形编码单元 (CTU) 作为编码的基本单位，一幅图像被分成一个 CTU 序列[10]。对于一幅三通道图像，CTU 由一个亮度 CTB 和两个对应的色度 CTB 构成。为了匹配 4K、8K 等视频的编码需求，VVC 中 CTU 亮度块的最大允许尺寸为 128×128，色度块的最大允许尺寸为 64×64[11]。

为了适应不同的视频内容，CTU 可以进一步划分成多个编码单元

CU。不同于 H.265/HEVC，在大多数情况下 VVC 使用 CU 尺寸作为预测、变换、编码的共同单位，只有当 CU 尺寸大于最大变换尺寸时才使用更小尺寸的 TU[12～14]。在 VVC 中，CTU 首先会进行四叉树划分，接着可以进一步使用多类型树划分[15]。多类型树结构共包含四种划分方式（如图 3.2 所示），分别为垂直二叉树划分（SPLIT_BT_VER）、水平二叉树划分（SPLIT_BT_HOR）、垂直三叉划分（SPLIT_TT_VER）、水平三叉树划分（SPLIT_TT_HOR）[16]。在 VVC 中，四叉树根节点所允许的最大尺寸为 128×128，四叉树叶子结点所允许的最小尺寸为 16×16，三叉树根节点所允许的最大尺寸为 64×64，三叉树叶子结点所允许的最小尺寸为 4×4，二叉树根节点所允许的最大尺寸为 64×64，二叉树叶子结点所允许的最小尺寸为 4×4。

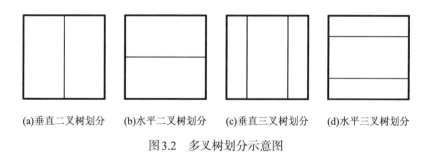

(a)垂直二叉树划分　(b)水平二叉树划分　(c)垂直三叉树划分　(d)水平三叉树划分

图3.2　多叉树划分示意图

图 3.3 是 CTU 划分成 CU 的示意图。边界加粗的块表示由四叉树划分得到，未加粗的表示由二叉树、三叉树划分得到。使用 VTM 进行编码时最多需要遍历五种划分方式，计算每一种划分方式的率失真代价，选择率失真代价最小的划分方式作为最优的划分方式。图 3.4 展示了 CU 选择最优划分方式的过程。四叉树嵌套多类型树的划分方式很显然比 HEVC 中只采用四叉树的划分方式更具有优势，它可以根据视频内容灵活地选择划分方式。但是由于需要递归的计算多种划分方式的率失真代价，计算复杂度显著增加。由于对二叉树、三叉树根节点最大尺寸和叶子节点最小尺寸的限制，宽和高都大于或者等于 16 需要遍历多类型树的四种划分方式，本算法主要针对这一类 CU 进行优化，减少划分方式的遍历次数，以达到节

省时间的目的。

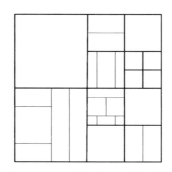

图3.3　CTU 划分成 CU 的示意图

图3.4　选择最优划分方式的过程图

3.2 典型编码单元划分优化思想

现有的视频编码框架通过对CTU进行四叉树或多叉树的递归编码，并使用率失真优化过程来决定当前编码单元是否需要划分为更小的编码单元。但是由于递归过程需要计算多种划分方式的率失真代价，计算复杂度显著增加。CU快速划分问题一直以来都是视频编码领域的研究热点，人们提出了大量的快速划分算法提前终止CU的四叉树或多叉树递归编码，这些方法大致可以分为传统方法、基于机器学习的方法以及基于深度学习的方法。在传统方法中，主要利用CU的纹理信息、深度信息等CU特性决策CU划分，从而减少CU划分的遍历次数、节省编码时间。基于机器学习的方法，主要利用决策树、支持向量机等方法加速CU划分。机器学习方法可以充分利用视频的特性，定义多维典型特征指导CU划分，从而减少计算复杂度。基于深度学习的方法，通过对导入的视频提取特征不断迭代训练生成模型，指导CU划分。

3.2.1 传统的快速CU划分算法

传统的快速CU划分算法主要通过利用视频帧的纹理信息和编码器提供编码过程中所产生的冗余信息作为特征，从而减少CU划分的遍历次数。这些特征包括率失真（RD）成本、几个方向上的全局和局部边缘复杂性、相邻编码树单元（CTU）和最近邻编码单元CU之间的相关性、纹理特性和来自相邻编码的CU的编码信息等。通过寻找划分CU与未划分CU在上述一个或多个特征之间的差异，寻找合适的阈值，终止部分CU的划分过程，[17]利用熵来计算当前CU的信息量，通过信息量的大小来提前划分编码块。[18]通过Sobel算子进行编码检测判断屏幕内容视频的图片纹理特性，进而判断是否需要提前划分。[19]根据编码块率失真代价的大小来提前终止划分。还有将模式选择和CU划分融合在一起的快速算法[20～22]。这类CU快速划分算法通常需要以下过程：（1）寻找足以表征CU特性的图像特征。为了检验特征的表征能力往往需要进行概率统计，来验证特征对各个视频序列的适应性。（2）针对所选特征寻找合适的阈值，以保证在编码质量影响较小的情况下，降低编码复杂度。

3.2.2 基于机器学习的快速 CU 划分算法

基于机器学习的方法主要利用机器学习作为训练器，训练多维特征生成训练模型以指导 CU 划分，降低编码复杂性。目前机器学习所采用的方法主要有：贝叶斯分类器、决策树、SVM、XGBoost等方法。[23]通过提取图像特征的 CU 复杂度，利用支持向量机（SVM）提出了一种用于 HEVC 帧内预测的自适应快速 CU 大小决策算法。[24]运用梯度下降算法将 CU 分为两类，进而指导 CU 快速划分。[25]通过提取低计算复杂度的特征输入到三分类贝叶斯分类器。同时提取复杂的图像特征输入到二分类贝叶斯分类器，并将三分类器与二分类器级联，指导 CU 划分，如图3.5所示。运用此类 CU 快速划分算法通常需要以下过程：（1）针对各种视频序列寻找表征 CU 特性的多维图像特征。（2）选择适合的机器学习方法训练多维特征生成训练模型。为了生成准确率高的训练模型，需要根据模型的准确率等各种指标调整训练参数，降低错误率。（3）将生成的训练模型嵌入到编码器中指导 CU 划分。

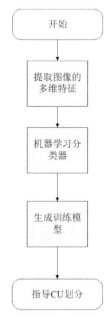

图3.5　基于机器学习的快速 CU 划分思想

3.2.3 基于深度学习的快速CU划分算法

　　基于深度学习的方法主要通过各种深度学习网络提取图像特征训练
网络模型指导CU划分。目前基于深度学习的快速CU划分算法主要还
是在以卷积神经网络为基础的深度学习网络。Li等人[26] 提出了一个名为
CtuNet的CTU划分框架，通过使用深度学习技术对其功能进行近似。采
用ResNet18CNN模型来预测HEVC标准的CTU划分。Soulef等人[27] 提出
将卷积神经网络CNN和长短时记忆网络（LSTM）结合起来提取图像特
征指导CU划分。Tang等人[28] 提出了一种针对不同编码单元（CU）形状
的具有池化可变卷积神经网络（CNN）的帧内自适应CU分割决策，形状
自适应CNN是通过可变池化层大小来实现的。Amna等人[29] 提出了一种
三级CNN结构来加速编码单元的四叉树多叉树的快速划分。Kim等人[30]
构建了一个深度神经网络来提取图像特征和CU信息，指导CU快速划分。
如图3.6所示，此类CU快速划分算法主要流程如下：1）针对视频序列特
性设计合适的模块以充分表征图像特性。2）针对所提取的特征设计或选
择合适的深度学习网络生成模型，并进行调优。3）将生成的网络模型嵌
入到编码器中指导视频CU划分。

图3.6　基于深度学习CU划分的思想

3.3 基于原始参考像素的四叉树划分提前终止算法

在 HEVC 标准下，视频图片得到最优的预测方式，其失真度很小。如图 3.7 中选中的 16×16 的块，我们将其原始像素点与重建后的像素点进行对比，发现像素值之间的差异性较小，而在人眼观察的情况下，重建图像和原始图像是一样的。如果用相邻块的原始像素进行参考样本的填充来预测当前块，理论上而言得到的预测值就会更加接近当前区域的原始值，预测值会更加准确。在帧内预测中，主要是预测模式选择的过程。预测最优模式是从 35 个方向中选择的最优模式。当前块的最优划分模式，是通过大块的 RD-cost 和它的四个子块 RD-cost 之和作比较而得到，前者大则当前块的划分模式就是划分为小块，否则就是不用划分。所以本节介绍在编码端进行帧内预测的 35 个角度预测之前，选取原始像素作为参考样本对当前编码块及其四个子块进行预测，得到相应的预测值，通过对其分析对当前块进行提前处理。

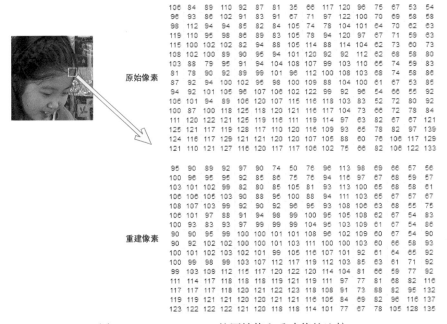

图 3.7 Blowingbubbles 的原始值和重建值的比较

3.3.1 算法流程

经过统计从35个方向中选择出一个概率最高的方向模式，并用这一模式对当前块及其四个子块进行模式预测，以原始像素为参考样本进行预测得到预测值，其残差经过哈达玛变换得到相应的HDcost值。通过对大块和其四个子块的HDcost进行分析，提前对当前块做出判断，并跳过不必要的过程，从而节省时间。图3.8是基于参考原始像素的快速算法流程图。

本算法主要是对深度为0、1、2的块进行优化算法。DepthC代表当前块的深度，DepthL代表左侧相邻块的深度。编码单元CU进行帧内预测后，我们将当前块按四叉树方式自行递归为四个子块，当前块以原始像素为参考像素进行预测得到的HDcost值为R_c；同时参考原始像素进行预测得到当前块的HDcost值与四个子块的HDcost值和之差，作为R_{cf}。理论上对于复杂区域的块来说，R_c和R_{cf}的值都比较大，当前CU肯定是要继续划分的，就可以直接跳过当前深度的帧内预测过程，划分为更小的块才能够得到最优的划分模式。对于平滑区域的块，我们参考左侧相邻块来进行判断，当DepthC与DepthL相等时，通过比较当前块与左侧相邻块的R_c值来决定当前块是否需要继续划分，若当前块小于等于左侧块，则当前CU不再继续划分为更小的块；否则，则继续划分。因此，本章算法主要是通过R_c和R_{cf}来判断出复杂区域的提前划分，通过参考左侧相邻块来对平滑区域进行终止划分。

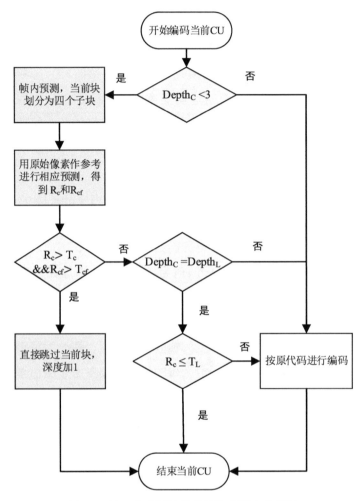

图3.8　基于参考原始像素的快速算法流程图

3.3.2 帧内预测参考样本的选取

在帧内预测中，无论是Planar模式、DC模式还是角度模式预测时，都有参考像素的填充过程，其参考像素是源自于重建块，正如重建块源自变换块，所以其块的大小从 4×4 到 32×32。图3.9中左侧和上侧长方形区域是 $N\times N$ 块的参考样本，共有4N+1个参考样本。

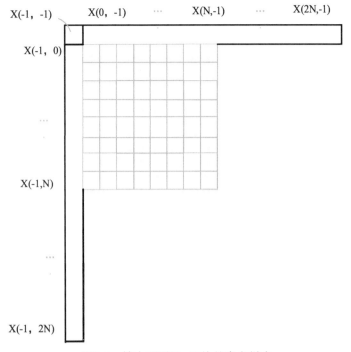

图3.9　帧内预测N×N块的参考样本

在HEVC中，每个模式预测时选择的参考样本都源自于相邻的重建块，进行参考样本的替代过程之前要考虑相邻参考像素是否存在，根据不同数量的相邻参考块选择相应的参考样本填充方式。此外，HEVC中自适应滤波的过程可以根据帧内预测模式、块大小和方向的多样性对参考样本进行预滤波，这样就大大增加了预测因子。

N×N块的4N+1个参考样本并非能从相邻参考块中完全获得，部分或全部可用是有若干原因造成的。例如，参考样本在图片外，自然是参考不到的。另外，当块是受限制的帧内预测，参考样本是属于帧间预测的PU，由于可能错误接收或者重建之前的图片而造成错误传输被省略掉，这样帧内预测就没有参考样本。HEVC中允许用相应的值对预测模式中所有不可用的参考样本进行填充。图3.10是参考样本填充示例，共有五部分，A～E分别对应左下、左侧、左上、上方及右上的相邻块的参考样本。当编码块位于图像边界时，则参考样本就存在不可用或部分可用的情况。

当参考样本不可用或部分可用时，则用邻近的像素将它填充，比如，若E不可用，则用D最右侧的像素进行填充，同理，若A不可用，则用B下侧的像素进行填充。所以区域参考样本都不可用，则用固定值128（8比特，对应128）来填充。

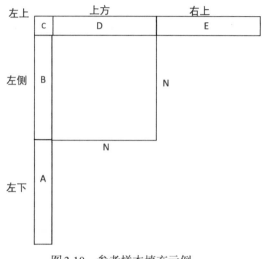

图3.10　参考样本填充示例

　　HEVC中，35种方向预测的工作原理是根据当前预测块左、左下、上、右上和左上的参考样本来预测当前块的像素值。实质是指，编码块经过角度预测的时候，会根据预测方向选取相应参考样本，经过一定的映射，计算出当前预测块的像素值。然后再由预测值计算出残差值，最终根据残差值的率失真代价来决定最佳的预测方向。在预测过程之前，要对参考样本是否存在做出判断，并根据不同的情况对它进行相应的像素填充。

　　以上论述的是帧内预测参考样本的填充过程，HEVC中可用的参考样本是选用的是相邻块重建像素作为参考样本，本算法提出的在帧内预测做35种预测之前对当前块进行四叉递归，采用原始像素来填充参考样本，其填充过程无异于原有的过程。图3.11是一帧图像对应深度0、1、2最优模式的分布。预测的过程是做35个方向的预测来得到最优的模式，从图中统计的量可以看出，模式1在35个方向中所占的比例更高，这也刚好符合了自然图像更趋于平滑，过渡极其自然的特征。因此，经过分析之后，我们选取Planar模式来对当前块及其四个子块进行不同参考像素的预测，这样得到的预测值也就相对具有代表性，能够比较准确地判断当前块的复杂程度。

Planar模式是通过水平和垂直方向的像素均值来预测出编码块的像素。其预测过程如下，如图3.12是平面预测的示意图。图中表示竖直方向和水平方向分别通过的线性滤波得到当前像素点的像素值，其均值即是Planar模式的预测值。因此，我们选取Planar模式对当前块和四个子块进行预测得到预测值，并得到相对应的HDcost。通过对HDcost的统计分析，对当前块做出提前判断，下一小节则是对阈值的分析和选取。

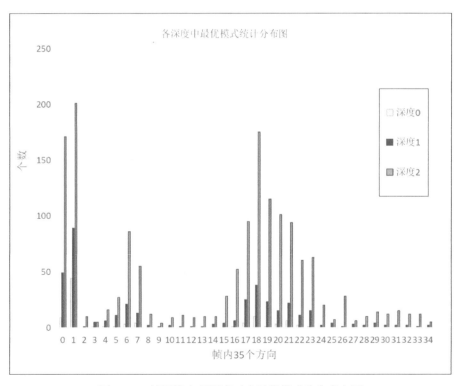

图3.11 一帧图像中各深度对应最优模式分布直方图

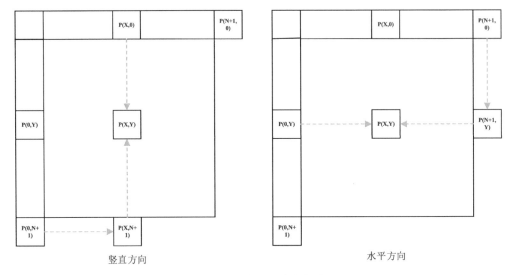

<table>
<tr><td>竖直方向</td><td>水平方向</td></tr>
</table>

图 3.12 平面预测示意图

3.3.3 阈值分析及选取

本章通过选取原始像素为参考样本对当前块以 Planar 模式进行预测得到 HDcost 值,即 Rc;选取原始像素为参考样本对当前块和其四个子块同样以 Planar 模式进行预测得到相应 HDcost 值,大块的值和四子块的值作差后即是 R_{cf}。图 3.13 和图 3.14 是深度为 0 下选取不同参考像素之后的预测值,图 3.13 是参考原始和重建像素为参考样本预测之后相应的 HDcost,可以发现其重合率比较高,理论上用原始像素得到的预测值更为精准,能够更好地衡量当前块的复杂程度;图 3.14 是参考原始像素预测的当前块和四个子块的 HDcost,可以发现有些值相差很大,因此用两者之间的差值来提前判断划分情况是可取的。对于复杂的区域,其 Rc 和 Rcf 的值就比较大,而平坦区域所对应的值就会相对小。因此,我们设置相应深度的阈值来对复杂区域进行提前判断,并利用左侧相邻块的值来终止平坦区域的划分。

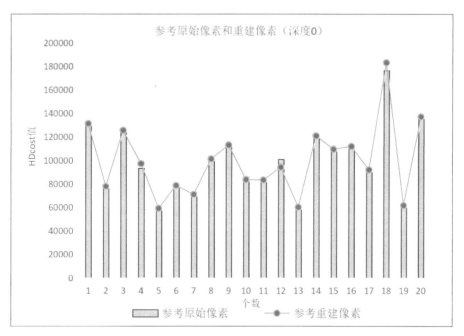

图 3.13　选取不同参考像素预测 HDcost

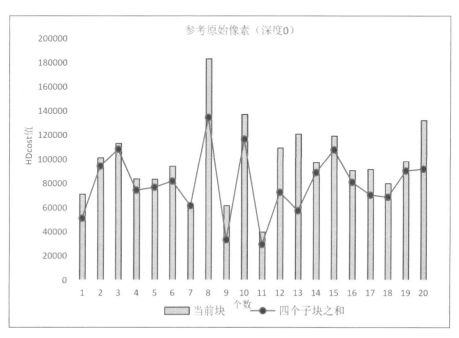

图 3.14　选取原始像素预测 HDcost

通过统计分析，我们为每个深度设置相应的阈值，表3.1是每个深度对应的提前判断阈值Tc、Tcf。当Rc >Tc 且Rcf >Tcf时，即可判断当前块属于复杂区域，需要划分为更小的块来进行区域细节上的预测，这时我们就可以跳过当前块帧内预测的过程。

表3.1　不同CU深度的阈值

阈值　　　　　　　深度	0	1	2
Tc	20000	14000	8000
Tcf	4000	1200	500

表3.2是各类序列中的某一序列对应深度阈值的准确率，从表中我们可以看出，测试序列每个深度对应阈值的准确率都很高。其中A类序列中的Traffic对应深度1、2的准确度相对低一些，这是因为Traffic中的混合区域相对多一些，但这并不影响经过提前判断后的视觉效果。因此，根据统计设定的阈值能够较准确地对当前块进行提前判断。

表3.2　各类序列阈值匹配的正确率

序列　　　　　　　深度		匹配度（%）		
		0	1	2
A	Traffic	98	85	83
B	Cactus	93	92	90
C	RaceHorsesC	100	97	89
D	Blowingbubbles	100	100	96
E	Vidyo1	96	94	93

对于平滑的区域，我们根据视频图片中与左侧参考块的相关性，利用左侧的参考原始像素的预测值来进行当前块的判断。以Blowingbubbles为例，经数据统计发现由左侧值作阈值能够判断深度0、1的正确率是100%，而能够判断深度2的正确率也达到91%，这说明以左侧为参考的

阈值是可取的。

通过上述表中设定的阈值我们能判断出当前块是否是复杂区域，并根据设定的阈值能够准确地进行提前判断。对于比较平滑的区域的判断，我们选取相邻左侧块为参考，若当前深度与左侧块深度相等时，设置左侧块的R_c为终止划分阈值T_L，当当前块的R_c小于等于左侧块的T_L，即可终止划分。

3.3.4 实验结果

将本章节所提出的算法嵌入至HM-16.6测试模型中，所有的测试条件均配置为AI配置，对JCT-VC推荐的测试序列进行质量评估，设置量化参数（QP）的值分别为22、27、32、37。表3.3展示了实验结果。其中，ΔT的计算方法见公式3-1。

$$\Delta T = \frac{T_{proposed} - T_{anchor}}{T_{anchor}} \qquad （3-1）$$

表3.3　实验结果

类	序列	BD-rate_Y (%)	ΔPSNR_Y	ΔT(%)
A	PeopleOnStreet	0.5	0.005	30.9
	Traffic	0.5	0.006	22.5
B	BasketballDrive	0.3	0.01	35.5
	BQTerrace	0.2	0.006	24.9
	Cactus	0.3	0.003	21.7
	Kimono	0.8	0.006	25.9
	ParkScene	0.3	0.001	18.4
C	BasketballDrill	0.2	0.009	17.7
	BQMall	0.3	0.01	22
	PartyScene	0.1	0.003	17.4
	RaceHorsesC	0.2	0.008	30.7
D	BasketballPass	0.1	0.079	19.7
	BlowingBubbles	0.1	0.003	8.3

类	序列	BD-rate_Y (%)	ΔPSNR_Y	ΔT(%)
D	BQSquare	0.1	0.015	22.6
	RaceHorses	0.2	0.005	17.5
E	Vidyo1	0.6	0.012	43.7
	Vidyo3	1.8	0.033	35
	Vidyo4	0.7	0.014	38.2
Average		0.4	0.013	25.1

3.4 基于自适应SATD阈值的四叉树快速划分算法

3.4.1 哈达玛变换绝对误差和

在图像、视频处理领域，Hadamard变换常用于计算残差信号的 SATD。SATD（Sum of Absolute Transformed Difference）是指将残差信号 进行Hadamard变换后再求各元素绝对值之和。设某残差信号方阵为X， 则SATD为：

$$\text{SATD} = \sum_M \sum_M |HXH| \qquad (3-2)$$

其中M为方阵的大小，H为归一化的M×M的Hadamard矩阵。 HEVC中残差STAD与它经DCT后各系数绝对误差和十分接近，这表明 SATD能在一定程度上反映残差在频域上的大小，且其性能接近于视频编 码中实际使用的DCT。考虑到Hadamard变换的复杂度远小于DCT，同样 小于整数DCT，因此SATD广泛应用于视频编码中的快速模式选择。同 时，我们也能利用SATD的特性将它应用到CU的划分上。

CU对于帧内预测有两种PartModes模式（2N×2N和N×N），PU的 大小都是基于CU的模式。在CU层，大小为64×64、32×32和16×16的 CU可以被划分为四个子CU；在PU层，N×N模式的8×8的CU被划分 为四个PUs。图3.15是帧内预测CU的两种模式，即当CU是2N×2N模式 时，PU根于CU，预测时大小与它保持一致；当CU是N×N模式时，CU

进行帧内预测就是通过划分为四个子PUs分别进行预测。

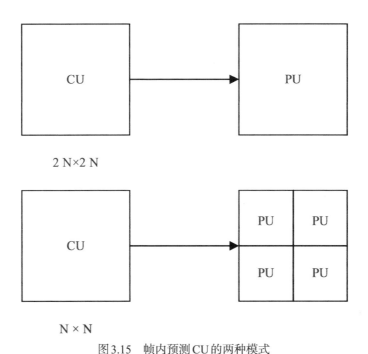

2 N×2 N

N × N

图3.15 帧内预测CU的两种模式

帧内预测中每个CU有35种模式。通过初选RMD,我们可以为64×64、32×32和16×16块获得3个候选模式和为8×8和4×4块获得8个候选模式。与相邻块的最可能的模式的结合使PU获得了最佳的模式候选列表。候选列表中的每一个模式,我们通过率失真优化选择最佳模式。最优的模式预测过程是通过四叉树结构中自上而下方式选择的。在通用的PU和它的四个子PU完成之后,CU在四叉树结构中通过自底向上方式进行编码。通过比较当前CU率失真代价和四个子CU率失真代价之和,较小率失真代价的最优CU被选出。

3.4.2 算法流程

为了减少计算复杂度,我们提出了一种跳过CU的所有RD-cost计算来决定提前划分和修剪的快速算法,图3.16是算法流程。

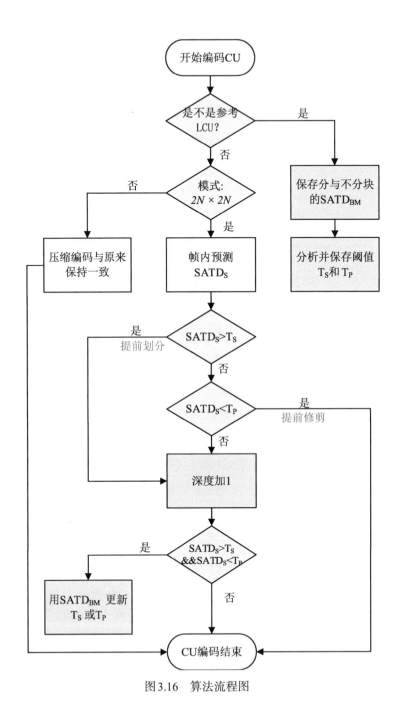

图3.16 算法流程图

选取按原编码方式编码的LCU作为参考样本,是用来保存每个对应深度CU的最优模式的SATD值（SATDBM）。通过每个深度的次最优CU分类处理，我们得到当前深度CU分和不分的SATDBM。经过分析对应的SATDBM，得到T_S和T_p的值。T_S代表着提前划分CU的阈值，T_p是提前修剪CU的阈值。一旦T_S和T_p确定并保存下来，我们的算法便开始起作用了。对于PartMode是2N × 2N的CU，通过RMD的过程中35种预测模式得到最小的SATD值（SATDs）。如果SATDs大于T_S，则当前CU将会划分成更小的CU。在这种情况下，不需要再计算全部的RDcost来得到最优模式，我们只需要跳过当前CU的帧内预测，并将CU深度加1。对于8 × 8的CU，则是PU深度加1，预测四个小的PU。如果当前CU不提前划分，则可能提前修剪。如果SATDs小于TP，则CU不再往下划分。我们仅需要计算当前CU的全部RD-cost，不再计算其四个小块。另外，如果SATDs的值不满足提前划分和提前修剪的条件，则当前CU按原编码方式进行编码。当CU和它四个小的CU编码完成后，如果得到的次最优CU是划分，我们更新T_S值，否则更新T_p值。

3.4.3 提前修剪与提前划分

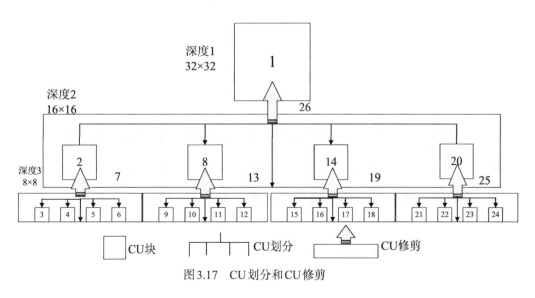

图3.17 CU划分和CU修剪

由图3.16算法流程图可得知，CU的划分是通过计算在RMD之后所有的自上而下方式RD-cost。CU修剪是通过计算比较所有自底而上的RD-cost。如图3.17表示的CU的划分和修剪，自上而下的过程是可能提前划分的过程，自底而上的过程是可能提前修剪的过程。通过观察图中数字编号能清楚地了解CU是如何通过四叉划分和率失真优化过程得到最优的划分方式的，例如编号1-2-（3~6）是大块划分为子块的划分过程，（3~6）-7则是大块与子块之和的比较过程，通过计算比较能够得到编号2对应块的次最优划分方式。如果一个CU最有可能提前划分，则我们跳过当前的帧内预测所有RD-cost的计算过程。另外，如果CU能提前修剪，则不再划分。接下来介绍参考LCU数量的选取以及提前划分TS和提前修剪TP阈值的抉择。

3.4.4 自适应阈值更新

在这部分，我们论述提前划分和提前修剪阈值的决定。对于一个LCU，我们能得到一个64×64的值，四个32×32块的值，16个16×16块的值，64个8×8块的值。实验表明对于8×8块参考一个LCU可以精确地确定阈值。通过对四叉树结构中次最优CU的研究，能得到不同深度CU全部的SATDBM值。对于不同深度，我们选取自适应的LCU数量作为相应的参考样本。我们知道参考LCU数量设置得越多，我们得到的阈值将会越精确。然而选取过多的LCU作为参考会增加计算的复杂度。通过在不同序列上广泛地实验，我们观察到用每一帧前六个LCU作为64×64和32×32块的参考，三个LCU作为16×16块的参考，一个LCU作为8×8块的参考。从这些参考LCU中得到的值足以确定每个深度的T_S和T_P。

每个深度CU分与不分的比例在不同序列的每帧中是不同的。表3.4中展示了每类的一个代表序列的一帧中不同的CU大小所对应分的比例。显而易见，分的比例随着CU的大小而降低。

表3.4　不同的CU大小所对应分的比例

类别	CU大小 序列	64×64	32×32	16×16	8×8
A	traffic	0.94	0.67	0.34	0.12
B	Kimono	0.75	0.18	0.04	0.004
C	BasketballDrill	1	0.81	0.45	0.13
D	BasketballPass	1	0.76	0.44	0.15
E	Vidyo1	0.84	0.55	0.21	0.06

1）源于参考LCU的阈值：对于8×8的块，绝大部分的PU是不分的，在表3.4中8×8块的PU分的比例远小于不分的比例。从第一个LCU中我们会得到64个8×8块的$SATD_{BM}$。小于参考样本中不分的均值的8×8块占大部分，所以选取不分的均值作为提前修剪的阈值是很明智的。经过对所有序列进行实验，如果8×8块参考样本中存在分的块，且分的块最大值大于2500，则选取最大值作为提前划分的阈值，否则，设置提前划分的阈值为最大值。

对于16×16的块，除了特殊的序列，分与不分的比例相当。16×16块的参考样本是从前三个LCU中取得。很多分与不分的值有交集，我们设置不分的最大值作为提前划分的阈值，分的最小值作为提前修剪的阈值。并且，当参考中的每个分的值都大于全部不分的值，那么就分别设置它们的均值作为分或不分的阈值。实验表明，必须要保证16×16块的修剪阈值和3倍的8×8块的修剪阈值差的绝对值要小于10倍的QP。

以Basketballdrill这个序列为例，图3.18展示了分与不分的直方图和源于参考样本的阈值。通过前三个LCU，我们将提前划分的阈值设定为不分样本中的最大值，由于分的最小值远大于3倍的8×8块的提前修剪阈值，16×16块的提前修剪的阈值设置为参考中不分的最小值。很显然，图中表明提前划分和提前修剪的阈值很准确。

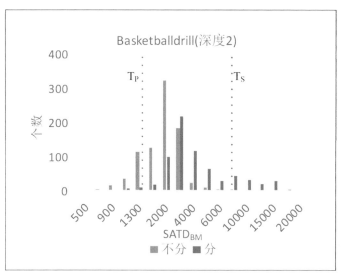

图3.18　Basketballdrill 分与不分 SATDBM 直方图 (深度为 2，QP 为 32)

对于 32×32 的块，大部分分的比例大于不分的比例。32×32 块的参考值从前 6 个 LCU 取得。通过对参考值的分析，发现分的 $SATD_{BM}$ 值比不分的 $SATD_{BM}$ 值要大得多。大部分的序列的 T_S 设定为分的均值，T_P 是不分的最小值，且通过观察设定这个值小于 3000。对于不满足条件的序列，例如，表 3.4 中的 Kimono 序列，32×32 块分的比例小于不分的比例，且不分的均值大于分的均值，在这种情况下，我们选取分的最大值作为提前划分的阈值是可行的。另外，对于 vidyo3 这个序列，分的值并不能满足提前划分的阈值。所以我们通过观察设定划分的阈值为 30000。

对于 64×64 的块，几乎都是继续划分的，只有一些序列存在不分的块。所以我们只设置提前划分的阈值，将提前修剪的阈值设为 0。如果 6 个参考样本都是划分的，设置提前划分的阈值为参考分的最小值。如果存在不分的块，则设提前划分的阈值为参考样本分的均值。

2）更新阈值：根据流程图，用未处理的 CU 来更新阈值。在表 3.5 中观察到 Basketballdrill 的前三个 LCU 中不分的数量和 $SATD_{BM}$ 的均值都随 QP 的增加而增加。根据这一发现，我们通过在不同序列上的实验为阈值设置与 QP 相关的边界值。J_{BS} 代表分的边界值，J_{BP} 代表不分的边界值。

表3.5　Basketballdrill的前三个LCU中8×8不分的数量和SATDBM的均值

CU size=8 　　　　　　QP	22	27	32	37
数量	106	117	144	154
平均值	649	663	765	854

不分的SATD$_{BM}$值大于J$_{BS}$的只占小部分，分的SATD$_{BM}$值小于J$_{BP}$的也只占小部分。所以，我们以这小部分的均值作为更新阈值的限制。J$_{PAB}$代表大于分的边界值的不分的均值，JSAS代表小于不分边界值的分的均值。

通过实验，我们按公式3-3和公式3-4设置8×8块的边界值J$_{BS}$和J$_{BP}$：

$$J_{BS} = 2000 + 20*(QP-22) \tag{3-3}$$
$$J_{BP} = 500 + 20*(QP-22) \tag{3-4}$$

以8×8块为例，图3.19是Basketballdrill的直方图，并显示了边界值，J$_{PAB}$与J$_{SAS}$的变化区域。如果未判定的8×8块最终会划分为四个PU，并且SATD$_{BM}$小于J$_{BP}$，那么J$_{SAS}$会更新，左边虚线框是其更新的范围。J$_{PAB}$变化在右边的虚线框内变化。

对于16×16的块，用8×8块的阈值来设置边界值。分的边界值是1.5倍的8×8块的T$_S$，不分的边界值是3倍的8×8块的T$_P$。

对于32×32的块，设置分的边界值为参考样本的分的均值和不分均值的均值，不分的边界值为2倍的16×16块的T$_P$。

对于64×64的块，设置分的边界值为不分参考值的最大值，并且这个值小于提前划分的阈值，否则，设置它为分参考值的最小值。序列Traffic参考样本全部分，但是一帧内存在一小部分不分的CU。所以我们通过观察，将分的边界值设置为30000。

当未处理的块是划分的，且SATD$_{BM}$满足条件，我们根据公式3-5更新T$_S$。如果T$_S$是最大值，那么将T$_S$设为SATD$_{BM}$。当未处理的块是不分的，且SATD$_{BM}$小于J$_{SAS}$，我们则根据公式3-6更新T$_P$。如果T$_P$为0，那么将TP设为SATD$_{BM}$。为了防止T$_S$发生巨变，我们用SATD$_{BM}$和T$_S$的均值来更新划分的阈值，T_P 也采用同种方式更新。当 J_{PAB} 或 J_{SAS} 不存在时，如果 $SATD_{BM}$ 和当前阈值的绝对值小于 10 倍的 QP，则更新阈值。

$$T_S = \frac{T_S + SATD_{BM}}{2} \quad if\ SATD_{BM} > J_{PAB} \quad （3-5）$$

$$T_P = \frac{T_P + SATD_{BM}}{2} \quad if\ SATD_{BM} < J_{SAS} \quad （3-6）$$

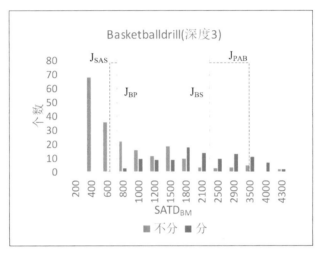

图 3.19　Basketballdrill 分与不分 SATDBM 直方图（深度为 3，QP 等于 32）

3.4.5 实验结果

将本章节所提出的算法嵌入至 HM-16.6 测试模型中，所有的测试条件均配置为 AI 配置，对 JCT-VC 推荐的测试序列进行质量评估，设置量化参数（QP）的值分别为 22、27、32、37。表 3.6 展示了实验结果。其中，ΔT 的计算方法见公式 3-1。

表 3.6　实验结果

类	序列	BD-rate_Y (%)	Δ PSNR_Y	Δ T(%)
A	PeopleOnStreet	1.1	0.03	43
	Traffic	0.6	0.01	40

类	序列	BD-rate_Y (%)	ΔPSNR_Y	ΔT(%)
B	BasketballDrive	0.4	0.01	58
	BQTerrace	0.9	0.01	34
	Cactus	1.0	0.02	41
	Kimono	0.8	0.01	53
	ParkScene	0.8	0.01	45
C	BasketballDrill	1.2	0.05	51
	BQMall	1.4	0.01	43
	PartyScene	0.6	0.02	44
	RaceHorsesC	0.9	0	48
D	BasketballPass	0.5	0.03	45
	BlowingBubbles	0.5	0.02	28
	BQSquare	0.3	0.02	36
	RaceHorses	0.4	0.02	28
E	Vidyo1	1.1	0.02	56
	Vidyo3	1.8	0.06	47
	Vidyo4	1.5	0.03	56
Average		0.9	0.02	44

3.5 基于图像内容复杂度的帧内编码块快速划分算法

3.5.1 编码单元快速划分算法思想

HEVC使用了更有效的分割新技术，分别是块分割和四叉树结构分割。增加了树、编码单元的概念。由于科学技术的发展，人们对高清视频和超高清视频的需求也在不断增加，而高清图像也就意味着平缓区域的面积也会增加很多。因此，HEVC对编码单元的尺寸进行了变更，从H.264编码所使用的16×16的编码单元变更为64×64的编码单元，编码效率大大提高。

　　图3.20是按照 "Z" 的顺序对 CTU 进行编码的四叉树编码结构，存在四种大小的尺寸，分别为 64×64、32×32、16×16、8×8，对应深度 0、1、2、3。所有尺寸的都需要计算率失真代价，比较其中率失真代价最小的情况，来确定编码单元的划分情况。以上可以看出，一个树整个过程有 85 个，也就是说 85 次完整运算才能确定一个树的划分情况，计算复杂度非常高，耗费了大量的时间。如果能提前终止的划分，或者直接划分到更深的深度，那么就会减少大量的运算，从而大大缩减编码时间。

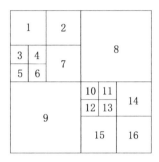

（a）CTU 划分结构

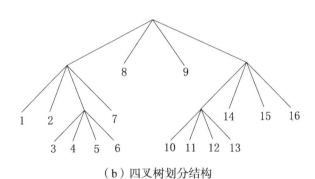

（b）四叉树划分结构

图3.20　四叉树编码结构示例

　　图3.21显示了视频序列 "BasketballDrill" 其中一帧的 CU 划分结果，从图中可以明显得出规律，相对平坦的区域如地板、篮球等可以在较大的编码单元下进行编码。对于更复杂的区域如球网、衣服等需要划分到比较小的编码单元下才能进行编码。显而易见编码单元的最佳划分和当前的编

码单元复杂度有直接关系。那么，如果事先分析图像的复杂度，如果它比较平滑，可以提前终止划分，并且省略更小块的率失真计算；如果它比较复杂，则率失真计算可以跳过，直接进入下一深度，从而大大降低编码复杂度并节省大量时间。

图 3.21　"BasketballDrill"的划分结果

3.5.2 图像复杂度论述

根据上述编码单元快速划分的思想，首先需要确定的是当前编码单元是属于平滑块还是属于复杂块，平滑还是复杂则可以根据图像的复杂度进行描述判断。因此对图像的复杂度判断做了深入研究。目前，衡量图像的复杂度的方法有很多，如灰度共生矩阵、灰度差分、纹理反差等，很多学者提出了相应的改进方法。但是描述图像复杂度的参考量有很多，如何通过这些参考量有效地减少编码时间，并且确保准确的编码划分一直是每个学者研究的重点。基于各个参考量的相关性，选取了三个互补的参考量来表达图像的复杂度，分别是像素跨度、信息熵和颜色聚合向量，之所以选择以上参考量是因为这些均是简单的参考量，所以它们不会带来太多的计算量增加，符合减少编码复杂度的目的。像素跨度描述了颜色范围，对进行初步筛选、信息熵反映颜色数量信息、颜色聚合向量表示颜色分布情况，通过对三重信息的互补筛选，可以更加准确具体地分析出图像的复杂度。通过图3.22来说明参考量与像素值的关系，反映出参考量与图像复杂度的关系。

```
136 137 140 140 142 139 141 140 139 139 138 137 138 141 140 142
135 135 136 138 138 138 139 139 138 139 140 139 138 139 138 137
137 135 137 137 138 138 137 138 140 140 140 141 142 142 140 138
136 136 136 136 137 139 138 138 139 141 142 141 141 142 140 140
139 139 139 140 140 138 140 141 142 142 140 140 141 140 140 138
141 141 141 142 142 138 139 141 144 144 140 139 141 142 140 140
144 141 142 139 142 142 138 141 143 143 142 141 139 138 140 138
137 142 142 143 143 139 140 140 140 141 142 142 140 140 144 144
136 143 142 144 144 143 144 145 144 141 140 140 140 141 140 138
137 143 142 143 143 141 143 143 142 144 142 142 142 142 140 134
146 147 146 146 145 144 144 141 138 138 138 137 137 140 140 137
137 137 139 139 134 135 136 136 136 136 140 139 138 143 143 143
138 137 138 139 138 138 139 138 139 139 141 141 141 144 144 144
140 139 141 142 141 140 142 140 139 139 140 139 140 141 141 139
140 140 139 140 138 139 139 140 140 141 141 142 142 142 141 139
137 138 138 140 138 142 142 140 139 142 142 143 143 143 142 141
```

```
128 130 124 121 131 133 123 121 122 128 136 142 139 131 120 119
126 128 123 118 135 127 139 154 175 182 178 177 180 173 161
122 124 121 117  99 141 140 145 184 177 181 199 197 162 119 103
122 126 124  83 157 137 114 193 179 195 205 155  93  72  74  72
124 133  87 144 159  78 188 181 200 188 100  67  80  90  97  89
132  96 121 192  74 146 191 196 164  68  74  92  88  87  91  89
116  98 152  87  80 187 197 146  59  93  89  80 111  99  95  95
 88 144 116  16 151 203 137  58 102  84  86 123 142 135 104  92
 95 156 153 141 195 145  54 103  83  88 123 136 160 119  94 102
110 161 158 179 164  57  91  80  93 155 155 169 110  93 107 114
121 160 155 178  78  73  87  86 130 158 170 109  93 111 112  78
126 151 171 118  57  88  78  96 111 131  96  90 108 103  70 152
119 156 153  64  73  78  88  86  95  94  87 107  97  70 158 222
107 166 111  55  79  77  83  87  84  87 104  83  75 173 217 199
 99 160  78  58  73  76  82  80  84  96  71  87 190 210 197 210
 94 135  67  58  68  70  74  87  84  59 112 202 202 194 198 159
```

图3.22　同一图像不同CU块的像素灰度值

3.5.3　图像的像素跨度

编码单元中的像素跨度可以快速地确定划分情况，不需要复杂的计算，只需要分析当前编码单元的像素，所以使用像素跨度作为算法的第一步来衡量图像初步的复杂度。通常像素跨度大的比像素跨度小的要更加复杂，如图3.22所示，A区的像素被遍历，其像素跨度为134 — 147。B区的像素被遍历，其像素跨度为16 — 210。从数据比较中可以看出，A区的像素跨度远远小于B区的像素跨度，从视觉比较上也可以清楚地看出，A区相对平滑，B区相对复杂。

3.5.4 图像的信息熵

算法第一步像素跨度可以快速判断编码单元的复杂度，但更全面的复杂度描述还需要进一步判断。有如下一种情况，如果两个具有相同的像素跨度，但是具有不同的像素个数，如果用第一步像素跨度作为参考量进行复杂度判断，得到的结果是一致的，显然仅用像素跨度判断复杂度是不充分的。如图3.23所示，（a）和（b）的像素跨度相同，但（a）在视觉比较中比（b）更复杂，显然，这种情况不能仅由像素跨度来描述。因此，根据像素数量不同这一特征，引入了信息熵这一参考量来反映编码单元的复杂度，编码单元的信息熵值越大，其中包含的信息量也就越多，复杂度也越高。计算公式为：

$$H(U) = -\sum p_i \log_2 p_i, \ p_i = \frac{n_i}{N} \tag{3-7}$$

其中n_i表示第i个颜色出现的次数；N表示颜色的总数。

图3.23 相同灰度级数的复杂度对比（a）和（b）

可以看出，信息熵将计算不同像素值的数量，并对不同像素值进行完整的计算，这会增加不必要的计算复杂度。因此，需要在计算之前执行步长为8的量化过程，使像素值相似，被分类到一个类中，这不仅降低了计算复杂度，而且计算结果使得信息熵在平滑的值更小，复杂块的值更大，更有利于描述信息熵和划分的关系。

3.5.5 图像的颜色聚合向量

像素跨度和信息熵分别从像素类型和像素个数描述了复杂度，是遍历后计算的形式，并没有空间信息，没有反映出空间分布情况，不能表达出像素的空间分布情况，判断一个像素的复杂度，空间分布情况也是非常重要的。因此引入颜色聚合向量进一步确定编码单元的复杂度，其核心思想是将当前的所有像素分为两部分，如果当前编码单元中某些像素所占据的连续区域的面积大于给定的阈值，则该区域内的像素为聚合像素，否则为非聚合像素。

颜色聚合向量是对颜色的特征进行提取的，步骤为：

1）量化

当计算颜色聚合向量时，首先采用量化处理。为了降低计算复杂度，通常使用均匀量化来获得N个颜色区间。

2）划分连通区域

对量化后的像素划分连通区域。如果任意两个像素点相等且相邻，则确定为连通区域（相邻指周围8个像素）。

3）判断聚合性

统计划分区域中的像素个数，如果比设定的阈值大，那么这个区域中的像素是聚合的。如果比设定的阈值小，那么这个区域的像素是非聚合的。

4）得到结果

编码单元聚合向量表示见公式3-8：

$$f(I) = <(\alpha_1,\beta_1),(\alpha_2,\beta_2),\cdots(\alpha_n,\beta_n)> \qquad (3-8)$$

其中α_i表示第i个颜色分量中聚合像素的数量，β_i表示第i个颜色分量中非聚合像素的数量。

3.5.6 编码单元快速划分算法

如前所述，使用这三个参考量来衡量编码单元的复杂度，分别是像素跨度、信息熵、颜色聚合向量。如果当前编码单元具有很小的像素跨度，信息熵小，并且颜色聚合向量小，则判断当前编码单元为平坦区域，可以终止划分。相反判断当前为复杂区域，需要进一步进行划分。

HEVC中量化步长的选择影响着编码单元的划分情况。不同的量化步长具有不同的划分条件。量化步长较大，编码单元相对划分的块的数量会少一些；量化步长较小，编码单元相对划分的块的数量更多一些。因此，选取不同的量化步长对大量的图像进行实验，得到不同划分情况下的像素跨度、信息熵、颜色聚合向量的值，统计出想要的阈值。图3.24是本章算法的流程图。

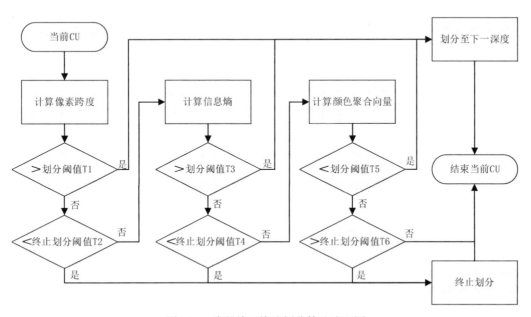

图3.24　编码单元快速划分算法流程图

3.5.7 像素跨度对编码块划分大小的影响

首先考虑像素跨度与划分的关系。在各个序列中选择不同的帧来保证图像的多样性，并对大量图像进行实验，以保证数据的稳定性和可靠性。统计像素跨度值和划分大小，得到像素跨度和划分情况的关系。

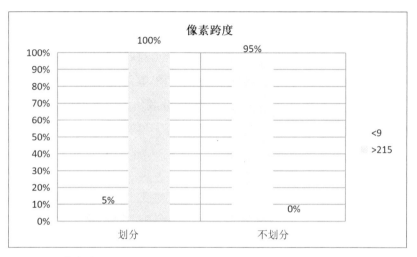

图3.25 所选像素跨度的阈值划分与否的块的比例（QP=37，编码单元尺寸64×64）

如图3.25所示，以64×64大小的为例，在量化步长QP = 37的情况下，说明像素跨度和划分情况的关系。根据数据统计结果，发现当像素跨度值小于9时，计算机判定95%的编码单元是平滑的，并且终止当前编码单元进一步划分，直接进行编码，因此选择终止划分的阈值T1为小于9。当像素跨度值大于215时，计算机判定100%的编码单元为复杂块，并且直接划分进入下一深度，不执行率失真代价计算，因此利用阈值T2大于215来进行划分。表3.7为在不同量化步长下，不同深度的编码单元终止划分和划分的像素跨度阈值。

表3.7 像素跨度的阈值选择

CU深度 QP	终止划分阈值			划分阈值		
	0	1	2	0	1	2
37	<9	<9	<13	>215	>220	—
32	<9	<9	<13	>215	>220	—
27	<6	<8	<5	>220	>230	—
22	<6	<8	<5	>220	>230	—

3.5.8 信息熵对编码块划分大小的影响

如上所述，像素跨度不能完全描述图像的复杂度，对更全面的复杂度信息仍然需要进一步的描述，因此通过计算的信息熵继续第二阶段的判断。选取了各个序列中的不同帧，并且对大量的图像进行实验，统计信息熵和划分大小，得到信息熵和划分情况的关系。

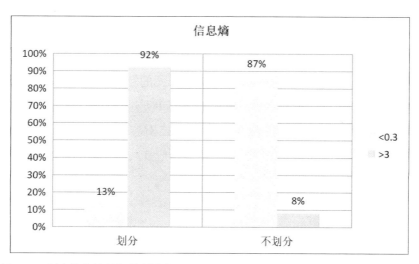

图3.26 所选信息熵的阈值划分与否的块的比例（QP=37，编码单元尺寸64×64）

如图3.26所示，以64×64大小的为例，在量化步长QP = 37的情况下，说明信息熵和划分情况的关系。根据数据统计发现，当信息熵小于

0.3时，计算机判定87%以上为平滑块，并且终止了当前进一步划分，直接进行编码，因此选择终止划分的阈值T3为小于0.3。当信息熵大于3时，计算机判定92%的为复杂块，并且直接划分进入下一深度，不执行率失真代价计算，因此选择划分的阈值T4为大于3。表3.8为在不同量化步长下，不同深度的终止划分和划分的信息熵的阈值。

表3.8　信息熵的阈值选择

CU深度 QP	终止划分阈值			划分阈值		
	0	1	2	0	1	2
37	<0.30	<0.38	<0.75	>3	>3.2	—
32	<0.30	<0.35	<0.66	>2.7	>2.3	—
27	—	<0.28	<0.58	>3.1	>2.6	—
22	—	—	<0.3	>3.2	>2.0	—

3.5.9 颜色聚合向量对编码块划分大小的影响

从上述可知，由于像素跨度和信息熵不能反映出空间分布情况，无法表达出编码单元的空间分布情况，因此在进行像素跨度和信息熵判定之后，使用颜色聚合向量来进一步确定编码单元的复杂度。

在计算颜色聚合向量之前，需要对编码单元进行均匀量化，量化步长为16，共得到16个颜色区间（分别为0 — 15对应1颜色区间、...、240 — 255对应16颜色区间）。如图3.27所示，对应B区量化后的颜色区间。

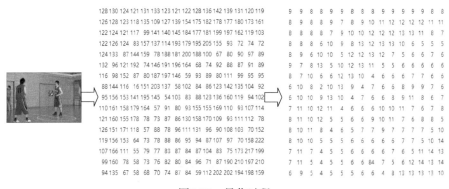

图3.27　量化过程

选取了各个序列中的不同帧，并且对大量的图像进行实验，统计的颜色聚合向量和划分大小，得到颜色聚合向量和划分情况的关系。

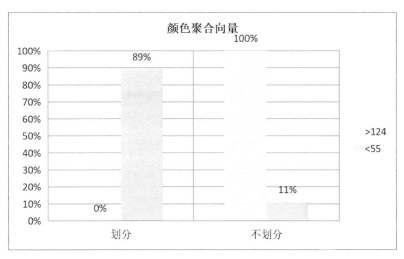

图3.28 所选颜色聚合向量的阈值划分与否的块的比例（QP=37，编码单元尺寸64×64）

如图3.28所示，以64×64大小的为例，在量化步长QP = 37的情况下，说明颜色聚合向量和划分情况的关系。根据数据统计结果，发现当颜色聚合向量中聚合像素的总数大于124时，计算机判定100%以上为平滑块，并且终止了当前进一步划分，直接进行编码，因此选择终止划分的阈值T6为大于124。当颜色聚合向量中聚合像素的总数小于55时，计算机判定89%的为复杂块，并且直接划分进入下一深度，不执行率失真代价计算，因此选择跳过率失真代价计算的T5阈值为小于55。表3.9为在不同量化步长下，不同深度的编码单元终止划分和划分的颜色聚合向量中聚合像素总数的阈值。

表3.9 颜色聚合向量的阈值选择

QP＼CU深度	终止划分阈值			划分阈值		
	0	1	2	0	1	2
37	>2300	>620	—	<700	<180	—

QP \ CU深度	终止划分阈值			划分阈值		
	0	1	2	0	1	2
32	>2150	>615	—	<670	<150	—
27	—	—	—	<675	<160	—
22	—	—	—	<685	<175	—

本章算法使用上述像素跨度、信息熵和颜色聚合向量的阈值判断描述当前的编码单元复杂度，判断确定当前编码单元的划分情况，选择划分进入下一深度或者终止划分，跳过部分率失真计算过程，减少编码时间，具体数据在下节实验结果中进行对比分析。

3.5.10 实验结果

将本章的算法添加到 HM-16.15 标准测试代码中，选取测试图像为从 A 类到 E 类标准测试序列中的每一个序列的 100 帧，统一测试条件为 "All Intra" 模式，选取四个量化参数进行测试，分别是 22、27、32、37。本章算法的性能通过与标准代码 HM-16.15 进行比较来评估。时间节省公式见公式 3-1，实验结果见表 3.10。

表 3.10 实验结果

Class	Sequence	ΔBD-rate Y (%)	ΔPSNR_Y	ΔT (%)
A	Traffic	1.2	0.02	32.4
	PeopleOnStreet	0.5	0.02	26.8
	SteamLocomotive	0.8	0.03	38.8
B	Kimono	0.7	0.03	37.2
	BasketballDrive	0.8	0.01	30.6
	BQTerrace	1.1	0.07	34.2
C	BasketballDrill	1	0.04	31.5
	BQMall	0.5	0.01	27.6
	RaceHorses	0.4	0.01	34

Class	Sequence	ΔBD–rate Y (%)	ΔPSNR_Y	ΔT (%)
D	BasketballPass	0.5	0.01	32.7
	BQSquare	1.2	0.07	33.1
E	FourPeople	0.5	0.01	29.2
	Hohnny	1.1	0.03	47.6
	KristenAndSara	0.9	0.03	40.3
Average		0.8	0.027	34

3.6 基于子块像素差异的多类型树快速决策算法

多类型树划分结构的引入，大大增加了VVC帧内编码的计算复杂度。标准编码器在进行多类型树划分决策时，会遍历所有划分可能，以找到最优的划分方式。我们的研究发现，二、三叉树的划分方向与CU的像素分布密切相关，也就是说，可以利用这一特性提前决策可能的划分模式，从而降低多类型树划分的时间复杂度。

3.6.1 多类型树划分复杂度分析

多类型树的提出，极大地占用了编码时间。表3.11为去除亮度和色度分量的二叉树和三叉树结构后编码时间减少的结果，由此可以看出四叉树（QT）、二叉树（BT）、三叉树（TT）的划分结构分别对编码时间的影响。当VTM编码器禁用BT划分时，编码时间减少了75%，而禁用TT划分则减少了48%的编码时间。此外，当BT和TT划分都被禁用时（即只有QT划分可用），平均编码时间减少了约92%。分析表明，多类型树划分占用了大量编码时间。所以，专注于减少BT/TT划分的研究可以获得显著的编码复杂度降低，更有利于编码器的实时应用。本节旨在提出一种快速算法，有效地预测不必要的BT/TT划分。

表3.11　禁用BT或TT编码时间减少

Class	分辨率	编码时间减少		
		禁用BT	禁用TT	禁用BT和TT
A1	3840 × 2160	67.9%	39.9%	85.5%
A2	3840 × 2160	77.1%	48.1%	92.7%
B	1920 × 1080	75.7%	47.5%	92.8%
C	832 × 480	79.3%	51.9%	95.1%
D	416 × 240	77.5%	51.2%	92.9%
E	1208 × 720	74.4%	47.2%	91.1%
平均		75.3%	47.6%	91.7%

3.6.2 CU尺寸分布

为了更好地了解CU的划分情况，本节统计了17个不同场景下不同分辨率的视频序列在不同QP（QP=22，27，32，27）下的最优CU尺寸分布，如图3.29所示。通过观察可以发现，4×4、8×8、8×4、4×8这些小尺寸CU占比非常高，这四类CU占比之和高达60%。但是在CU划分过程中，仍然会从上至下递归的计算每一种划分方式的率失真代价。这意味着在CU划分过程中，存在着大量的冗余计算。如果在CU递归划分的过程中，提前跳过一些不必要的划分方式，编码时间将会大大减少。

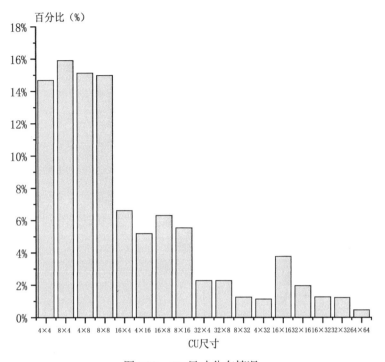

图 3.29　CU尺寸分布情况

3.6.3 算法核心思想

一般来说，CU的划分方式和其纹理特性有着密切的关系，对于平滑区域更适合采用大尺寸CU，纹理复杂的区域往往会划分为更小尺寸的CU。在CU递归划分过程中，一个纹理均匀的CU块被再次划分的概率较小，而纹理复杂的CU块更有可能继续划分成更小的子块。

二、三叉树是H.266/VVC中新引入的划分结构，目前关于二、三叉树选择方面的研究还相对较少，我们以此为重点展开研究。图3.30显示了VVC编码器输出的一些典型的最优划分结果。图3.30（a）为PartySence序列中一个32×32 CU的最优划分结果，对于红色框中的母块A，编码器采用垂直二叉树把它划分成两个子块，每个子块内部的差异性很小，而两个子块间存在着明显的像素差异，选择垂直二叉树方式能很好地把这种差异分隔开。类似地，图3.30（b）为BasketballDrive序列中一个32×32CU

的最优划分结果，对于其中的母块B，编码器采用了水平三叉树划分方式，由图中可以看出，母块B中上部的像素点和下部的像素点存在着明显的差异，采用水平三叉树方式可以很好地把这种差异分开。通过对更多最优划分结果的分析，我们发现，编码器采用何种划分方式跟子块之间的像素差异有关，编码器会尽可能地把像素相近的点划分在一起，这也导致子块间的像素差异变大。也就是说，在二、三叉树的划分决策中，子块间像素差异大的划分方式往往是最优的划分方式。在下节中，我们将定义一种衡量子块间像素差异的方法，通过比较不同划分方式对子块间的像素差异提前决策二、三叉树的划分模式，实现多类型树的快速划分。

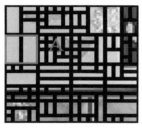 

(a) PartySence序列　　　　(b) BasketballDrive序列

图3.30　CU最优划分结果

3.6.4 衡量子块像素差异的方法

多类型树共有四种划分方式，其中二叉树划分包含 SPLIT_BT_VER 和SPLIT_BT_HOR两种，三叉树划分包含SPLIT_TT_VER和SPLIT_TT_HOR两种。为了能够衡量不同划分方式下CU的子块间像素差异，本节定义了子块像素差（Pixel Difference of Sub-block）指标来衡量子块间像素差异，指标越大说明子块间像素差异越大，计算方法如下所示：

$$SBPD = \frac{1}{k}\sum_{n=1}^{k}|mean_n - Ave| \qquad (3-9)$$

$$mean_n = \frac{1}{width \times height}\sum_{j=1}^{height}\sum_{i=1}^{width}P(i,j) \qquad (3-10)$$

$$Ave = \frac{1}{k}\sum_{n=1}^{k} mean_n \qquad （3-11）$$

其中k为CU划分的子块总数，$width$和$height$分别表示子块的宽度和高度，$P(i,j)$是位于(i,j)处的亮度值，$mean_n$为子块像素的平均值，Ave为子块像素平均值的平均值。

采用二叉树划分可以把CU水平或垂直地划分成两个大小相等的子块；采用三叉树划分可以水平或者垂直地把CU划分成三个子块，其中上下（或者左右）两个子块尺寸相同，中间子块的大小是两端子块大小的两倍（如图3.31所示）。

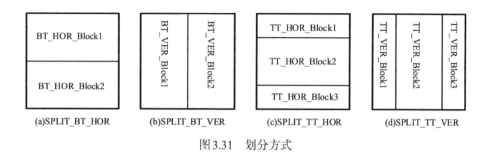

图3.31　划分方式

本节把采用水平二叉树划分方式的CU子块像素差异称为水平二叉树子块像素差异（BT_HOR_SBPD），把采用垂直二叉树划分方式的CU子块间像素差异称为为垂直二叉树子块像素差异（BT_VER_SBPD）。具体计算如下：

$$BT\_HOR\_SBPD = \frac{1}{2}\sum_{n=1}^{2}\left| mean_{BT\_HOR\_Block\_n} - Ave_{BT\_HOR\_Block}\right|$$
$$（3-12）$$

$$BT\_VER\_SBPD = \frac{1}{2}\sum_{n=1}^{2}\left| mean_{BT\_VER\_Block\_n} - Ave_{BT\_VER\_Block}\right|$$
$$（3-13）$$

把采用水平三叉树划分方式的CU子块像素差异称为水平三叉树子块像素差异(TT_HOR_SBPD)，把采用垂直三叉树划分方式的CU子块间像素差异称为为垂直三叉树子块像素差异(TT_VER_SBPD)，具体计算如下：

$$TT\_VER\_SBPD = \frac{1}{3}\sum\nolimits_{n=1}^{3} | mean_{TT\_VER\_Block\_n} - Ave_{TT\_VER\_Block} |$$

（3-14）

$$TT\_HOR\_SBPD = \frac{1}{3}\sum\nolimits_{n=1}^{3} | mean_{TT\_HOR\_Block\_n} - Ave_{TT\_HOR\_Block} |$$

（3-15）

本节统计了 BlowingBubbles、BasketballPass 序列的最优划分结果。在采用水平二叉树划分的 CU 中，统计 $BT\_HOR\_SBPD > BT\_VER\_SBPD$ 的 CU 占比；在采用垂直二叉树划分的 CU 中，统计 $BT\_HOR\_SBPD < BT\_VER\_SBPD$ 的 CU 占比；在采用水平三叉树划分的 CU 中，统计 $TT\_HOR\_SBPD > TT\_VER\_SBPD$ 的 CU 占比；在采用垂直三叉树划分的 CU 中，统计 $TT\_HOR\_SBPD < TT\_VER\_SBPD$ 的 CU 占比。统计结果如图 3.32 所示。由图可知，采用水平划分方式的 CU 中，大部分 CU 的水平子块像素差异大于垂直子块像素差异，采用垂直划分方式的 CU 中，大部分 CU 的垂直子块像素差值差异大于水平子块像素差异。对于前述图 3.30 中，块 A 为 16×16 的 CU，使用的是垂直二叉树划分方式，其像素分布如图 3.33 所示。我们计算了该块的 BT_HOR_SBPD、BT_VER_SBPD，值分别为 0.03、18.93。采用垂直二叉树划分的子块像素差异远远大于采用水平二叉树划分的子块像素差异，按照我们的划分策略，对块 A 应该倾向于使用垂直二叉树划分方式，这与 VVC 编码器的最优划分结果一致。

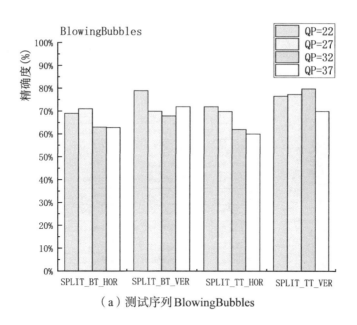

（a）测试序列 BlowingBubbles

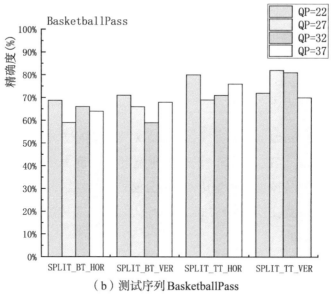

（b）测试序列 BasketballPass

图3.32 序列最优划分方式统计图

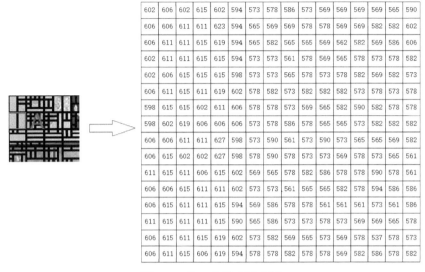

602	606	602	615	602	594	573	578	586	573	569	569	569	569	565	590
606	606	611	611	623	594	565	569	569	578	578	569	569	582	582	602
606	611	611	615	619	594	565	582	565	565	569	562	582	569	586	606
602	611	611	615	615	594	573	573	561	578	569	565	578	573	578	582
602	606	615	615	615	598	573	573	565	578	573	578	582	569	582	573
606	611	615	611	619	602	578	582	573	582	582	582	573	578	573	578
598	615	615	602	611	606	578	578	573	569	565	582	590	582	578	578
598	602	619	606	606	606	573	578	586	578	565	565	573	582	582	582
606	606	611	611	627	598	578	590	561	573	590	573	565	565	569	582
606	615	602	602	627	598	578	590	578	573	573	565	578	573	565	561
611	615	611	606	615	602	569	565	578	582	586	578	578	590	578	561
606	606	615	611	611	602	573	573	561	565	565	582	578	594	586	586
606	615	611	611	615	594	569	586	578	578	561	561	561	573	561	586
611	615	611	611	615	590	565	586	573	573	578	569	569	569	565	578
606	615	611	615	619	602	573	582	569	565	573	569	578	537	578	573
606	611	615	606	619	594	578	578	582	578	578	569	582	586	578	582

图3.33　块A的像素分布图

综上所述，通过比较CU在不同划分方式下的SBPD值，可以用来提前选择CU可能的划分方式，减少递归划分带来的计算复杂度，从而达到节省时间的目的，具体算法将在下文描述。

3.6.5 算法描述

为了使用$SBPD$进行划分模式决策，对四种划分方式引入了四个门限值，分别为TH_1、TH_2、TH_3和TH_4。对于宽度和高度大于或等于16的CU，VVC编码器将在划分过程中遍历四种划分模式，而本文提出的多类型树快速决策算法可以提前决策划分方式，减少遍历过程，具体流程如图3.34所示。

算法描述如下：

1）二叉树划分方式

如果当前CU的$SBPD$满足$BT\_HOR\_SBPD - BT\_VER\_SBPD > TH_3$，则跳过垂直二叉树划分模式的递归划分；否则，判断当前CU的$SBPD$是否满足$BT\_VER\_SBPD - BT\_HOR\_SBPD > TH_2$，如果满足，则跳过当前CU的水平二叉树划分模式的递归划分；否则，遍历垂直二叉树和水平二叉树划分模式，以确定最佳的划分方式。

2）三叉树划分方式

如果当前CU的*SBPD*满足*TT_HOR_SBPD – TT_VER_SBPD >TH₃*，则跳过垂直三叉树划分模式的递归划分；否则，判断当前CU的*SBPD*是否满足*TT_VER_SBPD – TT_HOR_SBPD >TH₄*，如果满足，则跳过当前CU的水平三叉树划分模式的递归划分；否则，遍历垂直三叉树和水平三叉树划分模式，以确定最佳的划分方式。

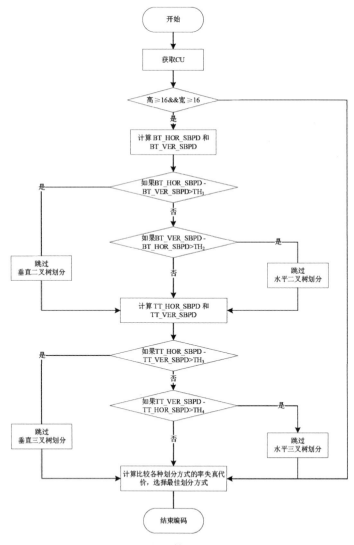

图3.34 算法流程图

3.6.6 门限选择

当CU采用水平划分时，其水平 $SBPD$ 通常大于其垂直 $SBPD$。同样，当CU垂直划分时，其垂直 $SBPD$ 通常大于其水平 $SBPD$。但是，当水平 $SBPD$ 和垂直 $SBPD$ 的值接近时，可能会发生错误的决策。也就是说，对于垂直 $SBPD$ 大于水平 $SBPD$ 的CU，其最优的划分方式可能是水平划分；对于水平 $SBPD$ 大于垂直 $SBPD$ 的CU，其最优的划分方式可能是垂直划分。为了解决此问题，本节通过统计出现错误划分决策的CU的水平 $SBPD$ 和垂直 $SPBD$ 之差的概率分布，来选择合适的门限值。统计视频序列由JVET提供，包括BasketballDrill、PartyScene、BlowingBubbles、RaceHorses、Kimono、Traffic、SlideEditing、Johnny。

本节定义了四个随机变量 X_1、X_2、X_3 和 X_4，如下所示：

$$X_1 = BT\_VER\_SBPD - BT\_HOR\_SBPD \quad (3-16)$$

$$X_2 = BT\_HOR\_SBPD - BT\_VER\_SBPD \quad (3-17)$$

$$X_3 = TT\_VER\_SBPD - TT\_HOR\_SBPD \quad (3-18)$$

$$X_4 = TT\_HOR\_SBPD - TT\_VER\_SBPD \quad (3-19)$$

在使用水平二叉树划分模式的CU中，对于 BT_VER_SBPD 大于 BT_HOR_SBPD 的CU，X_1 的概率为：

$$P_1 = P(X_1 < x) \quad (3-20)$$

在使用垂直二叉树划分模式的CU中，对于 BT_HOR_SBPD 大于 BT_VER_SBPD 的CU，X_2 的概率为：

$$P_2 = P(X_2 < x) \quad (3-21)$$

在使用水平三叉树划分模式的CU中，对于 TT_VER_SBPD 大于 TT_HOR_SBPD 的CU，X_3 的概率为：

$$P_3 = P(X_3 < x) \quad (3-22)$$

在使用垂直三叉树划分模式的CU中，对于 TT_HOR_SBPD 大于 TT_VER_SBPD 的CU，X_4 的概率为：

$$P_4 = P(X_4 < x) \quad (3-23)$$

图3.35显示了不同QP下 X_1、X_2、X_3 和 X_4 的概率分布曲线。给定相同

的 x，具有较小 QP 的 X_1、X_2、X_3 和 X_4 的概率曲线始终高于具有较大 QP 的概率曲线。这表明，如果选择相同的 x 作为不同 QP 下的门限值，则小 QP 的决策精度高于大 QP。我们把不同 QP 下 X_1、X_2、X_3 和 X_4 的出现概率控制在同一水平，并取相同出现概率对应的 x 值作为门限值。这种方法的优点是，不同 QP 下的 CU 决策风险可以控制在同一水平上，这使得算法的通用性更好。

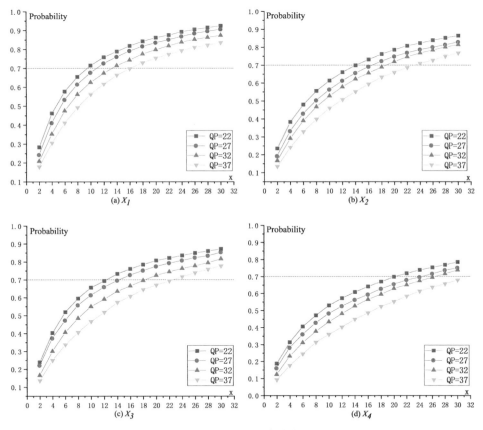

图3.35 Xi的概率分布

较小的门限值可以节省更多的编码时间，但与此同时，视频质量的损失也会增加；较大的门限值可以很好地保证编码质量，但限制了计算复杂度的降低。为了在编码质量和编码时间之间取得平衡，选择适当的门限值成为该算法的关键。经过综合考虑，我们将划分的门限值设置为 X_1、X_2、X_3 和 X_4 的出现概率等于 0.7 时对应的 x 值。对于不同的 QP，TH_1、TH_2、TH_3 和 TH_4 的取值如表 3.12 所示。

表 3.12 不同 QP 下的门限值

	QP=22	QP=27	QP=32	QP=37
TH1	10	12	14	16
TH2	14	16	18	22
TH3	12	14	18	22
TH4	20	24	26	30

3.6.7 实验结果

本节基于 VVC 参考模型 VTM-4.0 验证所提出的算法。实验的主要参数配置为全帧内模式（AI），QP 分别为 22、27、32 和 37，测试序列选取了不同分辨率下的视频序列。选用指标 BD-rate（Bjontegaard Delta Rate）和平均节省时间 TS 来表示衡量本文提出算法的编码性能。BD-rate 表示相同 PSNR 条件下码率的变化百分比。通常情况下快速决策算法会导致 BD-rate 上升，BD-rate 增加的越多，编码质量越差。本节对所有序列的 BD-rate 取平均值，以反映整体编码性能。

本文算法的 BD-rate 和编码时间节省如表 3.13 所示。结果表明，与原算法相比，本文提出的多类型树快速决策算法大大节省了编码时间，平均编码时间节省了 27%，BD-rate 仅仅增加 0.55%。其中节省时间最多的序列为 PeopleOnStreet，编码时间减少了 40%，BD-rate 增加了 1.2%；节省时间最少的序列为 SteamLocomotive，编码时间减少了 20%，BD-rate 仅增加 0.2%。由于本算法是基于 CU 的子块像素差异来减少编码时间的，PeopleOnStreet 视频中水平子块像素差异和垂直子块像素差异相差明显的 CU 数量多，因此节省时间多；而 SteamLocomotive 序列中，大部分 CU 的水平子块像素差异和垂直子块像素差异相差较小，为了提高预测准确率，本文提出的算法对这类 CU 不再执行快速划分算法，因此节省的时间较少。同时，BD-rate增加最多的序列为PeopleOnStreet，BD-rate增加最少的序列为SteamLocomotive，由此可以看出时间节省和BD-rate增加呈正相关的关系，时间节省得越多，BD-rate 增加就会越多。另外对E类视频序列，采用本算法BD-rate增加相对较多，这类视频具有相似的特点，都存在大面积纹理平坦区域；而像PartyScene、Cactus、BlowingBubbles这些纹理复杂的序列，BD-rate增加较少。

表3.13　实验结果

测试序列 Y		BD-rate			TS
		U	V		
Class A 2560×1600	Traffic	0.77%	0.61%	0.52%	32%
	PeopleOnStreet	1.27%	1.26%	1.41%	40%
	Nebuta	0.40%	0.45%	0.16%	24%
	SteamLocomotive	0.20%	0.26%	−0.22%	19%
Class B 1920×1080	Kimono	0.22%	0.20%	0.23%	22%
	ParkScene	0.26%	0.73%	0.03%	21%
	Cactus	0.51%	0.49%	0.60%	27%
	BasketballDrive	0.74%	0.40%	0.60%	25%
	BQTerrace	0.52%	0.89%	0.41%	28%
Class C 832×480	BasketballDrill	0.59%	0.73%	0.76%	24%
	BQMall	0.49%	0.70%	1.11%	33%
	PartyScene	0.21%	0.26%	−0.15%	24%
	RaceHorses	0.44%	0.63%	0.40%	24%
Class D 416×240	BasketballPass	0.46%	1.53%	0.75%	23%
	BQSquare	0.37%	0.46%	1.60%	35%
	BlowingBubbles	0.28%	1.31%	0.52%	29%
	RaceHorses	0.57%	−0.62%	0.73%	28%
ClassE 1280×720	FourPeople	0.84%	1.11%	1.63%	32%
	Johnny	1.10%	0.67%	1.15%	27%
	KristenAndSara	0.82%	1.09%	0.81%	29%
	平均	0.55%	0.66%	0.65%	27%

　　总的来说，本章提出的算法可以有效减少编码时间，同时视频的质量几乎和原算法保持一致。为了能够更加直观地观测视频质量的变化情况，本章算法的率失真（RD）曲线与原测试模型VTM-4.0的率失真曲线如图3.36所示。图中纵坐标为Y分量的峰值信噪比（PSNR），横坐标为码率。图中显示了RD性能最好的情况和最差的情况。从图中可以看出，即使在率失真性能最差的视频序列中，率失真曲线也基本重叠，说明本算法与原始算法的RD性能基本相同。

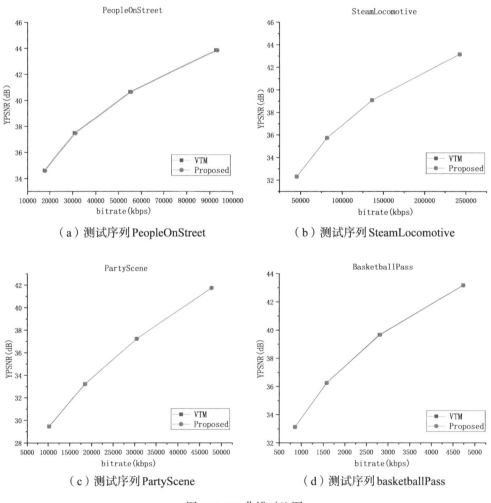

图3.36　RD曲线对比图

参考文献

[1]万帅，杨付正. 新一代高效视频编码 H. 265/HEVC: 原理，标准与实现[M]. 电子工业出版社，2014.

[2]G. J. Sullivan, J. –R. Ohm, W. –J. Han and T. Wiegand, "Overview of the High Efficiency Video Coding (HEVC) Standard," in IEEE Transactions on Circuits and Systems for Video Technology, vol. 22, no. 12, pp. 1649–1668, Dec. 2012, doi: 10.1109/TCSVT.2012.2221191.

[3]马思伟. 新一代高效视频编码标准 HEVC 的技术架构[J]. 中国多媒体通信，2013（7）：20–21.

[4]Sze V, Budagavi M, Sullivan G J. High efficiency video coding (HEVC) [M]//Integrated circuit and systems, algorithms and architectures. Berlin, Germany: Springer, 2014, 39: 40.

[5]赵耀，黄晗，林春雨，等. 新一代视频编码标准 HEVC 的关键技术[J]. 数据采集与处理，2014，29（1）：1–10.

[6]Lainema J, Bossen F, Han W J, et al. Intra coding of the HEVC standard[J]. IEEE transactions on circuits and systems for video technology, 2012, 22(12): 1792–1801.

[7]Kim I K, Min J, Lee T, et al. Block partitioning structure in the HEVC standard[J]. IEEE transactions on circuits and systems for video technology, 2012, 22(12): 1697–1706.

[8]Helle P, Oudin S, Bross B, et al. Block merging for quadtree–based partitioning in HEVC[J]. IEEE Transactions on Circuits and Systems for Video Technology, 2012, 22(12): 1720–1731.

[9]Bossen F, Bross B, Suhring K, et al. HEVC complexity and implementation analysis[J]. IEEE Transactions on circuits and Systems for Video Technology, 2012, 22(12): 1685–1696.

[10]Bross B, Wang Y K, Ye Y, et al. Overview of the versatile video coding (VVC) standard and its applications[J]. IEEE Transactions on Circuits and Systems for Video Technology, 2021, 31(10): 3736–3764.

[11]Huang Y W, An J, Huang H, et al. Block partitioning structure in the VVC standard[J]. IEEE Transactions on Circuits and Systems for Video Technology, 2021, 31(10): 3818–3833.

[12]Pfaff J, Filippov A, Liu S, et al. Intra prediction and mode coding in VVC[J]. IEEE Transactions on Circuits and Systems for Video Technology, 2021, 31(10): 3834–3847.

[13]De–Luxán–Hernández S, George V, Ma J, et al. An intra subpartition coding mode for VVC[C]//2019 IEEE International Conference on Image Processing (ICIP). IEEE, 2019: 1203–1207.

[14]Saldanha M, Sanchez G, Marcon C, et al. Performance analysis of VVC intra coding[J]. Journal of Visual Communication and Image Representation, 2021, 79: 103–202.

[15]Saldanha M, Sanchez G, Marcon C, et al. Complexity analysis of VVC intra coding[C]//2020 IEEE international conference on image processing (ICIP). IEEE, 2020: 3119–3123.

[16]万帅，霍俊彦，马彦卓、杨付正. 新一代通用视频编码 H.266/VVC：原理，标准与实现[M]. 电子工业出版社，2022.

[17]Mengmeng Zhang, Yuhui Guo, Huihui Bai. Fast intra partition algorithm for HEVC screen content coding. 2014 IEEE Visual Communication and Image Processing Conference (VCIP). pp. 390–393.

[18]Mengmeng Zhang and Yangxiao Ou, "Edge Direction–based Fast Coding Unit Partition for HEVC Screen Content Coding", 21st International Conference, MMM 2015, pp. 477–486, January 5–7, 2015.

[19]J. Kim, Y. Choe, Y.G. Kim, "Fast Coding Unit size decision algorithm for intra coding in HEVC," IEEE International Conference on Consumer Electronics (ICCE), pp. 637–638, 2013.

[20]S. Yan, L. Hong, W. He, Q. Wang, Group–Based Fast Mode Decision Algorithm for Intra Prediction in HEVC[C]. Signal Image Technology and Internet Based Systems (SITIS), 2012 Eighth International Conference on,

2012: 225–229.

[21]L. Shen, Z. Zhang, and P. An, "Fast CU size decision and mode decision algorithm for HEVC intra coding," IEEE Trans. Consumer Electron., vol. 59, no. 1, pp. 207–213, Feb. 2013.

[22]K. Lim, S. Kim, J. Lee, D. Pak, and S. Lee, "Fast block size and mode decision algorithm for intra prediction in H.264," IEEE Transactions on Consumer Electronics, vol. 58, no. 2, pp. 654–660, 2012.

[23]X. Liu, Y. Li, D. Liu, P. Wang and L. T. Yang, "An Adaptive CU Size Decision Algorithm for HEVC Intra Prediction Based on Complexity Classification Using Machine Learning," in IEEE Transactions on Circuits and Systems for Video Technology, vol. 29, no. 1, pp. 144–155, Jan. 2019, doi: 10.1109/TCSVT.2017.2777903.

[24]M. Z. Islam and B. Ahmed, "Fast CU Splitting And Computational Complexity Minimization Technique By Using Machine Learning Algorithm In Video Compression," 2021 3rd International Conference on Electrical & Electronic Engineering (ICEEE), Rajshahi, Bangladesh, 2021, pp. 181–184, doi: 10.1109/ICEEE54059.2021.9718854.

[25]Chen J, Yu L. Effective HEVC intra coding unit size decision based on online progressive Bayesian classification[C]//2016 IEEE International conference on multimedia and expo (ICME). IEEE, 2016: 1–6.

[26]Y. Li, Z. Liu, X. Ji and D. Wang, "CNN Based CU Partition Mode Decision Algorithm for HEVC Inter Coding," 2018 25th IEEE International Conference on Image Processing (ICIP), Athens, Greece, 2018, pp. 993–997, doi: 10.1109/ICIP.2018.8451290.

[27]Bouaafia, S., Khemiri, R., Sayadi, F.E., Atri, M., Liouane, N. (2020). A Deep CNN–LSTM Framework for Fast Video Coding. In: El Moataz, A., Mammass, D., Mansouri, A., Nouboud, F. (eds) Image and Signal Processing. ICISP 2020. Lecture Notes in Computer Science(), vol 12119. Springer, Cham. https://doi.org/10.1007/978-3-030-51935-3_22

[28]G. Tang, M. Jing, X. Zeng and Y. Fan, "Adaptive CU Split Decision with Pooling–variable CNN for VVC Intra Encoding," 2019 IEEE Visual Communications and Image Processing (VCIP), Sydney, NSW, Australia, 2019, pp. 1–4, doi: 10.1109/VCIP47243.2019.8965679.

[29]Amna, M., Imen, W., Ezahra, S.F. et al. Fast intra–coding unit partition decision in H.266/FVC based on deep learning. J Real–Time Image Proc 17, 1971–1981 (2020). https://doi.org/10.1007/s11554–020–00998–5

[30]Kim K, Ro W W. Fast CU depth decision for HEVC using neural networks[J]. IEEE Transactions on Circuits and Systems for Video Technology, 2018, 29(5): 1462–1473.

[31]Kim H. S, Park R. H. Fast CU Partitioning Algorithm for HEVC Using an Online–Learning–Based Bayesian Decision Rule[J]. IEEE Transactions on Circuits & Systems for Video Technology, 2016, 26(1):130–138.

[32]Fan R, Zhang Y, Li Z. An Improved Similarity–Based Fast Coding Unit Depth Decision Algorithm for Inter–frame Coding in HEVC[M]. Springer International Publishing, 2014.

[33]Chao Feng T, Yen Tai L. Fast Coding Unit Decision and Mode Selection for Intra–frame Coding in High–efficiency Video Coding[J]. The Institution of Engineering and Technology Image Processing, 2016, 10(3):215–221.

[34]Lee T K, Chan Y L, Siu W. C. Adaptive Search Range by Neighboring Depth Intensity Weighted Sum for HEVC Texture Coding[J]. Electronics Letters, 2016, 52(12):1018–1020.

[35]Wang Y K, Skupin R, Hannuksela M M. The High–Level Syntax of the Versatile Video Coding (VVC) Standard[J]. IEEE Transactions on Circuits and Systems for VideoTechnology,2021,31(10): 3779–3800.

[36]Fan Y , Chen J , Sun H , et al. A Fast QTMT Partition Decision Strategy for VVC Intra Prediction[J]. IEEE Access, 2020, 8:107900–107911.

[37]刘玉. 基于四叉树划分的HEVC帧内编码快速算法研究[D].北方

工业大学，2017.

[38]Filippov A , Rufitskiy V . Recent Advances in Intra Prediction for the Emerging H.266/VVC Video Coding Standard[C]. 2019 International Multi-Conference on Engineering, Computer and Information Sciences (SIBIRCON). 2019：525-530.

[39]Gweon Ryeong-hee, Lee Yung-lyul, and Lim Jeong-yeon. Early termination of CU encoding to reduce HEVC complexity [OL]. JCT-VC-Meeting, JCTVC-F045, Torino, Italy, July2011.

[40]Saldanha M , Sanchez G , Marcon C , et al. Complexity Analysis Of VVC Intra Coding[C]. 2020 IEEE International Conference on Image Processing (ICIP). IEEE, 2020:3119-3129.

[41]Liquan S, Zhi L, et al. An Effective CU Size Decision Method for HEVC Encoders [J]. Multimedia, IEEE Transactions on, 2012, (2):465-470.

[42]崔春鸿. 基于视频内容复杂度和超分辨率重建的HEVC视频编码优化方案[D].北方工业大学，2019.

[43]董孟军. 基于CU特性的VVC编码块划分决策算法研究[D].北方工业大学，2022.DOI:10.26926/d.cnki.gbfgu.2021.000673.

[44]张维龙. HEVC关键模块并行算法的设计与基于GPU的实现[D].大连理工大学，2016.

第四章　预测编码优化

预测编码是消除视频冗余的核心技术之一。对于一个视频信号而言，一幅图像相邻像素间具有较强的空间相关性；视频信号的相邻图像帧之间也存在很强的时间相关性。因此预测编码的主要思想是通过消除像素间的相关性来去除视频冗余，分为帧内预测和帧间预测。帧内预测是利用图像已编码区域像素生成的预测值来预测下一步即将进行编码的区域，用来消除空间域上的冗余；帧间预测是通过各帧图像之间的已编码图像的重建图像生成预测值来预测下一帧图像，用来消除时间域上的冗余。视频编码器对经过预测后的残差进行变换、量化、熵编码，从而提升编码效率。

4.1 预测编码

4.1.1 帧内预测

帧内预测是指利用图像域相邻像素间具有较强的空间相关性，参考当前视频帧已编码的像素对当前编码像素进行预测，消除视频的空间冗余。已编码的被参考像素称为参考像素，由预测像素的左侧、左下、上方、右上以及左上角的像素组成，它与当前编码像素的空间位置如图4.1所示。

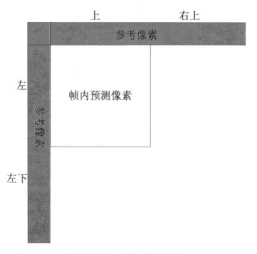

图4.1 帧内预测参考像素的位置

设 $f(x,y)$ 为当前像素值, (x,y) 为像素在视频帧中的位置坐标, 预测值 $\widetilde{f}(x,y)$ 可以由已编码的重建值 $\widetilde{f}(m,n)$ 进行预测, 如公式（4–1）所示:

$$\widetilde{f}(x,y) = \sum_{m,n \in Z} a_{m,n} \widetilde{f}(m,n) \qquad （4-1）$$

其中, $a_{m,n}$ 为二维预测系数; Z 为参考像素所在的区域; m,n 为参考像素的坐标。

当前像素真实值与预测值之间的差值称为预测误差 $e(x,y)$, 如公式（4–2）所示:

$$e(x,y) = f(x,y) - \widetilde{f}(x,y) \qquad （4-2）$$

为了提高像素预测精度并降低残差, 混合视频编码框架通常使用多方向预测模式。在HEVC中, 帧内编码总共有35种预测模式, 其中包括33种角度预测模式、DC模式和Planar模式, 如图4.2所示。

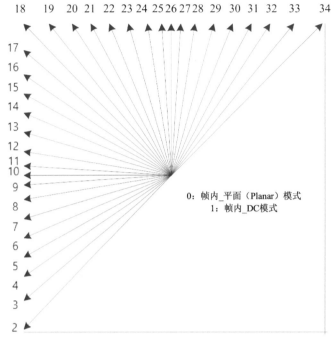

图4.2　HEVC帧内预测多方向预测模式

　　在VVC中提出了许多新的帧内预测技术。为了支持非正方形块，采用了一种宽角度帧内预测模式。此外，还采用了一种帧内平滑滤波器，根据方向模式自适应地选择四抽头滤波器[1]。为了进一步减少跨分量冗余，VVC提出了一种跨分量线性预测模型（CCLM），允许基于重建的亮度样本预测色度样本。另一个有趣的改进是VVC通过允许使用多个参考行来扩展参考样本，即多参考行预测，提高了预测精度。同时引入了帧内子划分编码模式，将编码块划分成若干个子块进行预测。此外，VVC还将多方向预测模式扩展到67个。

4.1.2 帧间预测

　　帧间预测利用连续视频帧的时间相关性，可以有效地减少视频数据冗余。运动矢量预测作为帧间预测的核心技术，主要用于降低编码运动矢量（MV）所需的比特数。运动物体所在区域往往会覆盖多个编码块，空间相邻编码块的MV与当前块MV具有较高相关性；同时，由于物体运动具有连续性，时间相邻块之间的MV也具有一定相关性，如果能够利用这些具有相关性的MV对当前块的MV进行预测，则可以只编码MV的预测残差，减少码率。目前的运动矢量预测技术主要分为两种，分别是高级运动矢量预测（Advanced Motion Vector Prediction，AMVP）技术和Merge/Skip模式，二者均利用了编码块的时间、空间相关性，通过构建MV候选列表，由RDO得到最佳MV候选。

　　HEVC首次引入了Merge技术，其原理是为PU建立大小为5的候选列表，将空域相邻块和时域相邻块的MV作为候选，编解码端需要采用相同的方式构造MV候选列表，其中包含MV、参考帧列表、参考帧索引等信息。编码器通过率失真优化得到最优MV候选后，将该候选在列表中的索引发送给解码端，解码端则由索引从解码端候选列表中得到MV，无需进行运动估计。

　　Skip模式是特殊的Merge模式，在Skip模式下编码器只编码传输候选的索引和模式标志位，不传输残差。解码器由候选索引得到对应的运动信息，经过运动补偿生成的预测像素值即是重建值。利用Skip模式可以很好地降低码率。

　　AMVP技术中空域候选列表的建立与Merge模式空域候选列表的建立所选择的块的位置相同，但是选择候选块的顺序不同。AMVP首先从当前PU块的左侧选择候选模式，按照$A_0 \rightarrow A_1 \rightarrow scaledA_0 \rightarrow scaledA_1$顺序选择，且只需选择一个预测MV，若该顺序没有选出合适的MV，则从当前PU的上方选择候选模式，按照$B_0 \rightarrow B_1 \rightarrow scaledB_0 \rightarrow scaledB_1$顺序选择预测MV。

4.2 基于统计数据和图像纹理变化特征分析的自适应帧内模式决策算法

4.2.1 帧内预测模式决策过程简介

在当前的HEVC测试模型中，使用两个步骤来决定CU的帧内最佳预测模式[2]。首先，通过RMD过程计算SATD获得最有可能的所有帧内预测模式的子集。如表4.1所示，最有可能的模式子集的数量（N）对于尺寸为4×4和8×8的PU被预先确定为8，并且对于尺寸16×16、32×32和64×64的PU被预先确定为3，RMD过程中失真计算如公式（4-3）所示：

$$J_{RMD} = SATD + \lambda_{pred} B_{pred} \tag{4-3}$$

SATD是残差通过Hadamard变换后的绝对误差和，B_{pred}是不同编码预测模式所需的比特，λ_{pred}表示随量化参数的变化的拉格朗日常数。根据已编码相邻块的最佳预测模式得到当前CU可能采用的模式MPMs，这三种MPMs也会被添加到子集。其次，在最佳模式决策阶段RDO过程中计算子集中每个模式的RD-cost以找到最佳模式，计算RD-cost如公式（4-4）所示：

$$J_{RMD} = SSE + \lambda_{mode} B_{mode} \tag{4-4}$$

其中SSE是原始输入图像块与预测块之间的误差平方和，B_{mode}是当前CU在各种预测模式下所需的比特，λ_{mode}是拉格朗日乘数。具有最小RD-cost的模式被确定为寻找最优残差四叉树（RQT）结构的最佳模式。计算SATD和RDO是选择最佳模式的关键操作[3]，计算SATD旨在减少RDO过程的复杂性。然而，由于候选模式的所有可能组合都会被计算RD-cost来确定最优预测模式，所以计算复杂度显著增加。

表4.1 HEVC中不同PU类型下粗选出的最有可能的模式数量

PU类型	64×64	32×32	16×16	8×8	4×4
N	3	3	3	8	8

4.2.2 数据统计分析

对具有不同运动和纹理信息的五个典型序列进行分析，并收集了每个深度下所有CU的最佳模式以及35种模式对应的RMD代价。CU最佳模式是候选子集中排列在最前面的几种模式之一，其中候选子集是有序序列，每种模式按其编码所用的RMD代价升序排列。如表4.2所示，CU最佳模式与候选子集中的第一种模式（FM）或第二种模式（SM）几乎相同，特别是在第一和第二种候选模式都是DC或Planar模式的情况下。

表4.2　最优模式是FM或SM的百分比

Class	序列	FM或SM	FM和SM都是DC或Planar
A	PeopleOnStreet	75	93
B	BasketballDrive	73	85
C	BasketballDrill	71	82
D	BlowingBubbles	68	79
E	FourPeople	74	78

　　为了进一步说明从RMD过程中选出的前两种或三种模式与RDO过程选出的最佳模式之间的关系，针对不同大小的PU需要分别说明。结果表明针对尺寸为64×64、32×32和16×16的PU，如果FM是DC、Planar、Vertical Directional Mode（VDM）模式，RMD过程选出的前三种模式之一就是最后的最佳模式；如果第一候选模式FM是角度模式，则由RDO过程选出的最佳模式是FM或FM的相邻角度模式之一。在PU大小为8×8和4×4的情况下，如果FM是DC或Planar模式，FM被选为最佳模式的概率几乎是95%；如果第一候选模式FM是角度模式，则由RDO过程选出的最佳模式最可能是FM或FM的相邻角度模式之一；如果第一候选模式FM是DC或Planar模式，并且第二候选模式SM是角度模式，则RDO过程选出的最佳模式很可能是SM或是SM的相邻角度模式之一。对五个序列的第一帧图像中每个深度下的CU数量以及与上述规则相匹配的CU数量进行统计，每个深度的CU匹配率如图4.11所示，匹配率α如公式（4-5）所示：

$$\alpha = \frac{\text{number of matched CU}}{\text{number of total CU}} \times 100\% \tag{4-5}$$

　　图4.3表示CU最佳模式基于上述规则的匹配率，所有比率都超过75%，并且在不同的序列中仅有微小波动。在自然图像视频中，一些PU的纹理变化缓慢而平稳。在帧内预测中，DC和Planar模式在应用于均匀

区域时是有效的。其他PU的纹理在特定的方向上变化的区域，大致的变化方向可以在RMD过程中找到，其最佳预测方向由RDO过程决定。鉴于这些观察研究，本节提出了基于统计数据和图像纹理变化特征分析的自适应模式决策算法。

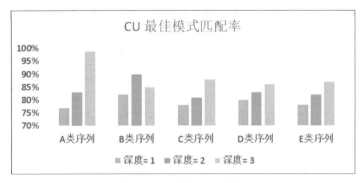

图4.3　不同序列不同深度下最佳CU匹配率

4.2.3 自适应模式决策方法

根据图像纹理特征和统计数据，本节将RMD过程分为两个步骤。首先，将33个角度模式简化为9个等间隔模式，如图4.4中的红色线所示。RMD过程将测试这9种角度模式及DC和Planar共11种模式，寻找具有最小失真值（JRMD）的模式，即FM。其次，我们将判断FM是否是DC或者Planar。如果FM是DC或者Planar，这个PU最佳的预测模式可能就是DC或者Planar；如果FM是一种角度模式，这个PU的最佳模式很可能是FM或者是与FM相邻的模式。然后，我们将与FM相邻的模式再次添加到RMD过程中测试，形成新的模式候选子集，从模式候选子集中选择前两种或三种模式添加到RDO过程中测试来获得最佳模式。针对不同的PU类型，我们给出了两个详细的解决方案，以探索更快地获取最佳模式。

在RMD过程中获得FM后，解决方案1将应用于尺寸为64×64、32×32和16×16的PU。如果FM是DC，Planar或VDM，我们在候选子集中保持这三种模式，在RDO过程中测试这三种模式和MPMs；如果FM

是角度模式，我们将再执行一次RMD过程，即再次添加与FM相邻的四种模式：FM–1、FM–2、FM＋1和FM＋2到第二个RMD阶段中测试，然后，候选子集中的模式将根据他们的JRMD的值以升序方式重新排列，最后，我们从新的候选子集中选择前两种模式，在RDO过程中进行测试。因此，在RDO过程中，只有两种模式被测试而不是HEVC标准代码里的三种。

解决方案2应用于尺寸为8×8和4×4的PU。 在HEVC中，由RMD过程选择的八种模式加上MPMs添加到RDO过程测试获得最佳模式。在我们的算法中，我们先判断FM和SM是否是DC或者是Planar。如果FM和SM都是DC或Planar，只选取模式候选列表中的前两种模式执行RDO过程；如果FM是DC或者Planar且SM是角度模式，再次在第二个RMD阶段中添加与SM相邻的四个模式SM–1、SM–2、SM+1和SM+2进行测试，然后我们根据JRMD的值重新以升序排列的候选子集中选择前两种模式执行RDO过程；如果FM是角度模式，我们再次添加与FM相邻的四个模式FM–1，FM+1，FM–2，FM＋2在第二个RMD阶段中测试，然后从根据JRMD的值重新升序排列的候选子集中选择J_{RMD}较小的前两种模式执行RDO过程。

补充说明，当FM或SM是模式2或3、4的时候，它们的相邻模式分别是与相邻的三种模式。表4.3显示了所提算法在RMD过程和RDO过程中需要测试的模式数量与HM之间的区别。结合这两种解决方案，在保持编码质量的同时，比HEVC显著地节省了编码时间。

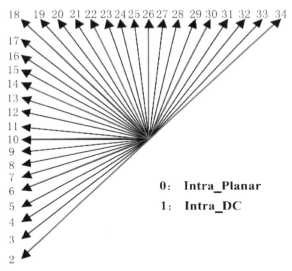

图4.4　选出来的9个等间隔的角度预测模式

表4.3　HEVC标准和本文算法需要在RMD和RDO过程中测试的模式数量区别

	RMD	RDO	
		PU尺寸：64×64，32×32，16×16	PU尺寸：8×8，4×4
HM测试代码	35	3+MPMs	8+MPMs
本文算法	11/15	3+MPMs/2+MPMs	2+MPMs

4.2.4 算法流程

　　如算法1所示，该流程给出了基于统计数据和图像纹理变化特征分析的自适应模式决策的优化过程，用于减少帧内模式决策的复杂度，降低了编码时间。

　　算法1　帧内模式决策算法伪代码：

　　第一RMD阶段：将DC、Planar和图六中被红色线表示的九种角度模式在第一RMD阶段中计算代价得到模式候选子集

　　第二RMD阶段：

　　解决方案1：if (PU Size == 64×64||32×32 || 16×16)

if (FM = = DC || Planar || VDM)

保留模式候选子集中前三种模式进行率失真优化
RDO

else

在第二RMD阶段计算FM−2, FM−1, FM+1, FM+2 四
种模式代价获得重建模式候选子集保留重建模式候选
子集里前两种模式进行率失真优化RDO

解决方案2：else

if ((FM= = DC && SM= =Planar) || (FM= = Planar &&
SM= =DC))

保留模式候选子集中前两种模式进行率失真优化
RDO

else

if (FM= = DM)

在第二RMD阶段计算FM−2, FM−1, FM+1, FM+2 四
种模式代价获得重建模式候选子集

保留重建模式候选列表里前两种模式进行率失真优化
RDO

else

在第二RMD阶段计算SM−2, SM−1, SM+1, SM+2 四
种模式代价获得重建模式候选子集

保留重建模式候选子集里前两种模式进行率失真优化
RDO

4.2.5 测试与分析

本节测试了具有不同分辨率的所有序列（A类至E类）共7988帧，测
试条件是"All Intra−Main"[5]，将所有帧的量化参数QP值设置为22, 27,
32, 37。测试的电脑是GreatWall，3.2 GHz的Inter Core i5（TM）CPU，
4GB RAM上，Windows 10操作系统。编码性能以Bjontegaard delta指标

（BD–rate，BD–PSNR）和时间节省来衡量。

将所提快速帧内模式决策算法在HM16.12中实现来评估算法的有效性。时间减少通过等式（4-6）计算：

$$\Delta T = \frac{T_{original} - T_{proposed}}{T_{original}} \times 100\% \qquad （4-6）$$

其中Toriginal是HM16.12的编码时间，Tproposed是使用所提出算法的编码时间，ΔT是时间减少百分比。使用公式（4-7）计算$\Delta PSNR_Y$的降低：

$$\Delta PSNR_Y = PSNR_{HM16.12} - PSNR_{Proposed} \qquad （4-7）$$

使用公式(4.8)计算BD–Rate的增加：

$$\Delta \text{BD-Rate\_Y} = \frac{\text{BD-Rate\_Y}_{Proposed} - \text{BD-Rate\_Y}_{HM16.12}}{\text{BD-Rate\_Y}_{HM16.12}} \times 100\% \qquad （4-8）$$

表4.4给出了自适应模式决策算法的实验结果，比HEVC标准参考代码的编码时间平均节省了36%，BD–Rate上升了1.1%。

表4.4　自适应模式决策算法的实验结果

类别	测试序列	BD–Rate_Y (%)	△ PSNR _Y	△ T (%)
A(4K)	PeopleOnStreet	1.0	0.06	38
	Traffic	1.0	0.05	36
B(1080P)	BasketballDrive	0.8	0.02	37
	BQTerrace	1.0	0.06	36
	Cactus	1.2	0.05	35
	Kimono	0.4	0.01	36
	ParkScene	0.6	0.05	35
C(WVGA)	BasketballDrill	1.2	0.05	35
	BQMall	1.3	0.07	36
	PartyScene	1.3	0.13	33
	RaceHorses	0.8	0.07	35
D(WQVGA)	BasketballPass	1.5	0.07	36
	BlowingBubbles	1.4	0.10	35
	BQSquare	1.6	0.13	34
	RaceHorses	1.3	0.08	33

类别	测试序列	BD-Rate_Y (%)	△ PSNR _Y	△ T (%)
E(720P)	Johnny	1.6	0.03	36
	KristenAndSara	1.5	0.05	35
	FourPeople	1.5	0.06	34
平均值		1.1	0.06	36

4.3 基于CU运动特征的Skip模式早期决策算法

Merge技术是帧间运动矢量预测的关键技术之一。在HEVC引入的 Merge技术的基础上，VVC进行了大量优化，并增加了诸多扩展模式，如 仿射Merge、MMVD（Merge Mode With Motion Vector Difference）、CIIP （Combined Inter and Intra Prediction）等。这些新模式的引入，在提高运 动矢量预测效率的同时，也增加了Merge决策过程的时间复杂度。本节对 Merge模式的快速决策问题展开研究，通过统计分析发现在帧间编码模式 下，编码块采用Skip模式作为最佳预测模式的概率较高，如果能对最终 采用Skip模式的编码块进行早期决策，将有助于降低编码器计算复杂度。 基于这一发现，本节提出了一种基于CU运动特征的Skip模式早期决策 算法。

4.3.1 Skip模式分析

Skip模式是一种特殊的Merge模式，可以用于除CIIP之外的其余几种 模式。对Skip模式选取概率和时间开销情况进行具体的统计分析，并研 究了Skip模式与运动剧烈程度的关系。

（1）Skip模式选取概率分析

多种Merge模式的引入提高了MV预测的准确性，也提升了编码的时 间成本。如果能够对最终选取概率较高的模式进行提前预测，则有望减少 后续决策过程的MV预测模式数量，有效降低计算复杂度。在随机访问配 置下，统计了不同类型序列B帧和P帧中，编码块采用Skip模式、其他帧 间预测模式和帧内预测模式的概率。统计结果如表4.5所示。

表4.5　RA配置下不同编码模式占比

测试序列	Skip模式	其它帧间预测模式	帧内预测模式
BasketballDrive	49.03%	23.62%	27.35%
BQSquare	75.30%	18.42%	6.29%
Cactus	65.15%	21.88%	12.97%
RaceHorses	61.38%	25.60%	13.02%
BQTerrace	83.32%	13.95%	2.73%
BasketballPass	75.11%	16.65%	8.24%
BQMall	71.79%	15.77%	12.43%
PartyScene	53.96%	25.34%	20.70%
平均值	66.88%	20.15%	12.97%

从统计结果可以看出，在帧间编码模式下，CU有较大概率选择Skip作为最佳预测模式：平均66.88%的CU采用Skip模式，平均20.15%的CU采用其它帧间模式，平均12.97%的CU采用帧内预测模式。值得注意的是，对于序列BQTerrace，由于具有大面积的背景区域，整体运动程度较低，编码块选择Skip模式概率高达83.32%。

（2）Skip模式与运动剧烈程度的关系

在Skip模式下，只传输当前编码块对应的参考块MV在候选列表中的索引及Skip标志位，这相当于将参考帧中的已编码块直接拷贝到下一帧。直观上，当相邻帧的内容变化不大时，采用Skip模式的概率较高。为此，本节对Skip模式与运动剧烈程度之间的关系进行探索。

序列BQMall第8帧的Skip模式分布情况如图4.5所示。其中，黄色区域代表采用Skip模式的编码块。从图中可以看出，大部分处于相对静止的背景区域的CU采用Skip模式编码；而前景运动区域中，仅有少部分CU采用Skip模式编码。

图4.5　Skip模式分布

　　基于以上分析，本节在随机访问RA配置下，采用具有不同特点的视频序列，对运动平缓编码块为Skip模式的概率进行统计。其中BasketballDrill和RaceHorses为非均质且运动较为强烈的序列，BQMall的场景包含复杂纹理，ParkScene图像均质、平坦且运动适中。运动平缓编码块为Skip模式的概率统计结果如图4.6所示。

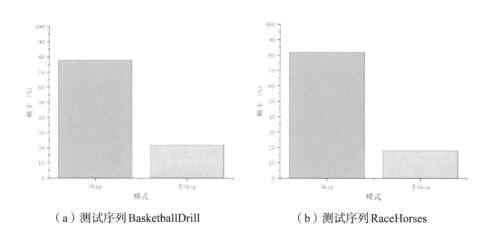

（a）测试序列BasketballDrill　　　　　（b）测试序列RaceHorses

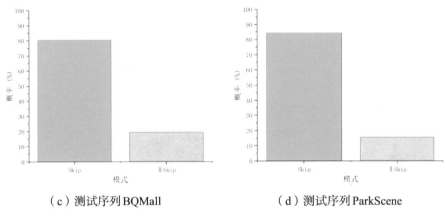

（c）测试序列 BQMall　　　　　　　　（d）测试序列 ParkScene

图4.6　运动平缓编码块为Skip模式概率

统计结果表明，运动平缓的编码块被判定为Skip模式的概率较高。因此可以利用编码块运动特征对Skip模式进行提前判决，跳过低概率模式的遍历过程，降低VVC运动矢量预测过程的时间复杂度。

4.3.2 Skip模式决策

（1）基于帧差法的Skip模式早期决策

自然视频序列在时间上往往具有较好的连续性。场景中不包含运动目标时，相邻帧间的变化较小；如果存在运动物体，则相邻帧之间的运动区域相较背景区域会有明显的差异。借鉴上述思想，学者们提出帧间差分法[7]、背景差分法[8]等运动物体检测算法。帧间差分法通过对时间连续帧进行差分运算，将对应位置像素点做差，当差值的绝对值超过一定阈值时，可以识别出运动物体。背景差分法则是将当前帧与背景图像进行差分运算，获取运动物体所在区域的灰度图，通过对灰度图阈值化检测出运动物体。由于背景差分法存在背景更新困难的问题，难以很好地适用于具有运动背景的序列，并且容易受到环境光照变化的影响。因此，本文采用帧间差分法计算编码块运动特征。目前，二帧差分法和三帧差分法应用较为广泛，两种帧差法运动检测结果如图4.7所示。

（a）视频序列 Lab

（b）采用二帧差分法

（c）采用三帧差分法

图4.7 两种帧差法运动检测结果

从对比图中可以看出，三帧差分法对运动物体的检测准确性更高。这是由于物体运动越剧烈，相邻帧上对应位置的差别就会越大，采用二帧差分法无法很好地得到完整运动目标，存在运动物体轮廓模糊的"鬼影"现象。三帧差分法利用了更多的图像信息，采用前、后向已编码帧与当前帧共同进行差分计算，具有对背景亮度变化不敏感、动态环境适应性强、鲁棒性高等优势。因此，本文采用三帧差分法判断编码块的运动情况，其中前、后向参考帧均为重建帧。相关计算如公式（4-9）：

$$\begin{cases} d_1(x,y) = |I_i(x,y) - I_{i-1}(x,y)| \\ d_2(x,y) = |I_i(x,y) - I_{i+1}(x,y)| \end{cases} \qquad (4\text{-}9)$$

其中$I_i(x,y)$、$I_{i-1}(x,y)$及$I_{i+1}(x,y)$分别代表当前帧和前、后向参考帧在(x,y)，位置的像素值，$d_1(x,y)$、$d_2(x,y)$表示当前帧与前向、后向参考帧像素值差的绝对值。

得到$d_1(x,y)$和$d_2(x,y)$后，利用阈值T对视频图像块进行二值化。如公式（4-10）、（4-11）：

$$D_1(x,y) = \begin{cases} 1, & d_1(x,y) \geq T \\ 0, & d_1(x,y) < T \end{cases} \qquad （4-10）$$

$$D_2(x,y) = \begin{cases} 1, & d_2(x,y) \geq T \\ 0, & d_2(x,y) < T \end{cases} \qquad （4-11）$$

T值设置过高会导致运动物体识别不完整，设置过低容易受到噪声干扰。结合多组实验结果，发现当T值设置为2时识别效果较好。因此，本算法中，阈值T固定为2。

在每个像素点位置，将二值图像通过逻辑"与"运算得到连续帧之间的差分图像$D(x,y)$：

$$D(x,y) = D_1(x,y) \bigcap D_2(x,y) \qquad （4-12）$$

定义变量r表示$D(x,y)$为0的像素数量在整个CU中的占比：

$$r = 1 - (\sum_{i=1}^{W} \sum_{i=1}^{H} D(i,j))/(W \times H) \qquad （4-13）$$

其中W、H代表当前CU的宽和高。由于受噪声、量化等干扰因素的影响，具有较高相似度的编码块之间，像素值依然存在一定的差异。为了更合理地选取阈值，本文针对多组具有不同特点的序列，在不同QP下，对r的概率分布进行统计，如图4.8所示。

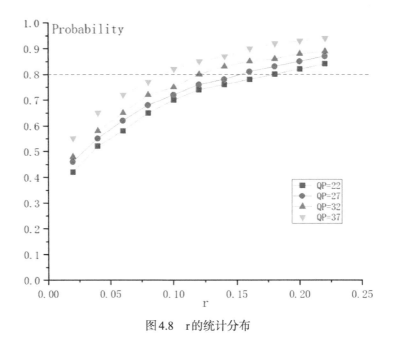

图4.8　r的统计分布

从统计结果可以看出，随着 r 值的升高，Skip判断准确率有所上升；而当 r 值一定时，高QP的Skip判断正确率高于低QP。

算法通过比较 r 与阈值 TH_r 的大小来进行Skip模式决策：当 r 值大于阈值时，直接判定采用Skip模式，跳过RDcost计算过程；当 r 值小于 TH_r 时，则进行下一步决策。这里阈值 TH_r 的选择非常关键。采用较小的阈值，会有更多编码块被决策为Skip模式，可以获得更多的时间节省，但也会带来更高的视频质量损失；反之，较大的阈值可以保证编码质量，但时间节省较为有限。为了在编码性能损失和时间节省之间达到适宜的平衡，本文设定阈值 TH_r 为Skip判别准确率等于0.8时各QP对应的 r 值。当QP分别等于22、27、32、37时，对应的阈值 TH_{r22}、TH_{r27}、TH_{r32}、TH_{r37} 分别为0.18、0.16、0.12、0.08。

（2）基于SATD的Skip具体模式判别

当一个CU被决策为Skip模式后，还需要进一步判决是哪种Skip模式。由于Skip模式的CU最终预测模式为Affine_Skip或Merge_Skip的概率较高，因此本文对这两种Skip模式进行具体判别。

　　RDcost 的计算通常采用 SAD（Sum of Absolute Differences）或 SATD 作为失真指标。相较于 SAD 代价，SATD 代价具有更高的准确性，并且编码过程中 Merge 初选过程也是采用 SATD 代价来计算低复杂度的 RDcost，用于筛选候选 MV。Cheng 等人[9]分析了采用 SATD 代价替代计算完整 RDcost 时模式判别的准确性，发现在 4 种 QP 下，准确率平均高达 87.30%。综合以上分析，本节采用 Merge 粗选过程的最小 SATD 代价来判断 Skip 的具体模式。这样做的好处是，我们不需要单独计算 SATD 代价，而只需要利用 Merge 初选过程已经计算出的代价即可。具体做法为：分别求出先前已编码为 Affine_Skip 模式和 Merge_Skip 模式块的 SATD 代价的均值，并把该均值分别作为相应模式的判别阈值。设前向参考帧中，所有采用 Affine_Skip 模式的已编码块的 SATD 代价平均值为 TH_A，所有采用普通 Merge_Skip 模式的已编码块的 SATD 代价平均值为 TH_M。定义仿射 Merge 模式的候选最小 SATD 代价值为 $SATD_A$，普通 Merge 模式的候选最小 SATD 代价值为 $SATD_M$；将具体模式定义为 PM。Skip 块的具体模式判决公式如下：

$$PM = \begin{cases} Affine\_Skip, & SATD_A < TH_A \ \& \ SATD_M \geq TH_M \\ Merge\_Skip, & SARD_A < TH_A \ \& \ SATD_M < TH_M \\ Other\_Skip, & SATD_A \geq TH_A \end{cases} \quad （4\text{-}14）$$

　　若 $SATD_A$ 小于 TH_A 但 $SATD_M$ 不小于 TH_M，当前块模式判定为 $Affine\_$ $Skip$；若二者均小于对应阈值，当前块判定为普通 $Merge\_Skip$；若 $SATD_A$ 大于等于 TH_A，判定为其它 Skip 模式，跳过 Merge 模式中有残差编码部分的 RDcost 代价计算，由率失真优化得到最佳模式。

4.3.3 非 Skip 块 MV 预测模式决策

　　对于前述未判定为 Skip 模式的编码块，这里利用空间相关性判决其 MV 预测模式。由于运动的物体通常会覆盖视频图像中的一片区域，该区域内的编码块来自同一个运动物体，具有相似的运动趋势，这部分 MV 的预测模式往往具有较强的空间相关性。本节统计了 5 个空间相邻块与当前块MV预测模式相同概率，统计结果如表4.6所示。

表4.6 空间相邻块与当前块MV预测模式相同概率

	左块A1	上块B1	右上B0	左下A0	左上B2
仿射Merge	53.24%	50.00%	38.32%	64.06%	45.89%
普通Merge	62.08%	61.61%	60.41%	58.37%	59.12%
MMVD	11.39%	16.25%	17.07%	5.71%	10.39%
CIIP	19.41%	12.53%	8.46%	16.67%	6.25%
GEO	13.98%	15.31%	13.24%	12.50%	11.24%

由统计结果可以看出，5个空间相邻已编码块的MV预测模式分别与当前块模式具有一定相关性，其中仿射Merge模式和普通Merge模式相关性较高。因此，本文提出利用MV预测模式的空间相关性对当前编码块的仿射Merge模式和普通Merge模式进行判决。当周围5块均为仿射Merge模式时，提前决策当前块为仿射Merge模式；当周围5块均为普通Merge模式时，提前决策当前块为普通Merge模式，跳过其余模式的遍历过程。如果这两种模式都没有被预测为最优模式，将遍历计算全部模式。

4.3.4 算法流程

本节算法描述如下：

步骤1：序列的第一帧采用全帧内编码，在当前编码帧同时具有前、后向参考帧时，应用本算法。在CU进行Merge预测前，先由三帧差分法计算运动特征参数r，若$r > TH_r$，判断当前块为运动平缓块，提前判决当前块预测模式为Skip模式，进入步骤2；否则跳到步骤4。

步骤2：获取当前块在仿射Merge模式、普通Merge模式下的最小SATD代价，若满足$SATD_A < TH_A$，进入步骤3；否则跳过有残差RDcost计算部分，进入步骤6执行RDO过程。

步骤3：判断当前块是否满足$SATD_M < TH_M$，如果满足条件，判断当前块模式为*Merge_Skip*，跳过相应有残差RDcost计算部分和其余模

式，进入步骤6；否则，判定当前块模式为 *Affine_Skip*，跳过相应有残差 RDcost 计算部分和其余模式，进入步骤6。

步骤4：获取当前块的空间相邻块模式信息，若相邻块均为仿射 Merge 模式，判断当前块为仿射 Merge 模式，跳过其余模式进入步骤6；否则进入步骤5。

步骤5：判断相邻块是否均为普通 Merge 模式，若满足条件，判断当前块为普通 Merge 模式，跳过其余模式，进入步骤6执行 RDO 过程。

步骤6：对经过判别后的剩余模式进行 RDO 选优，通过比较 RDcost 得到最佳预测模式。本节算法流程图如图4.9所示：

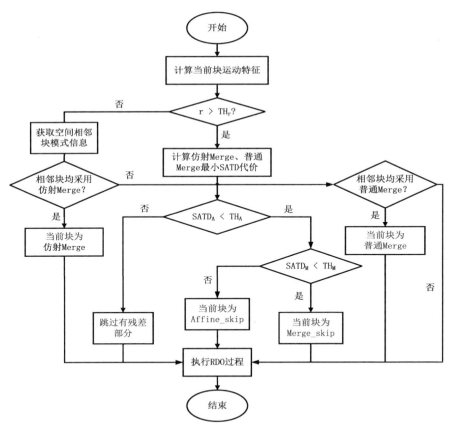

图4.9　基于CU运动特征的Skip模式早期决策算法流程图

4.3.5 测试与分析

本章算法在 VVC 参考软件 VTM-11.2 中实现，分别采用随机访问 RA 和低延迟 LDB 配置，在 4 种默认 QP 下（22、27、32、37）对官方标准序列进行测试，验证算法的有效性。采用 ΔBD-Rate 和 ΔTS 分别作为算法率失真和时间复杂度的评价指标，峰值信噪比（Peak Signal-to-Noise Ratio，PSNR）作为视频质量评价指标[10]。

实验采用标准测试序列，其中包含具有不同分辨率、不同类型的视频。表 4.7、4.8 分别为本算法所提出的基于 CU 运动特征的 Skip 模式早期决策算法与 VVC 标准测试模型 VTM-11.2 在不同帧间编码配置下的对比结果。

表 4.7　算法与 VTM-11.2 在 RA 配置下性能比较

类别	测试序列	Y	U	V	ΔTS	ΔPSNR (dB)
Class B 1080p	Kimono	1.19%	1.26%	0.95%	20.34%	−0.03
	ParkScene	0.99%	−0.07%	0.48%	24.80%	−0.02
	Cactus	1.08%	1.17%	1.02%	24.93%	−0.02
	BasketballDrive	0.61%	1.54%	−0.28%	24.96%	−0.01
	BQTerrace	1.29%	1.44%	0.97%	25.20%	−0.03
Class C WVGA	BasketballDrill	1.38%	0.52%	0.76%	22.42%	−0.07
	BQMall	1.23%	1.57%	1.09%	22.40%	−0.02
	PartyScene	1.01%	0.56%	0.52%	21.30%	−0.04
	RaceHorses	1.15%	0.53%	1.70%	15.89%	−0.03
Class D WQVGA	BasketballPass	1.21%	1.50%	0.91%	22.08%	−0.04
	BQSquare	0.95%	0.58%	0.09%	19.22%	−0.04
	BlowingBubbles	1.25%	1.69%	0.99%	25.58%	−0.04
	RaceHorses	1.31%	0.83%	1.68%	17.55%	−0.06
Class E 720p	FourPeople	0.88%	0.07%	0.12%	28.43%	−0.03
	Johnny	1.56%	0.26%	0.83%	32.97%	−0.04
	KristenAndSara	1.17%	0.46%	−0.10%	33.05%	−0.03

类别	测试序列	Y	U	V	ΔTS	ΔPSNR (dB)
Class F	BasketballDrillText	1.31%	1.49%	0.89%	21.29%	−0.05
	ChinaSpeed	1.12%	1.50%	0.72%	21.88%	−0.04
	SlideEditing	0.64%	0.71%	0.64%	10.73%	−0.06
	SlideShow	0.24%	0.81%	1.24%	12.26%	0.00
	平均值	1.08%	0.92%	0.76%	22.36%	−0.04

表4.8　算法与VTM-11.2在LDB配置下性能比较

类别	测试序列	Y	U	V	ΔTS	ΔPSNR (dB)
Class B 1080p	Kimono	1.19%	0.57%	−0.09%	25.29%	−0.01
	ParkScene	1.36%	0.53%	0.27%	29.96%	−0.03
	Cactus	1.16%	1.21%	1.14%	31.73%	−0.02
	BasketballDrive	0.92%	1.01%	0.98%	34.91%	−0.02
	BQTerrace	1.78%	1.35%	1.55%	32.92%	−0.04
Class C WVGA	BasketballDrill	1.87%	1.64%	2.13%	28.12%	−0.05
	BQMall	2.03%	0.89%	1.81%	27.13%	−0.06
	PartyScene	1.33%	0.99%	0.94%	23.81%	−0.05
	RaceHorses	1.00%	0.75%	0.87%	18.53%	−0.02
Class D WQVGA	BasketballPass	1.42%	0.99%	1.27%	26.36%	−0.06
	BQSquare	2.02%	0.96%	1.27%	31.03%	−0.08
	BlowingBubbles	2.33%	0.79%	1.87%	27.30%	−0.05
	RaceHorses	1.54%	0.39%	2.14%	18.03%	−0.04
Class E 720p	FourPeople	0.85%	0.38%	0.39%	34.52%	−0.02
	Johnny	2.46%	1.41%	1.53%	40.97%	−0.04
	KristenAndSara	1.95%	0.81%	0.60%	40.26%	−0.04
Class F	BasketballDrillText	1.80%	1.32%	1.81%	28.28%	−0.06
	ChinaSpeed	1.75%	1.39%	1.21%	27.66%	−0.05
	SlideEditing	0.05%	0.18%	0.61%	15.75%	0.00
	SlideShow	0.49%	0.12%	0.54%	13.90%	−0.02
	平均值	1.47%	0.88%	1.14%	27.82%	−0.04

由于人眼对亮度分量较为敏感，本节针对亮度分量和时间变化进行分析。测试结果表明，与参考算法相比，本章提出的基于CU运动特征的Skip模式早期决策算法在RA模式下平均节省22.36%的编码时间，BD-rate仅上升1.08%，PSNR平均仅下降0.04dB；在LDB模式下平均节省27.82%的编码时间，BD-rate仅上升1.47%，PSNR仅下降0.04dB。其中，本章算法对Johnny、KristenAndSara等具有大面积相对静止背景的序列效果较好，因为此类序列存在大量编码块可以提前决策为Skip模式，在LDB配置下时间节省最高可达40.97%。与此同时，由于算法对Skip模式的判别存在误判，部分非Skip模式块被决策为Skip，引入了质量损失，导致BD-rate上升较多。算法对序列SlideShow、SlideEditing时间节省较少，这是因为屏幕内容视频作为一种特殊的视频类型，往往不具有传统的背景区域和连续的运动目标，存在图像内容缩放、突变等非自然情形，导致三帧差分法的运动特征判别准确性下降。

　　为了分析本章算法率失真性能，在不同测试序列下将本节算法和VTM-11.2的RD性能进行比较，如图4.10所示。

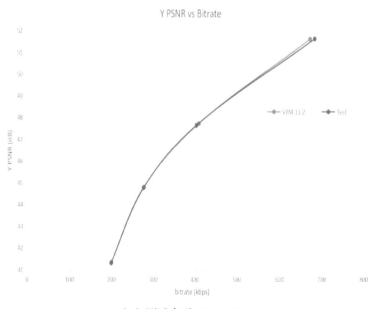

（a）测试序列 SlideEditing

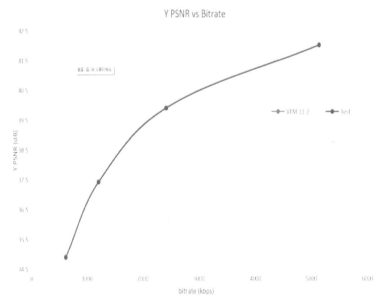

（b）测试序列BasketballDrive

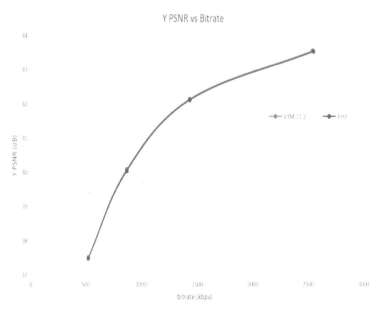

（c）测试序列FourPeople

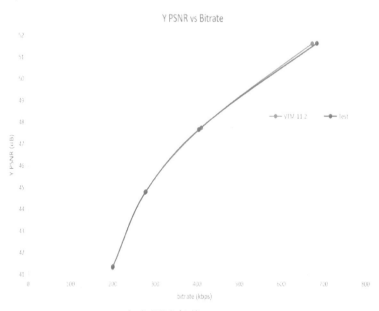

（d）测试序列 SlideShow

图 4.10　RA 配置下本章算法与 VTM–11.2 的 RD 性能曲线

　　图中横坐标为码率，纵坐标为 PSNR。可以看出，本节算法与 VTM–11.2 的 RD 曲线基本吻合，没有明显的性能损失。为了更直观地评判编码后视频数据的失真情况，本文以序列 PartyScene 为例进行主观质量比较，如图 4.11 所示。

（a）PartyScene (VTM–11.2)　　　　　（b）PartyScene (本节算法)

图 4.11　序列 PartyScene 主观质量比较

图4.11（a）、（b）分别为序列PartyScene在QP设置为22时采用VTM-11.2和本章算法编码后得到的第16帧图像。可以发现，算法对于纹理特点不同的背景区域以及运动物体均保持了较高的主观质量。

4.4 基于着色原理的VVC帧内跨分量色度预测算法

彩色视频的一帧图像包含三个分量，分量间通常存在着较强的相似性。为此，VVC标准在帧内色度预测中引入了CCLM技术，利用线性模型预测U和V分量，显著提高了色度分量的预测效率。然而，CCLM的线性模型对亮度和色度间相关性的表达能力有限，限制了编码性能的进一步提升。本章从着色原理的角度研究分量间的相关性，提出一种基于着色原理的VVC帧内跨分量色度预测算法。本节首先分析亮度分量和色度分量着色的相关性，接着阐述基于着色原理的VVC帧内跨分量色度预测算法，最后对算法的实验结果进行分析与总结。

4.4.1 问题分析与数据统计

在CCLM技术中，亮度和色度之间的关系描述为公式（4-15）：

$$C = \alpha * Y + \beta \tag{4-15}$$

其中C表示待预测的色度样本，Y表示同一CU中经过下采样的重建亮度样本。

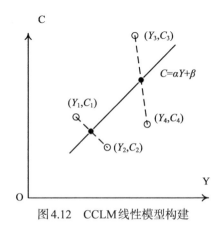

图4.12　CCLM线性模型构建

VVC标准采用四点法来推导出线性模型中的参数。模型的构建方式如图4.12所示，四个参考点的亮度值和色度值可表示为(Y_1, C_1)、(Y_2, C_2)、(Y_3, C_3)和(Y_4, C_4)。根据亮度值差异，将较大的两对参考点分为一组，较小的两对参考点分为一组，对每组参考点的亮度值和色度值求平均，得到亮度均值和色度均值(Y_a, C_a)和(Y_b, C_b)，利用亮度均值和色度均值确定一条直线，可以得到线性模型的斜率α和截距β。具体如公式（4-16）所示：

$$\begin{cases} C_a = (C_1 + C_2 + 1) >> 1; \\ C_b = (C_3 + C_4 + 1) >> 1; \\ Y_a = (Y_1 + Y_2 + 1) >> 1; \\ Y_b = (Y_3 + Y_4 + 1) >> 1; \\ \alpha = \dfrac{C_b - C_a}{Y_b - Y_a}; \\ \beta = C_b - \alpha * Y_b; \end{cases} \quad （4-16）$$

对A～E类序列，本节统计了编码器在帧内色度预测阶段选择CCLM模式作为最优模式的比例，如图4.13 (a)所示。从图中可以看出，选择CCLM模式作为最优模式的比例，A类最多，E类最少，其它类型序列较为稳定，且随QP或序列变化的波动不大。图4.13 (b)统计了CCLM模式被选择的平均比例，约为41%。图4.13 (c)展示了"Basketball"序列中选择CCLM模式进行编码的区域。以上数据说明，测试序列中存在大量像素不符合CCLM模式定义的线性模型。对于这类像素，需要寻找其他有效的模型。

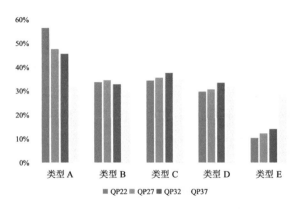

(a) 各类序列CCLM模式的选择比例

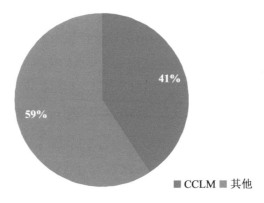

■ CCLM ■ 其他

(b) CCLM模式平均选择比例

(c) CCLM模式的对应区域

图4.13　CCLM模式最优统计

4.4.2 着色相关性分析

在数字图像处理领域，着色作为一种将灰度图像转换为彩色图像的技术已被广泛接受。局部颜色扩展[11]是在YUV颜色空间中工作的典型着色方法之一。在这个技术中，定义了一个约束关系，即如果两个相邻的像素 r, s 的亮度相似，则它们应该具有相似的色度。在此约束条件下，通过最小化公式（4–17）所描述的 $J(U)$ 得到 $U(r)$，$J(U)$ 表示像素 r 的色度 $U(r)$ 与它相邻像素 s 的色度 $U(s)$ 的加权平均值之间的差异。

$$J(U) = \sum_r (U(r) - \sum_{s \in N(r)} W_{rs} \cdot U(s))^2 \qquad (4\text{-}17)$$

其中 $s \in N(r)$ 表示 r 和 s 是相邻像素，W_{rs} 描述了两个亮度之间的归一化相关性：

$$W_{rs} \propto 1 + \frac{1}{\sigma_r^2}(Y(r) - u_r)(Y(s) - u_r) \qquad (4\text{-}18)$$

其中 u_r 和 σ_r 是 r 邻域范围内亮度的均值和方差。由公式（4-18）可知，W_{rs} 由相邻亮度像素之间的相似性决定，当 $Y(r)$ 与 $Y(s)$ 相似时较大，当它们不相似时较小。

VVC 标准中，由于划分结构的原因，存在大量尺寸很小的块。在这些小块中，块内的像素都可看作相邻像素。因此，小块中的像素可能存在很强的分量间相关性。为了验证这点，本节从参考测试序列中随机选择了八帧。对于每一帧中的每个块，通过求解以下约束最小二乘问题获得 Y 和 C（U 或 V）的 W_{rs} 系数：

$$J(Y) = \sum_r [Y(r) - \sum_{s \in N(r)} WY_{rs} \cdot Y(s)]^2$$
$$J(C) = \sum_r [C(r) - \sum_{s \in N(r)} WC_{rs} \cdot C(s)]^2 \qquad (4\text{-}19)$$

其中 WY_{rs} 和 WC_{rs} 表示在 Y 和 C 中的局部相关系数。计算 WY 和 WC（WU 或 WV）之间的归一化互相关 ρ，如图 4.14 所示。

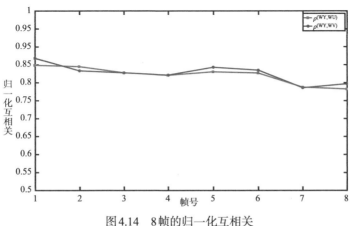

图 4.14　8 帧的归一化互相关

从图4.14可以发现，8帧图像的平均互相关系数基本都大于0.8，这表明不同颜色分量中的像素与其相邻像素的相关性遵循非常相似的模式。因此，可以使用Y分量的着色模式来预测U和V分量。

需要指出的是，由于公式（4-19）包含的变量较多，而已知条件比较少，在视频编码上下文中直接求解W_{rs}是不可行的。本章设计了一种低复杂度的方案，利用着色原理来进行跨分量色度预测。为了减少$N(r)$中的像素数量，仅对某些选定位置进行采样。此外，为了简化W_{rs}的计算过程，采用线性映射方法代替等式中的最小二乘优化。

4.4.3 参考样本选择

(a) LM模式   (b) LM模式   (c) LM_L模式

图4.15　CCLM三种模式的采样位置

Li等人[12]对CCLM预测模式中参考样本的数量以及位置选择进行了推导验证。为了在不明显影响效果的前提下简化计算量，CCLM只采用了四个样本，选择位置如图4.15所示。在本节中，我们将公式（4-16）求得的参数代入公式（4-15），经过变形，可得到待预测色度的像素值和色度样本点之间的关系，如公式（4-20）所示：

$$\begin{cases} C = \left[(1-a)*C_1 + (1-a)*C_2 + a*C_3 + a*C_4 \right] >> 1 \\ a = \dfrac{2Y-(Y_1+Y_2)}{(Y_3+Y_4)-(Y_1+Y_2)} \end{cases} \quad （4-20）$$

　　将式（4-20）与式（4-19）相比较，可以发现，CCLM模式实际上可以看作一种特殊的着色方案，只是由于它对于参考像素的权重描述不够灵活，从而限制了对着色关系的描述，但是它所设计的样本点位置和数量等信息依然具有借鉴意义。因此，本算法将参考像素的数量N也设置为4。

　　根据位置选取的不同，CCLM设计了三种模式，本节统计了CCLM三种模式被选择的比例，如图4.16所示。从图中可以看出，LM模式的比例是其他两种模式的两倍，主要是因为它同时选择左侧和上方像素，可以充分利用上下文特性。出于此考虑，本算法设计了两种模式，模式1选择和LM模式相同位置的样本，模式2选择不属于LM模式，但属于其他两种模式剩余的参考样本。

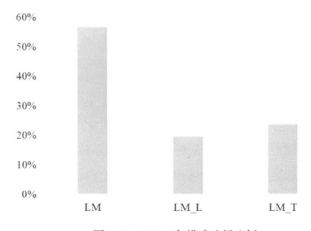

图4.16　CCLM各模式选择比例

　　假设当前块大小为$W \times H$，上相邻像素位置由$(0, -1)$，$(1, -1)$ ... $(W+H-1, -1)$表示，并且左相邻像素位置由$(-1, 0)$，$(-1, 1)$ ... $(-1, W+H-1)$表示。具体而言，对方形编码块，两种模式的选择位置如下：

　　对于模式1，选择的位置是$((W+H)/8, -1)$，$(3(W+H)/8, -1)$，$(-1, (W+H)/8)$和$(-1, 3(W+H)/8)$，这些位置在4×4块中的示例如图4.17（a）。对于这种模式，样本位置有利于准确预测块的左上角。

　　对于模式2，选择的位置是$(5(W+H)/8, -1)$，$(7(W+H)/8, -1)$，$(-1,$

5(*W*+*H*)/8)和(–1, 7(*W*+*H*)/8)，这些位置在 4×4 块中的示例如图 4.17（b）。对于这种模式，样本位置有利于准确预测块右下部分的像素。

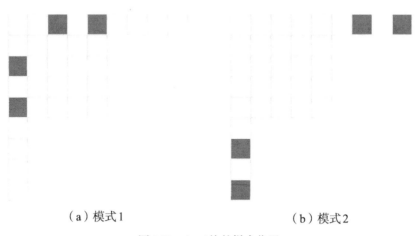

（a）模式 1 （b）模式 2

图 4.17 4×4 块的样本位置

4.4.4 基于亮度信息的权重确定

如 4.4.2 中所述，相关系数 WY_{rs} 是着色过程中的重要参数。在文献[11]中，WY_{rs} 由亮度像素中存在的相似性决定：根据重建像素与预测像素亮度之间的相似度来确定权重，亮度越相似被赋予的权重越大。

本节的相关系数设计也遵循同样的规则。同时，为了降低计算复杂度，本章设计了一种基于线性映射的轻量级方案来计算相关系数。利用相对亮度差来度量当前像素与 N 个参考像素之间的相似性，其中 $N=4$。相关系数和相对亮度差成反比：如果相对亮度差小，则相关系数大；否则，相关系数小。令 (i, j) 为色度分量中待预测像素的位置，并将第 4.4.3 节中定义的 4 个参考样本位置的亮度分量分别表示为 Y_1、Y_2、Y_3、Y_4，相关系数的计算如公式（4–21）：

$$YID(i, j) = \sum_{k=1}^{4} |Y(i, j) - Y_k|$$
$$WID_k(i, j) = |Y(i, j) - Y_k| / YID(i, j) \quad (4-21)$$
$$WY_k(i, j) = 0.5 - WID_k(i, j)$$

在上述公式中，$YID(i, j)$表示当前像素和参考样本的绝对亮度差的总和，用于归一化。$WID_k(i, j)$，$k = 1, \ldots, 4$表示第k个权重的亮度差异。$WY_k(i, j)$，$k = 1, \ldots, 4$表示获得的相关系数。

设第4.4.3节中描述的4个参考色度像素分别为C_1，C_2，C_3，C_4，根据求得的$WY_k(i, j)$，则位于(i, j)处的色度像素可以使用公式（4-22）进行预测。

$$C(i, j) = \sum_{k=1}^{4} WY_k(i, j) \cdot C_k \qquad （4-22）$$

（1）权重优化

相关系数WY_{rs}的准确度决定了着色关系描述的准确性，从而进一步影响跨分量色度预测的准确性。为了进一步优化相关系数，算法在权重中引入因子δ，如公式（4-23）和（4-24）所示：

$$YID_{opt}(i, j) = \sum_{k=1}^{4} e^{-\frac{(Y(i,j)-Y_k)^2}{\delta}} \qquad （4-23）$$

$$WY_k(i, j) = e^{-\frac{(Y(i,j)-Y_k)^2}{\delta}} / YID_{opt}(i, j) \qquad （4-24）$$

对于每个亮度块，以最小化着色后的亮度值和重建亮度差的绝对值之和为原则，得到模式预测时的δ，再统计分析当模式被选为最优模式时的δ值，以确定统计意义上的最优δ。基于参考软件VTM-12.1，QP设置为22、27、32和37，使用AI的配置进行实验统计，得到图4.18的结果。从图4.18（a）可以看出，δ主要分布在4000—8000范围内；从图4.18（b）可以看出，在4000—8000范围内，δ的值大部分为4000，由此将δ的值定为4000。δ的值确定后，便可以利用公式（4-24）获得对应的权重，使用公式（4-22）进行色度的预测。

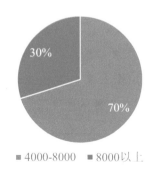

(a) δ的分布范围统计

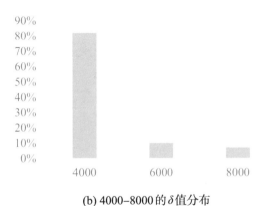

(b) 4000–8000的δ值分布

图4.18　变量因子δ的统计结果

（2）模式编码与选择

本节提出的两种模式用作VVC标准中原始色度预测模式的补充。为了对这两种模式进行编码，需要修改VVC标准中色度预测模式的语法。根据色度预测模式的使用概率分布，本章设计的每种预测模式的编码定义如表4.9所示。

表4.9　模式编码

模式	VTM12.1	修改后
DM	00	00
LM	10	100

模式	VTM12.1	修改后
LM_L	110	1010
LM_T	111	1011
Planar	0100	0100
Hor	0101	0101
Ver	0110	0110
DC	0111	0111
模式1	–	110
模式2	–	111

　　VVC分两个步骤选择最优色度预测模式，并在每一个步骤中使用不同的评判标准来选择色度预测模式。由于率失真代价的计算开销很大，如果对每一个候选模式都需要计算一次率失真代价，将导致很高的计算复杂性。由于绝对变换差值之和（SATD）不要求重建图像，只需计算图像的残差，从而可以大大减少运算量。因此，在本算法中，第一步利用SATD的评估指标对候选模式进行初步筛选；第二步利用率失真代价判决最终的最优模式。该方案能有效防止由于候选模式数量增多而导致的编码复杂性提高的问题。根据参考样本选取的不同，本章定义了两种新增模式，分别加入第一步的模式筛选过程。具体流程如下：

　　第一步，首先计算HOR模式、VER模式、DC模式、LM_T模式、LM_L模式和两种新增模式（称为目的模式）的SATD值，根据七种模式的 SATD值进行排序，将SATD代价最大的两种模式删除，剩下的五种模式进行下一步的筛选。

　　第二步，对第一步选出的5个模式和DM、LM、PLANAR三个模式进行率失真代价比较，得到最佳模式。

　　图4.19展示了帧内色度预测过程中选择最优模式的流程图。

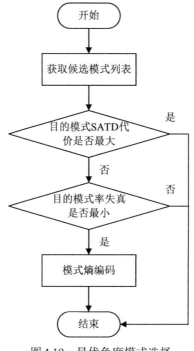

图4.19　最优色度模式选择

4.4.5 测试与分析

基于JVET通用测试条件（Common Test Condition，CTC）[13]采用 Bjontegaard Delta rate (BD-rate)方法对所提出的算法进行评估。CTC下的 QP分别为22、27、32和37。CTC中规定了4种测试配置，包括全帧内配置（All Intra，AI）、随机接入配置（Random Access，RA）、低延迟B 帧配置（Low Delay B，LDB）和低延迟P帧配置（Low Delay P，LDP）。 在AI配置中所有帧都是I帧，预测模块只能使用帧内预测。由于提出的算 法是针对帧内编码的，因此在实验中仅使用AI的配置测试20个4:2:0颜色 格式的视频序列。参考模型的版本为VTM 12.1。

（1）原始着色算法的实验结果

首先测试了未优化权重的算法性能，结果如表4.10所示。AI配置下， 算法分别在Y、U、V分量中获得了平均0.01%、0.92%、0.96%的BD-rate

下降。具体而言，在 A 类视频中，算法获得了 0.02%、0.54% 和 0.71% 的 BD-rate 下降；在 B 类视频中，算法获得了 0.01%、1.00% 和 0.86% 的 BD-rate 下降；在 C 类视频中，算法获得了 0.01%、0.99% 和 1.16% 的 BD-rate 下降；在 D 类视频中，算法获得了 0.01%、1.31% 和 1.20% 的 BD-rate 下降；在 E 类视频中，算法获得了 0.00%、0.69% 和 0.87% 的 BD-rate 下降。算法在 D 类视频中的表现最好，在 A 类视频中的表现最差。从表 4.11 可以看出，这是由于算法在 Nebuta 和 SteamLocomotive 两个 10 比特的视频序列的性能较差，从而导致 A 类序列的性能较差。在计算复杂度方面，编码时间只增加了 3%，解码时间基本不变。

表 4.10 算法与 VTM12.1 相比的 BD-rate 性能

测试序列	All Intra(VTM12.1)				
	Y	U	V	编码时间	解码时间
类型 A	−0.02%	−0.54%	−0.71%	102%	100%
类型 B	−0.01%	−1.00%	−0.86%	102%	100%
类型 C	−0.01%	−0.99%	−1.16%	103%	101%
类型 D	0.00%	−1.31%	−1.20%	103%	100%
类型 E	0.00%	−0.69%	−0.87%	102%	99%
总计	−0.01%	−0.92%	−0.96%	103%	100%

表 4.11 算法与 VTM12.1 相比的各序列 BD-rate 性能

类型	序列	Y	U	V
类型 A	Traffic	−0.03%	−0.53%	−0.59%
	PeopleOnStreet	−0.03%	−1.67%	−1.61%
	Nebuta	0.00%	0.06%	−0.02%
	SteamLocomotive	−0.01%	−0.01%	−0.63%
类型 B	Kimono	−0.02%	−1.03%	−0.39%
	ParkScene	−0.04%	−1.27%	−0.85%
	Cactus	0.02%	−0.74%	−0.91%
	BasketballDrive	−0.01%	−0.94%	−0.98%

类型	序列	Y	U	V
类型 B	BQTerrace	0.01%	−1.01%	−1.17%
类型 C	BasketballDrill	−0.03%	−1.01%	−1.12%
	BQMall	0.01%	−1.16%	−1.22%
	PartyScene	0.01%	−1.04%	−1.03%
	RaceHorses	−0.02%	−0.75%	−1.26%
类型 D	BasketballPass	0.04%	−1.49%	−1.28%
	BQSquare	0.01%	−1.36%	−1.20%
	BlowingBubbles	0.02%	−1.12%	−1.11%
	RaceHorses	−0.05%	−1.26%	−1.19%
类型 E	FourPeople	0.01%	−0.81%	−1.02%
	Johnny	0.02%	−0.69%	−0.85%
	KristenAndSara	−0.02%	−0.57%	−0.75%

实验还统计了不同QP下，本算法所设计的模式被选为最优模式的比例。根据表4.12中统计的数据发现，本章模式被选为最优模式的比例大约在8.6%，这在一定程度上说明了算法的有效性。

表4.12　最优模式选定本算法模式的比例

QP	本算法模式	总数	占比
22	120207	1276521	9.4%
27	99298	1201152	8.3%
32	85706	1057776	8.1%
37	69837	850374	8.2%
总计	375048	4385823	8.6%

图4.20为序列RaceHorses的RD曲线图，图4.20（a）是U分量的RD曲线图，图4.20（b）是V分量的RD曲线图，其中红色曲线表示基于着色原理的跨分量预测算法的编码性能，蓝色曲线表示VTM12.1编码器的编

码性能。从图中可以看出红色曲线在蓝色曲线的上方位置，说明本章算法编码的效果要优于VTM12.1原始算法，证明了基于着色原理的跨分量预测算法的有效性。

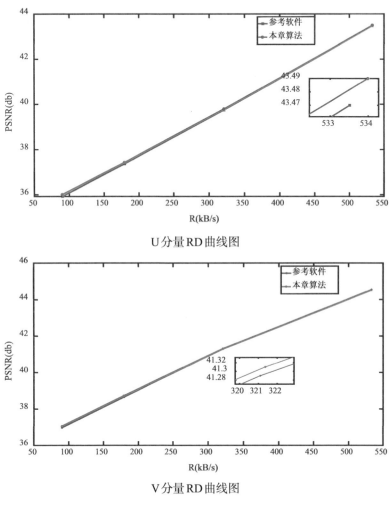

U分量RD曲线图

V分量RD曲线图

4.20　RaceHorses的RD曲线图

（2）权重优化的实验结果

本节对权重优化后的算法在一致的条件下进行了测试。如表4.13所示，权重优化的方法在AI配置中分别在Y、U和V分量中提供0.03%、

1.16%、1.17%的 BD-rate 下降。Y、U 和 V 分量的 BD-rate 在原来的基础下又下降了 0.02%、0.24%、0.21%，说明算法得到了一定的优化。

从复杂性的角度来看，编码时间增加了 3%，解码时间增加了 2%，编解码时间和优化前的算法相差不大。从表 4.14 可以看出，本算法针对每个 8 比特视频序列效果较为稳定。

表4.13　权重改进算法与VTM12.1相比的BD-rate性能

测试序列	All Intra(VTM12.1)				
	Y	U	V	编码时间	解码时间
类型 A	0.00%	−0.63%	−0.66%	103%	101%
类型 B	0.01%	−1.23%	−1.08%	102%	102%
类型 C	−0.11%	−1.54%	−1.70%	103%	102%
类型 D	−0.06%	−1.54%	−1.46%	103%	103%
类型 E	0.02%	−0.77%	−0.91%	102%	99%
总计	−0.03%	−1.16%	−1.17%	103%	102%

表4.14　权重改进算法与VTM12.1相比的各序列BD-rate性能

类型	序列	Y	U	V
类型 A	Traffic	0.03%	−0.74%	−0.82%
	PeopleOnStreet	−0.04%	−2.02%	−1.97%
	Nebuta	0.01%	0.10%	−0.13%
	SteamLocomotive	0.01%	0.15%	0.26%
类型 B	Kimono	−0.01%	−1.03%	−0.57%
	ParkScene	−0.02%	−1.26%	−0.91%
	Cactus	0.04%	−1.05%	−1.12%
	BasketballDrive	0.00%	−1.33%	−1.22%
	BQTerrace	0.02%	−1.47%	−1.56%
类型 C	BasketballDrill	−0.33%	−2.46%	−2.17%
	BQMall	−0.05%	−1.61%	−1.74%
	PartyScene	−0.01%	−1.32%	−1.39%

类型	序列	Y	U	V
类型 C	RaceHorses	−0.06%	−0.76%	−1.48%
类型 D	BasketballPass	−0.15%	−1.66%	−1.41%
	BQSquare	0.02%	−1.92%	−1.51%
	BlowingBubbles	−0.01%	−1.41%	−1.59%
	RaceHorses	−0.11%	−1.15%	−1.34%
类型 E	FourPeople	0.02%	−0.76%	−0.83%
	Johnny	0.04%	−0.80%	−1.03%
	KristenAndSara	0.00%	−0.74%	−0.86%

4.5 基于非对称卷积的VVC帧内跨分量色度预测算法

由于采用线性模型描述亮度和色度间的相关性，CCLM技术对跨分量色度预测的表达能力有限。深度学习是近年兴起的热点技术之一，对复杂模型具有强大的描述能力。本节中，首先对现有基于深度网络的跨分量预测算法进行讨论，接着提出改进的网络模型，并将改进的网络模型嵌入到VVC编解码框架中，实现对色度分量的预测，最后通过实验验证本章算法的有效性。

4.5.1 基于注意力机制的跨分量预测技术分析

VVC中使用的CCLM技术存在以下两个缺点：

1）采用了线性模型，对复杂编码块的适用性不强，无法准确地描述各分量之间的关系。

2）预测模型和参数是人工设计的，无自适应能力，难以满足各类视频的跨分量预测。

基于深度网络的帧内跨分量色度预测技术可以很好地解决CCLM技术存在的问题。主要体现在两点：

1）通过对深度网络模型的合理设计，可以在跨分量色度预测中引入非线性关系，对复杂编码块中的分量相关性具有更强的描述能力。

2）深度网络模型可以使用大数据集进行训练，使得网络模型拥有较强的泛化能力。

通过对现有的基于注意力机制的跨分量预测技术[14–16]的分析，得到在设计用于跨分量色度预测的神经网络模型需要考虑的关键问题：网络模型的框架以及对于不同尺寸色度块的处理。

网络模型的框架是指网络模型由哪几个模块构成以及各个模块的作用。文献[15]和[16]中提出的双参考行跨分量预测网络和单参考行跨分量预测网络都包括四个分支，分别是跨分量边界分支、亮度卷积分支、注意力融合分支和预测头分支，如图4.21。每一部分的作用如下：

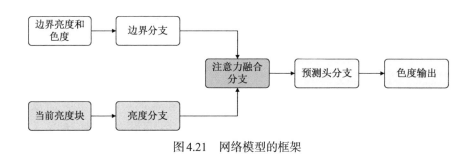

图4.21　网络模型的框架

1）跨分量边界分支的作用是提取邻近亮度分量与色度分量的特征，以充分利用已重建邻近块的信息；

2）亮度卷积分支的作用是提取已重建亮度分量的特征，充分学习分量间的相关性；

3）注意力融合分支的作用是将跨分量边界分支和亮度卷积分支提取的特征利用注意力机制的方式进行融合；

4）经过注意力机制融合后的特征通过预测头分支获得UV分量预测值。

文献[16]的网络模型也是将文献[14, 15]的网络模型作为核心扩展而来。基于注意力机制的网络框架的设计充分考虑了跨分量预测所需信息，分别是已重建邻近块与当前已重建亮度块。

由于VVC的划分结构，导致编码块的尺寸多样。在VVC中，如何为不同尺寸的编码块设计对应的网络模型用于色度预测，是一个值得考虑的问题。根据VVC跨分量预测的划分过程可知，编码过程中会有25种类型的色度编码块。假定为25种不同类型的块分别设计相应的网络模型，那么算法需要设计25个网络模型，无论是在训练时间上，还是在编码复杂性上，算法都是不合理的。因此，文献[15, 16]针对宽高分别为4×4、8×8和16×16的方形色度编码块设计统一的神经网络模型。在不失一般性的前提下，本研究也只考虑了方形色度编码块，将三种大小的方块统一用一个模型预测，大量节省内存资源。

4.5.2 网络模型改进

通过第4.5.1节对基于注意力机制的跨分量色度预测技术的研究和分析，本算法认为在设计用于跨分量预测的神经网络模型时，需要考虑网络模型的框架和不同尺寸色度块的处理。在充分考虑上述两个关键因素后，提出了如图4.22所示的基于非对称卷积的注意力网络（Asymmetric Convolutional–based Attention Neural Network，ACANN）模型。

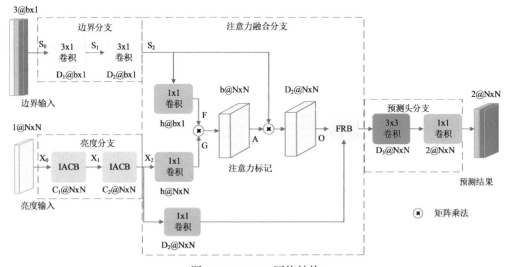

图4.22 ACANN网络结构

在跨分量色度预测过程中，使用的参考样本包括重建的亮度块 $X \in IR^{N \times N}$ 和当前块左上角的参考样本阵列 $B_c \in IR^b$，$b = 4N + 1$（其中 $c =$ Y，U 或 V）。B_c 是由左边边界上的样本（从最底部的样本开始）、拐角像素以及顶部样本（从最左边的样本开始）构造出来的。如果某些参考样本不可用，则使用预定义的值填充这些样本。此外，$S_0 \in IR^{3 \times b}$ 是通过将三个参考阵列 B_Y、B_U 和 B_V 连接起来得到的跨分量特征。

（1）结合非对称卷积的边界分支优化

双行参考神经网络的边界分支采用 1×1 的卷积核从相邻的重建亮度和色度样本中提取特征，1×1 的卷积核只会考虑当前像素并不考虑周围的像素，通常用来调节特征图的通道数，对不同通道上的像素点进行线性组合，从而实现特征图的升维或降维功能。然而，视频的相邻像素之间存在着空间相关性，采用 1×1 的卷积核就会导致边界分支提取的特征空间相关性不足。

非对称卷积通常用来替代平方卷积，将平方卷积替换成垂直方向和水平方向的两次非对称卷积，保证效果的同时减少运算量。如提取特征用 $n \times n$ 平方卷积，和先进行 $n \times 1$ 的垂直非对称卷积再进行 $1 \times n$ 的水平非对称卷积，两者的结果是等价的，但是 $n \times n$ 卷积需要 $n \times n$ 次乘法，替换成两次非对称卷积之后，只需要 $2 \times n$ 次乘法，n 越大，那么运算量减少得越多。

不仅如此，非对称卷积还有一个增大感受野的作用。相对于 1×1 的卷积核，采用水平方向的非对称卷积可以增加水平方向的感受野，采用垂直方向的非对称卷积可以增加垂直方向的感受野。针对边界分支输入特点采用垂直方向的非对称卷积，增大感受野，将周围的相邻像素考虑进去，增强边界分支提取特征的空间性，以解决边界分支采用 1×1 卷积核提取特征时空间相关性不足的问题。

为了平衡计算量、参数量与网络性能之间的关系，在跨分量边界分支应用两个连续的 D_i 通道 3×1 卷积层，从 $S_0 \in IR^{3 \times b}$ 中提取跨分量特征，得到 $S_i \in IR^{D_i \times b}$，$i = 1, 2$ 输出特征图。通过应用 3×1 卷积，保留边界输入维数，得到每个边界位置的跨分量信息的 D 通道向量。S_i 可以用神经网络的形式表示为公式（4–25）：

$$S_i(S_{i-1}, W_i) = F(W_i S_{i-1}^T + b_i) \qquad (4\text{–}25)$$

其中，$W_i \in IR^{3 \times D_i \times D_{i-1}}$和$b_i$分别是$i$层的权值和偏置，$D_0$=3，$F$是ReLU激活函数。

（2）结合IACB的亮度分支优化

重建亮度块像素的邻域有4邻域和8邻域之分，3×3的卷积核通常是对像素的8邻域进行计算，训练过程中对待8邻域像素无权重差别，然而对于4邻域像素和中心像素的相关性，相比于不属于4邻域像素但是属于8邻域像素和中心像素的相关性是有所区别的，前者的相关性应大于后者。因此采用3×3的卷积核对重建亮度块进行特征提取，就会造成特征的空间相关性不强的问题。

ACNet[17]中使用了一种可以替代原始卷积神经网络模型中方形卷积核的非对称卷积块（Asymmetric Convolution Block，ACB）。文章[17]发现使用ACB块替代方形卷积块可以对方形卷积核的骨架进行增强，提高准确率。ACB由卷积核为方形（n×n）、水平（1×n）和垂直（n×1）的三个平行层组成，水平非对称和垂直非对称卷积核与方形卷积核相加得到ACB的输出。本章根据研究问题，借鉴ACB块的结构，提出了新的模块IACB，结构如图4.23，主要将非对称卷积引入，增强方形卷积核的中心骨架部分，进而增强特征的空间相关性，同时去掉了ACB模块当中的归一化层，减少计算量。

IACB

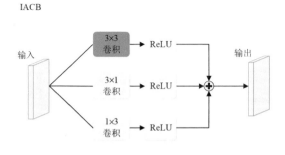

图4.23 ICAB结构

（3）结合FRB的注意力融合分支优化

特征复用，即对各个层次中已经存在的某些特征进行串联，从而得到更多的新特征。在DenseNet[18]中，前端层的特性图被再利用并反馈到它随后的层，因此生成了更多的特性图。在GhostNet[19]，文章将轻量级操作生成的特征图与原始特征图相联系，从而产生更多的特征图。这两种方法均采用了连接运算，并采用了特性复用技术，在保证较小计算开销的前提下，增加了通道数目，提高了网络容量。分析双参考行跨分量预测网络的结构特点发现，注意力机制得到的特征会进行细化不再利用，这就造成了特征的丢失，影响网络性能。考虑到特征复用技术的优点以及双参考行跨分量预测网络的特点，本章采用一个特征复用块（FRB），将注意力机制后的特征与细化后的特征连接起来，最大程度地利用不同层级的特征。FRB的结构如图4.24所示。

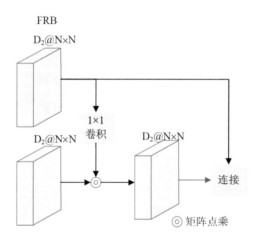

图4.24 FRB结构

1）有效性验证

表4.15给出了网络每层对应的通道数。在此基础上，本节分别比较了单独加入三个改进分支的损失，以验证分支的有效性，结果如表4.16所示。在边界分支上采用非对称卷积，损失为14.1908，比原网络损失小

1.9，下降效果最为显著。主要原因是非对称卷积弥补了原始边界分支提取特征相关性的不足。在亮度分支上采用了非对称卷积块，通过结合非对称卷积增强原卷积块的中心骨架进而增强特征空间相关性，减少网络损失。添加特征复用模块可以在一定程度上减少网络损耗。

表 4.15　网络参数

分支	参数
边界分支	D1=32；D2=32
亮度分支	C1=64；C2=64
注意力融合分支	h=16
预测头分支	D3=32

表 4.16　分支有效性验证

模型	损失 (MSE)
参考网络	16.0955
边界分支改进的参考网络	14.1908
亮度分支改进的参考网络	15.6946
添加FRB的参考网络	15.7267

针对跨分量预测中双参考行样本不可用的情况，同样融合位置信息，采用单参考行网络作为补充，网络的核心模块采用优化后的网络结构，以优化原有的单参考行网络。本节分别比较了单参考行和双参考行情况下网络的损失，以验证网络结构改进的有效性，结果如表4.17所示。双参考行网络的损失为13.5855，比参考网络的损失少大约2.5，单参考行网络的损失为20.0381，比参考网络的损失少大约1.7。

表4.17　网络有效性验证

模型	损失 (MSE)
参考网络（双参考行）	16.0955
本章网络（双参考行）	13.5855

模型	损失 (MSE)
参考网络（单参考行）	21.7040
本章网络（单参考行）	20.0381

2）模式编码与选择

本节的网络模型形成了一种 VVC 色度预测模式，由于神经网络模式是一种额外的预测模式，为了兼容 VVC 标准，需要修改色度预测模式的语法。修改内容主要是引入一个新的块级语法标志位来指示一个 CU 是否使用了神经网络模式。如果采用了所提出的神经网络模式，则对此标志位进行编码，无需其他额外的模式编码信息。反之，编码器将继续对 VVC 标准中传统的色度预测模式进行编码。各预测模式的熵编码情况如表 4.18 所示。VVC 标准在模式选择过程中先对 U 分量进行预测，之后再对 V 分量进行预测，然而神经网络模式是同时对 U 和 V 分量进行预测，故还需要修改原有的模式选择过程。

表 4.18   预测模式编码

模式	VTM12.1	修改后
DM	00	000
LM	10	010
LM_L	110	0110
LM_T	111	0111
Planar	0100	00100
Ver	0101	00101
Hor	0110	00110
DC	0111	00111
神经网络模式	–	1

将神经网络模式整合到 VVC 的编解码端，模式选择流程如图 4.25 所示。神经网络预测模式与 6 种模式（VVC 经过 SATD 筛选的 3 种常规的色

度预测模式、DM模式、LM模式和PLANAR模式）进行率失真优化代价比较，以率失真代价最小的原则进行CU的最佳色度预测模式选择。如果最佳预测模式是神经网络模式，那么在CU层编码标志位1，以表明此CU的最佳预测模式是神经网络模式；如果最佳预测模式是常规的色度预测模式，那么在CU层编码标志位0，以表明此CU的最佳预测模式是常规的色度预测模式，之后对特定的最佳常规的色度模式进行编码。

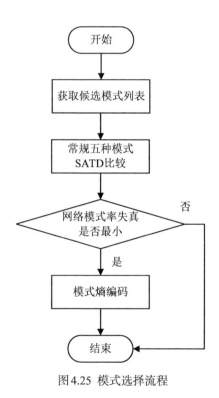

图4.25　模式选择流程

4.5.3 测试与分析

数据集设置：从DIV2K数据集中提取训练样本，该数据集包含800个训练图像和100个验证图像，这些图像拥有内容丰富多样和高分辨率的特点。将图像从RGB格式转换为YUV 4:4:4格式，在每个图像内的块大小和统一的空间选择之间进行平衡，选择每个N×N大小（N = 4，8，16）

的块。每种块数量在训练集中为80万张，在验证集中为10万张，块内的所有像素值都被归一化为[0, 1]。

训练配置：使用Keras/tensorflow来实现本算法的模型，训练用的GPU是NVIDIA GeForce GTX 2080Ti。网络训练过程的批处理大小设置为16，使用网络输出的色度块与真实色度块之间的均方误差（MSE）作为损失函数。本章所提出的网络都使用Adam优化器，并以10^{-5}的学习速率开始训练，训练了90个epoch。

所提出的算法在CTC下进行了测试，CTC的QP分别为22、27、32和37。采用BD-rate来评价相对于VVC标准软件VTM12.1的相对压缩效率。测试序列包括20个不同分辨率的视频序列，分别称为A、B、C、D和E类。由于训练集的性质，故只考虑自然内容序列。此外，本算法只适用于有限范围的块，为了评估算法的性能，在AI配置下，执行了一个约束测试，即VVC划分过程仅限于划分成4×4、8×8和16×16大小的方形块。为此，测试生成了一个相应的参考结果。表4.19约束测试的结果显示了比约束条件下的VVC参考模型有相当大的改进，AI配置下，算法分别在Y、U和V分量中提供平均0.43%、3.01%和2.76%的BD-rate下降。

同时，本节统计了不同QP条件下，神经网络模式被选为最优模式的比例，从表4.20中可以看到，QP越大，神经网络模式被选中的比例越高，这意味着神经网络模式在压缩比较大或者图像损失较大时比CCLM预测模式效果好。遍历色度预测过程的所有模式，神经网络模式作为最优模式的概率大约为30.3%。实验结果表明，神经网络模式能显著提升色度编码的性能，亮度分量也因为较少的比特代价得到了一定的优化，说明了本节对应的神经网络模式的有效性。

表4.19 网络编码性能序列情况

类型	序列	Y	U	V
类型A	PeopleOnStreet	−0.29%	−4.16%	−3.01%
	SteamLocomotive	−0.04%	−1.95%	−5.40%
	Traffic	−0.57%	−2.86%	−2.41%

类型	序列	Y	U	V
类型A	Nebuta	−1.05%	−6.34%	−3.55%
类型B	BasketballDrive	−0.47%	−3.32%	−4.05%
	Cactus	−0.46%	−2.83%	−3.25%
	BQTerrace	−0.19%	−2.21%	−2.91%
	Kimono	−0.45%	−2.09%	−1.69%
	ParkScene	−0.37%	−2.75%	−1.22%
类型C	RaceHorses	−0.47%	−1.73%	−1.93%
	PartyScene	−0.32%	−2.75%	−1.76%
	BQMall	−0.30%	−2.49%	−2.98%
	BasketballDrill	−0.91%	−4.81%	−4.39%
类型D	RaceHorses	−0.43%	−0.78%	−1.46%
	BQSquare	−0.17%	−3.00%	−1.41%
	BlowingBubbles	−0.10%	−1.70%	−1.96%
	BasketballPass	−0.80%	−3.77%	−2.98%
类型E	FourPeople	−0.19%	−1.77%	−3.33%
	Johnny	−0.43%	−4.10%	−2.23%
	KristenAndSara	−0.48%	−4.90%	−3.21%
总计		−0.43%	−3.01%	−2.76%

表4.20　联合网络模式为最优模式的比例

QP	ACANN	总数	占比
22	24835	86630	28.7%
27	22277	74081	30.1%
32	18831	61717	30.5%
37	17797	53652	33.2%
总计	83740	276080	30.3%

对于视觉检查，图4.26显示了序列BQMall应用神经网络模式进行编码的位置。可以观察到，本算法提出的模式主要是选择具有丰富的纹理

或结构的区域。此外，本算法提出的模式可以选择用于相当大的块，但
CCLM模式主要用于较小的块。这些结果表明，本算法可以更好地预测简
单的线性相关假设不成立的色度分量。

图4.26　BQMall中神经网络模式的选择位置

　　图4.27是序列BasketballDrill的RD曲线图，图4.27（a）是U分量的
RD曲线图，图4.27（b）是V分量的RD曲线图，其中蓝色曲线表示约束
条件下VTM12.1编码器的编码性能，红色曲线表示本章提出的神经网络
的编码性能。从图中可以看出红色曲线在蓝色曲线的上方位置，说明本章
算法的编码性能要优于约束条件下VTM12.1编码器的编码性能，证明了
神经网络的有效性。

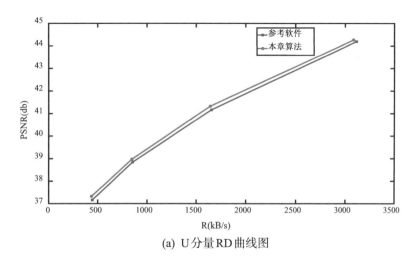

(a) U分量RD曲线图

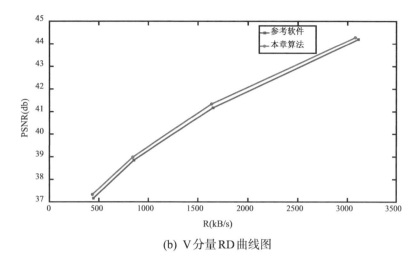

(b) V 分量 RD 曲线图

图 4.27　BasketballDrill 的 RD 曲线图

　　针对双行参考样本不可用的情况，将本章提出的网络结构替换文献[16]的核心网络，形成新的单行参考样本跨分量网络。本算法的两种网络相互联合在相同的条件下进行编码性能测试，结果如表 4.21 所示。AI 配置下，所提出的算法分别在 Y、U 和 V 分量中提供平均 0.62%、3.51% 和 2.67% 的 BD-rate 下降。算法相较单个双参考行网络的结果在 Y、U 和 V 分量有 0.19%，0.50%，0.09% 的 BD-rate 降低。

　　同样，本节统计了不同 QP 下，神经网络模式被选为最优模式的比例，根据表 4.22 中统计的数据发现，神经网络模式被选中比例依然随着 QP 增大而逐渐升高，CU 选中神经网络模式的概率为 38%，比起单个网络选中的概率又高出了大约 8%。统计数据表明联合网络确实改进弥补了单个网络的不足。

表 4.21　联合网络编码性能序列情况

类型	序列	Y	U	V
类型 A	PeopleOnStreet	−0.33%	−3.07%	−4.18%
	SteamLocomotive	−0.04%	−2.61%	−4.16%
	Traffic	−0.66%	−3.02%	−2.03%

类型	序列	Y	U	V
类型 A	Nebuta	−1.52%	−8.63%	−3.99%
类型 B	BasketballDrive	−0.76%	−4.42%	−3.59%
	Cactus	−0.70%	−3.18%	−2.60%
	BQTerrace	−0.22%	−2.47%	−3.10%
	Kimono	−0.76%	−1.74%	−1.02%
	ParkScene	−0.47%	−2.27%	−0.83%
类型 C	RaceHorses	−0.76%	−2.29%	−2.07%
	PartyScene	−0.61%	−4.93%	−1.87%
	BQMall	−0.42%	−4.11%	−3.00%
	BasketballDrill	−1.15%	−4.67%	−4.05%
类型 D	RaceHorses	−0.83%	−1.69%	−1.22%
	BQSquare	−0.15%	−1.86%	−2.41%
	BlowingBubbles	−0.42%	−3.23%	−2.68%
	BasketballPass	−1.34%	−4.11%	−2.42%
类型 E	FourPeople	−0.34%	−2.88%	−2.66%
	Johnny	−0.43%	−4.10%	−2.23%
	KristenAndSara	−0.53%	−4.86%	−3.34%
总计		−0.62%	−3.51%	−2.67%

表 4.22　联合网络模式为最优模式的比例

QP	ACANN	总数	占比
22	30264	87127	34.7%
27	27530	74117	37.1%
32	24046	61526	39.1%
37	23148	53564	43.2%
总计	104988	276471	38.0%

最后，通过与文献[15]中所述方法的比较，来进一步验证本章算法的

有效性。应当注意，为保证比较结果的公平，在同样的实验配置下，采用了本章的训练数据。再一次地训练了文献[15]中的双参考行跨分量预测网络模型，比较的结果显示在表4.23中。表中数据显示了BD-rate结果，可以看到文献[15]在Y、U和V分量上获得0.32%、2.61%和2.04%的BD-rate降低。本算法在Y、U和V分量上获得0.43%、3.01%和2.76%的BD-rate降低。算法相比较文献[15]的结果在Y、U和V分量有0.11%，0.40%，0.72%的BD-rate降低，证明了本网络的有效性。

针对双行参考样本不可用的情况，将提出的网络结构替换文献[16]的核心网络，形成新的网络与之进行了对比。同样，为了实验的公平性，使用本章的训练数据集，融入位置信息，在相同的实验配置下，对文献[16]中的单参考行跨分量预测网络重新进行了训练，对比结果如表4.24所示。表格中的数据表示BD-rate，可以看到文献[16]在Y、U和V分量上获得0.55%、2.80%和1.85%的BD-rate降低。本节算法在Y、U和V分量上获得0.62%、3.51%和2.67%的BD-rate降低。本节算法相较文献[16]的结果在Y、U和V分量有0.07%，0.71%，0.82%的BD-rate降低，再一次验证了本节网络的有效性。

表4.23　与文献[15]的编码性能比较

测试序列	文献[15]			本节网络		
	Y	U	V	Y	U	V
类型 A	−0.31%	−3.59%	−2.59%	−0.49%	−3.83%	−3.59%
类型 B	−0.35%	−2.32%	−1.66%	−0.39%	−2.64%	−2.62%
类型 C	−0.45%	−2.90%	−2.41%	−0.50%	−2.94%	−2.76%
类型 D	−0.29%	−2.10%	−1.82%	−0.38%	−2.31%	−1.95%
类型 E	−0.18%	−2.06%	−1.77%	−0.37%	−3.59%	−2.92%
总计	−0.32%	−2.61%	−2.04%	−0.43%	−3.01%	−2.76%

表 4.24　与文献[16]的编码性能比较

测试序列	文献[16]			本节网络		
	Y	U	V	Y	U	V
类型 A	−0.50%	−4.22%	−2.35%	−0.64%	−4.33%	−3.59%
类型 B	−0.50%	−1.99%	−1.29%	−0.58%	−2.82%	−2.23%
类型 C	−0.73%	−3.49%	−2.47%	−0.74%	−4.00%	−2.75%
类型 D	−0.62%	−1.88%	−1.61%	−0.68%	−2.72%	−2.18%
类型 E	−0.35%	−2.56%	−1.60%	−0.44%	−3.95%	−2.74%
总计	−0.55%	−2.80%	−1.85%	−0.62%	−3.51%	−2.67%

参考文献

[1] PAKDAMAN F, ADELIMANESH M A, GABBOUJ M, et al. Complexity Analysis Of Next−Generation VVC Encoding And Decoding [C]. 2020 IEEE International Conference on Image Processing (ICIP), 2020: 3134−3138.

[2] ZHANG M, QU J, BAI H. Entropy−Based Fast Largest Coding Unit Partition Algorithm in High−Efficiency Video Coding [J]. Entropy, 2013, 15: 2277−87.

[3] ZHANG M, ZHAO C, XU J. An adaptive fast intra mode decision in HEVC [C]. 2012 19th IEEE International Conference on Image Processing, 2012: 221−4.

[4] 翟小君. 基于HEVC帧内预测模式和四叉树划分的快速算法研究 [D]. 北京：北方工业大学，2018.

[5] BOSSEN F. Common test conditions and software reference configurations [C], F, 2010.

[6] 钱厚宇. VVC运动矢量预测及多叉树划分优化算法研究 [D]. 北京：北方工业大学，2023.

[7] SHI G, SUO J, LIU C, et al. Moving target detection algorithm in image sequences based on edge detection and frame difference [C]. 2017

IEEE 3rd Information Technology and Mechatronics Engineering Conference (ITOEC), 2017: 740–4.

[8] LEI M, GENG J. Fusion of Three–frame Difference Method and Background Difference Method to Achieve Infrared Human Target Detection [C]. 2019 IEEE 1st International Conference on Civil Aviation Safety and Information Technology (ICCASIT), 2019: 381–4.

[9] CHENG Z, SUN H, ZHOU D, et al. Merge mode based fast inter prediction for HEVC [C]. 2015 Visual Communications and Image Processing (VCIP), 2015: 1–4.

[10] 谢佳, 徐山峰, 王兆伟, 等. H.265/HEVC 视频编码标准性能评估与分析 [J]. 中国电子科学研究院学报, 2018, 13(5): 7.

[11] LEVIN A, LISCHINSKI D, WEISS Y. Colorization using optimization [J]. ACM Transactions on Graphics, 2004, 23(3): 689–94.

[12] LI J, WANG M, ZHANG L, et al. Sub–Sampled Cross–Component Prediction for Emerging Video Coding Standards [J]. IEEE Transactions on Image Processing, 2021, 30: 7305–16.

[13] BOYCE J, SUEHRING K, LI X, et al. JVET–J1010: JVET common test conditions and software reference configurations [M]. 2018.

[14] BLANCH M G, BLASI S, SMEATON A, et al. Chroma Intra Prediction With Attention–Based CNN Architectures [C]; proceedings of the 2020 IEEE International Conference on Image Processing (ICIP), F, 2020.

[15] BLANCH M G, BLASI S, SMEATON A F, et al. Attention–Based Neural Networks for Chroma Intra Prediction in Video Coding [J]. IEEE Journal of Selected Topics in Signal Processing, 2021, 15(2): 366–77.

[16] HERRANZ C Z S W T J M M M G B L. Spatial Information Refinement for Chroma Intra Prediction in Video Coding [C]. 2021 Asia–Pacific Signal and Information Processing Association Annual Summit and Conference (APSIPA ASC), 2021.

[17] DING X, GUO Y, DING G, et al. ACNet: Strengthening the Kernel

Skeletons for Powerful CNN via Asymmetric Convolution Blocks [C]. 2019 IEEE/CVF International Conference on Computer Vision (ICCV), 2019: 1911–20.

[18] HUANG G, LIU Z, VAN DER MAATEN L, et al. Densely Connected Convolutional Networks [C]. 2017 IEEE Conference on Computer Vision and Pattern Recognition (CVPR), 2017: 2261–9.

[19] HAN K, WANG Y, TIAN Q, et al. GhostNet: More Features From Cheap Operations [C]. 2020 IEEE/CVF Conference on Computer Vision and Pattern Recognition (CVPR), 2020: 1577–86.

[20] 曹佳. 基于 VVC 的帧内跨分量色度预测算法优化 [D]. 北京：北方工业大学，2023.

第五章　码率控制优化

5.1 码率控制介绍

5.1.1 码率控制基本原理

视频编码对视频序列进行预测、变换、量化、熵编码及环路滤波操作之后，去掉了视频的时间冗余和空间冗余，将视频压缩成码流的形式，达到了视频压缩的目的。然而在实际的视频通信以及网络传输过程中，由于传输信道带宽的限制以及视频内容随着传输方式不同而产生的码率波动的情况，不得不考虑通过自适应地调节视频编码参数的方法来对传输码率进行有效控制，使视频编码后的码流能够在有限的信道带宽上传输，重建出良好的视频质量[1]。码率控制 RC（Rate Control）[2]的主要目的是在编码输出码流与量化参数之间寻找平衡点，使得视频编码的率失真性能[3]达到最佳，从而获得质量相对稳定的视频序列。码率控制会根据图像内容复杂度情况来分配编码比特值，对于纹理复杂度比较高的图像或者最大编码单元块，码率控制会分配比较多的编码比特值；而对于图像或最大编码单元中比较平坦的区域，码率控制会分配较少的编码比特值，提高编码的率失真性能，在消耗合理的编码比特值情况下，得到质量相对较高的重建视频帧，使得编码器实际输出码率在可控范围之内，达到码率控制的目的。码率控制原理如图 5.1 所示，在码率控制流程中，首先在码率控制器及算法的协同工作下，根据输入编码单元的内容、纹理复杂度、传输信道带宽、缓冲区状态为它分配合适的目标比特数，编码单元通过码率和量化参数之间的模型关系获得对应的量化参数值。由于实际编码消耗比特与目标比特分配之间存在着差异，因此设置缓冲器使得码流能够更平稳地在信道中传输，缓冲器可以被看作一个先入先出的队列装置，以平稳的速率将码流传输到信道中。另外缓冲器状态信息、实际编码码率与目标码率的差异信息以及时延信息均会被编码器收集到，作为后续码率控制过程中的参考值。

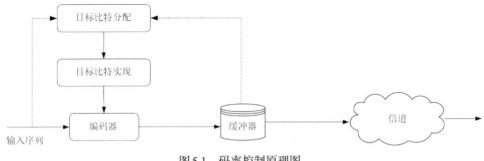

图 5.1　码率控制原理图

码率控制技术可以应用于不同的实际场景，比如，实时传输还是离线传输，传统的广播电视业务或是互联网上的流媒体传输业务等。码率控制技术可以根据不同的实际应用场景选择不同的编码模式，大致分为 CBR 和 VBR，VBR 又可以进一步分为 ABR、CRF 和 CQP 等，如图 5.2 所示[4]。

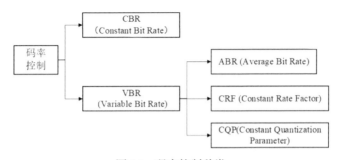

图 5.2　码率控制种类

CBR（Constant Bit Rate）码率控制指的是在假定信道传输带宽或码

率不变的情况下编码，常用于传统的广播电视或网上的流媒体应用。VBR（Variable Bit Rate）码率控制方式是假定信道传输有一个最大码率，传输码率可以等于或低于这个最大码率甚至是0，但不能超过这个最大码率，常用于离线视频压缩的文件存储类应用。ABR（Average Bit Rate）编码对码率的要求是需要每个视频帧连续块的平均码率做为一个目标码率，除此之外一般不再有限制，通常用于自适应流媒体的业务场景。CRF（Constant Rate Factor）是常用的一种恒定编码质量的视频编码模式，设定一个特定的目标编码质量水平，即CRF值，再通过控制各个帧及帧内各个编码单元的QP，使它围绕目标CRF值上下浮动，最终将整体视频的编码效率最大化。CQP（Constant Quantization Parameter）码率控制算法的特点是采用恒定的质量参数QP[5]。

码率控制针对不同的应用业务场景，通过控制每帧、每个编码单元CU（Coding Unit）、编码的量化参数QP（Quantization Parameter）等，使得编码后的视频达到两个主要目标：第一是通过调节量化参数使得编码后的码率尽可能地接近目标码率；第二是减少图像的失真，尽可能提高视频的图像质量，码率控制过程如图5.3所示。

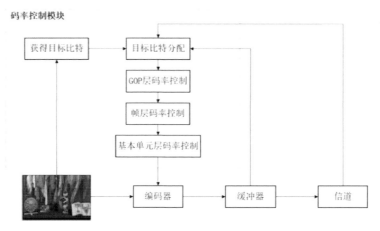

图5.3 码率控制过程

5.1.2 率失真理论

视频编码的主要目标是减少视频的时间冗余、空间冗余，在编码码率尽可能小的前提下，尽最大可能地降低视频的失真度。然而在视频编码中，视频的编码码率和视频的失真度是相互矛盾的两个点。一般来说，编码码率和视频的失真度是成反比关系的。因此，率失真性能恰好能够反映出二者之间的关系[6]，如何获得更好的率失真性能成为了视频编码过程中关键的问题点。

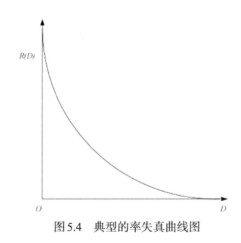

图5.4 典型的率失真曲线图

率失真函数反映了码率和失真度之间的关系，是求解最佳率失真性能的关键。

图5.4的率失真曲线图反映了信息速率$R(D)$在不同失真值D情况下的取值，通过率失真函数可以求得信息在限制码率情况下的最小失真值。

在保证码率R不高于最大值的情况下，求解最小的失真值D，如公式（5-1）所示。

$$\begin{aligned} \min \quad & D \\ s.t. R \le & R_{\max} \end{aligned} \quad （5-1）$$

H256/HEVC和H266/VVC为码率控制环节增添了更多的编码参数，在求解最优码率值的过程中，通过拉格朗日乘子λ，将公式（5-1）的线性优化约束问题转换成了等价无约束问题，如公式（5-2）所示。

$$minJ = \sum_{i=1}^{N} D_{i,j} + \lambda \times \sum_{i=1}^{N} R_{i,j} \qquad (5-2)$$

其中J表示率失真代价（Rate-Distortion Cost, R-D Cost），拉格朗日乘子的含义为RD曲线的切线。

5.1.3 率失真模型

视频编码的码率与失真之间存在着矛盾和制约。率失真理论是指在一定码率下，视频压缩的失真可以被降低到最小。率失真函数是一种有效的信号源编码方法。但是，对于真实的信号源，其R(D)的计算十分困难，而且计算量也很大，所以在考虑到信源的统计特征和率失真理论时，大部分情况下都是采用率失真模型（Rate-Distortion Model, RDM）来对失真与编码码率之间的关系进行系统描述。简易的率失真模型不仅能提高准确性，减小复杂度，还能在实际的码率控制过程中起到非常重要的作用。目前，典型的率失真模型有如下几种类型。

（1）对数模型

由于量化是造成编码失真的根本原因，因此可以用R-QP代替率失真R-D。由于R-QP曲线与随机变量服从高斯分布时的率失真曲线有某种相似之处，故Ning Wang等[7]提出了一种简化的码率模型，如公式（5-3）所示。

$$R(Q_{\text{step}}) = \alpha + \beta \times \log_2 \left(\frac{1}{Q_{\text{step}}} \right) \qquad (5-3)$$

其中，α 和 β 为模型的编码参数；α 是编码过程中与量化步长 Qstep 或量化参数QP无特定联系的头部信息比特数。该模型未考虑到在实际的视频编码中使用Zig-Zag扫描和可变长度编码，导致实际的码率随着QP的增加而下降得更快。

（2）指数模型

指数模型把编码码率和量化参数视为指数关系[8]。式（5-4）是指数模型的一般表示形式。

$$R(Q) = \lambda + \frac{\beta}{Q_{step}^{\gamma}} \quad (0 < \gamma \le 2) \tag{5-4}$$

其中，α、β 与 γ 都是模型的编码参数，它们的值由当前编码图像的相关特征所确定。为了获取更加准确的模型参数，需要对输入的视频序列进行多次编码，这显然给整个视频编码过程带来了不少的运算复杂度，此时可以依据之前编码帧的统计特性来得到参数估计值。对于存在场景切换的视频序列，采用该预测模型得到的编码参数是不准确的。

（3）二次模型

假定信源特征服从拉普拉斯分布，也就是 $P(\chi) = \frac{a}{2} e^{-\alpha|\chi|}$。采用的 $D(\chi, \hat{\chi}) = |\chi - \chi|$ 是编码值的失真度量，这里的 χ 为编码值。则得到的率失真函数 $R(D) = \ln \frac{1}{\alpha D}$。对它进行如公式（5-5）所示的二次泰勒级数展开。

$$R(D) = -\frac{3}{2} + \frac{2}{\alpha} \times D^{-1} - \frac{1}{2 \times \alpha} \times D^{-2} \tag{5-5}$$

在此，简化的失真度是 QP 的平均值。经过整理，可获得下列二次 R–D 模式。

$$R(D) = a \times Q_{step}^{-1} + b \times Q_{step}^{-2} \tag{5-6}$$

式（5-6）中的 a 和 b 是模型的编码参数。在视频编码后，编码器采用线性回归的技术来更新 a 和 b 值。由于二次模型能很好地平衡准确性和复杂度之间的关系，因此该模型及其改版应用在 H.264 和 MPEG-4 码率控制算法[9]中。根据视频帧的编码复杂性和图像中的非纹理信息所需要的比特，二次 R-D 改进模型如公式（5-7）所示。

$$\frac{R-D}{MAD} = a \times Q_{step}^{-1} + b \times Q_{step}^{-2} \tag{5-7}$$

式中的 R 是编码当前帧所需的总比特数；Q_{step} 是量化步长；MAD 是当前帧使用 QP 进行量化后的平均绝对残差。

（4）ρ 域模型

随着量化步长的增大，视频编码模块中的交流系数为零的比率 ρ 也会单调增大，从而可以把码率与量化步长之间的关系转换成码率与 ρ 的关系，从而把失真与量化步长之间的关系转换为失真与 ρ 之间的关系。通过学术研究和大量实验，He Zhihai 等[10, 11]提出了一种失真模型，该模型是以 ρ 域为基础的线性编码码率模型和指数形式，具体公式如下：

$$R(\rho) = \theta \times (1 - \rho) \tag{5-8}$$

$$D(\rho) = \sigma^2 e^{-\alpha(1-\rho)} \tag{5-9}$$

在式（5-8）和式（5-9）中，θ 是常数，通过线性回归的方法进行更新；ρ 是对预测残差变换量化后零系数所占的百分比；α 是 10 ~ 20 之间的常数；σ^2 是图像的方差。该模型的表达式简易，且模型的准确性非常好，适合于不是一成不变的场景。

（5）双曲模型

相对于其他函数模型，双曲函数更能体现失真和码率之间的相互关系[12]。双曲模型的公式如公式（5-10）所示：

$$D(R) = CR^{-K} \tag{5-10}$$

式（5-10）中 C 和 K 是与视频内容特征有关的模型参数。采用双曲函数推导 D-λ 模型，λ 是与 R-D 曲线相切的直线的斜率。对上式求导，则 λ 可以表示为：

$$\lambda = -\frac{\partial D}{\partial R} = CK \times R^{-K-1} = \alpha \times R^{\beta} \tag{5-11}$$

在式（5-11）中，$\alpha = C \times K$；$\beta = -K-1$。α 和 β 是两个与视频内容有关的模型参数，也是为了适应视频内容进行比特分配的关键参数。

5.2 码率控制方案

5.2.1 码率控制方案发展

为了提高压缩效率，常见的压缩技术（如 H.264，H.265，H.266，MPEG）均采用了变长编码，即每帧编码的比特数是不相等的。I 帧和 P 帧的编码比特数的差距很大，I 帧所编码的是完整一帧图像，P 帧编码的是经过运动预测后的误差图像。因此，当前帧与参考帧越相似，预测误差越小，对于误差图像在编码过程中所用的比特数就越少；当前帧与参考帧越不相似，预测误差则越大，编码误差图像所用比特数也就越多，尤其是在有场景切换时编码比特数会大大增加。各帧编码所用比特数还受图像复杂度影响，图像越复杂，编码所用的比特数也越多。比特分配宏块能够计算各个层级码率控制的目标比特，在计算时应考虑到图像分辨率、帧率以及信道带宽等因素，比特分配的方法对于不同的码率控制单元会有所不同。在 H.264 中主要采用 R-Q 模型，对于编码单元与码率控制相关流程如图 5.5：

图 5.5　码率控制流程

码率控制中得到的量化参数能够用于率失真优化过程中。在使用"码率-失真"模型时，需要参考图像的复杂度，然而图像复杂度只有在确定编码模式之后才能得到。为了解决这个问题，在码率控制中采用了线性预测 MAD 的方法，通过已知的各种编码参数（例如信道带宽、GOP 大小、帧率等）预测编码单元的目标编码比特数，最后使用预测目标编码比特采用基于像素的 R-Q 模型计算量化参数 QP。

在 2012 年的第八次 JCT-VC 会议中提出的 JCTVC-H0213 提案中，首次采用了码率控制算法，该算法效果并不理想，目标码率与编码后码率相差较大，并且视频质量也有一定程度的损失。在第 11 次的 JCV-VC 会议上，提案 JCTVC-K0103 被添加到 HM 中，该提案提出一种基于 R-λ 模型的码率控制算法，在性能方面取得了较大的提升。

根据需求可以将码率控制分为 GOP 级、帧级、CTU 级，一般分为两个步骤。首先分配目标比特，确定待编码部分一共占用多少比特，在实际操作中根据图像内容特性与编码结构为每一个部分确定对应的比例，然后再根据给定的总目标比特数分配比特。各个部分目标比特确定后，再根据目标比特计算出估计量化参数，在理想状态下，编码后的实际比特应该等于目标比特。码率控制层次关系如图 5.6。

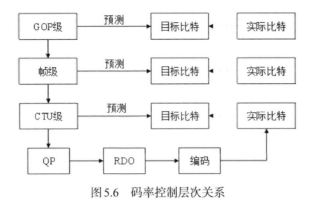

图5.6　码率控制层次关系

采用分层结构的优势是码率控制的层级可以自由选择，对于较为精准的码率控制需求，可以采用CTU级码率控制方案，码率控制算法会根据每个控制单元的特性计算出对应的编码参数，使每个单元获得优良的编码性能。采用更小的码率控制单元会使编码复杂度提升，若需要降低编码复杂度或在不需要高精度的码率控制条件下，可以采用更大的码率控制单元。将对于码率控制算法各个层，主要结构大体相同，包括码率控制算法的功能有：对当前码率控制单元的目标码率的估计、对当前码率控制单元图像复杂度的估计、利用率失真模型计算QP，将该QP用于编码。总的来说这三个模块主要实现的是比特分配、图像复杂度的预测、QP的计算。

从2013年正式发布HEVC国际标准以后，视频编码专家们发布了基于统一码率量化（Unified Rate Quantization, URQ）模型的码率控制算法和基于R-λ模型的码率控制算法，这两种算法先后被纳入到 HEVC 视频编码标准中。URQ模型和R-λ模型在提案JCTVC-H0213和提案JCTVC-K0103中有详细介绍。

而VVC延续使用R-λ模型码率控制算法。

5.2.2 URQ模型码率控制算法

URQ模型与H.264/AVC中提案JVT-G012的码率控制模型非常相似。基于URQ模型的码率控制算法利用信道带宽、GOP大小、编码结构、帧率等配置参数确定各个层级（GOP 层、帧层、编码单元层）的目标比特数，再利用计算当前编码帧或编码单元所对应的量化参数对视频进行编码。URQ 模型码率控制算法已集成在 HM-6.2 到 HM-9.0 等 HEVC 软件前期版本中。

（1）码率模型

利用 HEVC 具有不同的编码块和编码结构的特征，在分析 HEVC 的划分方式和率失真优化技术基础上，H. Choi 等[13]提出了一种基于像素的 URQ 模型。因此，URQ 模型可以用于由多个像素组成的任何大小级别的码率控制算法。其帧级通过公式（5-12）来表示。

$$\frac{T_{i(j)}}{N_{pixels,i(j)}} = \alpha \times \frac{MAD_{pred,i(j)}}{QP_i(j)} + \beta \times \frac{MAD_{pred,i(j)}}{QP_i^2(j)} \qquad （5-12）$$

其中，$N_{pixels,i(j)}$ 是一帧中的像素数；$\frac{T_{i(j)}}{N_{pixels,i(j)}}$ 是在第 i 个 GOP 中的第 j 帧的平均比特率，以每像素的比特数(bits per pixel, bpp) 为单位；$QP_i(j)$ 是第 i 个 GOP 中的第 j 帧的 QP 值，即量化步长；α 和 β 是 URQ 模型的参数。为了使用等式（5-12）计算 QP 值，模型需要预测的 $MAD_{pred,i(j)}$ 值、一帧中的像素数 $N_{pixels,i(j)}$ 和总目标比特数 $T_{i(j)}$。在计算公式（5-12）之后，通过公式（5-13）进行平滑，并针对连续帧调整 QP 值。如果第 i 个 GOP 中的第 j 帧的总目标比特数小于 0，则将 QP 值设置为前一帧的 QP 值加 1。

$$QP_i = \begin{cases} QP_i(j-M-1)+1 & if \quad T_{i(j)} < 0 \\ \max\{QP_i(j-M-1)-2, \min\{QP_i(j-M-1)+2, QP_i(j)\}\} & otherwise \end{cases}$$
$$（5-13）$$

在 H.264/AVC 和 HEVC 中，要想得到正确的 QP 值，就必须要获取编码帧的残差信息。但是，仅在完成模式选取、运动估算等处理后，才能得到编码帧的残差信息。而在进行模式选取时，必须采用预先设定的 QP 值。这就是所谓的"蛋鸡悖论"。为了避免码率控制中"蛋"和"鸡"的困境，MAD 由线性预测模型进行预测，待编码帧的 $MAD_{pred,i}(j)$ 通过已编码帧的实际 $MAD_{actual,i}(j-1-M)$ 进行预测得到，MAD 使用公式（5-14）计算得到的。

$$MAD_{pred,i}(j) = \alpha_1 \times MAD_{actual,i}(j-1-M) + \alpha_2 \qquad (5-14)$$

其中，$\alpha 1$ 和 $\alpha 2$ 为线性模型参数，将初始值分别设置为 1 和 0。在对帧进行编码后，这些参数将通过实际 MAD 值进行更新。另外，所提出的码率控制方案不仅适用于帧级别，还适用于 GOP 和单元级别。单元级别可以是一个 LCU 或一组 LCU。因此，需要利用已编码帧相应位置编码单位的真实 MAD_{pred} 来预测当前要被编码的编码单位的 MAD_{pred}。

（2）比特分配

URQ 模型比特分配目标位由预定义的帧速率、GOP 大小、可用通道带宽、虚拟缓冲区的占用率、帧中的像素数以及漏桶缓冲区模型上的初始缓冲区状态计算得出。GOP 级码率控制管理 GOP 中的比特数，GOP 中的总比特预算 $B_i(j)$ 由公式（5-15）计算得到。

$$B_i(j) = \begin{cases} \dfrac{R_i(j)}{f} \times N_{GOP} - V_i(j) & j=1 \\[3mm] B_i(j-1) + \dfrac{R_i(j) - R_i(j-1)}{f} \times (N_{GOP} - j + 1) - b_i(j-1) & j=2,3,...,N_{GOP} \end{cases}$$

$$(5-15)$$

其中，N_{GOP} 是 GOP 中的帧数；$V_i(j)$ 是虚拟缓冲的占用率；$B_i(j-1)$ 是第 i 个 GOP 中第 $j-1$ 帧消耗的比特数；$R_i(j)$ 是可用带宽；f 表示预定义的帧速率。编码开始时，总比特预算由公式 (5-15) 计算，j 设置为 1。在第一个 GOP 中第一帧的编码开始时，总预算由帧速率上的可用信道带宽乘以 GOP 中的帧数计算。对于 GOP 中的其他帧，使用实际生成的比特 $b_i(j-1)$ 进行累加。

对于帧级码率控制，待编码帧在编码之前需要进行 QP 的分配。编码后，缓冲区的所有状态应与 URQ 模型和 MAD 预测的线性模型一起更新。第 i 个 GOP 中第 j 帧的目标比特预算由公式（5-16）计算得到。

$$T_i(j) = \gamma \times \hat{T}_i(j) + (1-\gamma) \times \tilde{T}_i(j) \qquad (5-16)$$

其中，$\hat{T}_i(j)$ 是基于总比特预算的目标位预算，通过当前 GOP 中余下目标比特 $B_i(j)$ 和 GOP 中未编码参考帧及未编码非参考帧的适当加权得到的；$\tilde{T}_i(j)$ 是根据可用带宽、帧率、虚拟缓存区的占用和第 i 个 GOP 中第 j 个帧的初始缓冲区状态等相关信息决定的目标位预算；γ 是一个 0 到 1 之间的占比常数，对于低延迟情况下设置为 0.9，对于随机访问情况下设置为 0.6。

单元级码率控制方案根据缓冲区状态计算 QP 值，目的是当前编码单元能够根据整个帧的目标比特消耗分配比特，这里的单元是 LCU。第 j 帧中第 m 个编码单元的目标比特预算由公式（5–17）计算得到。

$$Tj(m) = \eta \times \hat{T}_j(m) + (1-\eta) \times \tilde{T}_j(m) \qquad （5-17）$$

其中，$\hat{T}_j(m)$ 是基于当前帧剩余位数的目标位数，通过利用第 j 帧的第 m 个单元的总比特预算、第 j 帧的剩余像素数和第 j 帧中第 m 个单元的像素数计算得到；$\tilde{T}_j(m)$ 是基于缓冲区状态的目标位数，通过利用第 j 帧中第 m 个单元的像素数、一帧中剩余的单元数、每像素位的平均比特率和帧中虚拟缓冲区的占用计算得到；η 是一个 0 到 1 之间的占比常数，这里设置为 0.5。

5.2.3 R-λ 模型码率控制算法

R-λ 模型码率控制算法最早在 HM–8.0 上被实现，与 HM–8.0 原有码率控制算法性能对比，由于在率失真性能和码率控制精度上都有较大的提高，因此被应用到 HM–9.1 及之后版本上。根据之前在 JCTVC–I0426 中的调查，在确定比特率时，λ 比 QP 更重要，λ 的调整可以更精细。为此，JCTVC–K0103 提案建议将码率与拉格朗日乘子之间的关系建立起来。R-λ 模型码率控制算法主要根据各层级的视频特性和总比特预算分配各层级的目标比特，再利用 R 与 λ、λ 与 QP 之间的关系来计算出各层编码单元的 QP，进而对比特分配实现有效的控制。

（1）码率模型

R-λ 模型码率控制将建立 R 与 λ 之间的关系。频编解码专家们已经提出了几种类型的 R–D 模型，这些模型可以表示 R 和 D 之间的关系。一种典型的 R–D 模型是指数函数，如公式（5–18）所示。Li Bin 等[12] 通过双曲线函数对 R–D 进行建模，提出了公式（5–10）所示的 R–D 模型，该模型可以更好地描述HEVC的率失真性能。

$$D(R) = Ce^{-KR} \tag{5-18}$$

其中，公式（5-10）中C和K是与视频特性相关的模型参数；R用每像素比特数来表示。以双曲模型为基础进行推导后，得到如公式（5-11）所示的λ域的码率控制模型。

公式（5-11）中，α和β是与视频源特性相关的参数，其初始值分别为3.2003和–1.367。值得注意的是，α和β的初始值并不重要，因为它们会随着编码不断更新。在对一个LCU或一张图片进行编码后，利用实际的编码$Rreal$值和实际使用的$\lambda real$值来更新模型的α和β值，其更新公式如（5-19）～（5-21）所示：

$$\lambda_{comp} = \alpha_{old} \times \beta_{real}^{\beta_{old}} \tag{5-19}$$

$$\alpha_{new} = \alpha_{old} + \delta_{\alpha} \times (\ln \lambda_{real} - \ln \lambda_{comp}) \times \alpha_{old} \tag{5-20}$$

$$\beta_{new} = \beta_{old} + \delta_{\beta} \times (\ln \lambda_{real} - \ln \lambda_{comp}) \times \ln R_{real} \tag{5-21}$$

其中，$\delta\alpha$和$\delta\beta$是与实际的编码R有关的常数，作用是调整上式收敛速度。JCTVC-K0103提案提出了用λ确定QP值的方法，以确保能尽量达到最佳性能。公式（5-22）是λ和QP的关系表达式。

$$QP = 4.2005 \ln \lambda + 13.7122 \tag{5-22}$$

为了保持各层级视频质量的一致性，λ以及确定的QP值都将被限制在一个较小范围内。

量化参数QP的取值范围在0～51之间的整数，因此需要将QP转换成整数的形式。另外，为了防止视频质量波动过大，早在JCTVC-K0103提案时就对帧层和LCU层的λ和QP进行了同一层级和相邻范围内的限制。帧层的限制公式如（5-23）～（5-26）所示：

$$\lambda_{lastSameLevel} \times 2^{\frac{-3.0}{3.0}} \leq \lambda_{currPic} \leq \lambda_{lastSameLevel} \times 2^{\frac{3.0}{3.0}} \tag{5-23}$$

$$\lambda_{lastPic} \times 2^{\frac{-10.0}{3.0}} \leq \lambda_{currPic} \leq \lambda_{lastPic} \times 2^{\frac{10.0}{3.0}} \tag{5-24}$$

$$QP_{lastSameLevel} - 3 \leq QP_{currPic} \leq QP_{lastSameLevel} + 3 \tag{5-25}$$

$$QP_{lastPic} - 10 \leq QP_{currPic} \leq QP_{lastPic} + 10 \tag{5-26}$$

LCU 层的限制条件由如下公式（5-27）~（5-30）给出：

$$\lambda_{lastLCU} \times 2^{\frac{-1.0}{3.0}} \leq \lambda_{currLCU} \leq \lambda_{lastLCU} \times 2^{\frac{1.0}{3.0}} \qquad （5-27）$$

$$\lambda_{lastPic} \times 2^{\frac{-2.0}{3.0}} \leq \lambda_{currLCU} \leq \lambda_{lastPic} \times 2^{\frac{2.0}{3.0}} \qquad （5-28）$$

$$QP_{lastLCU} - 1 \leq QP_{currLCU} \leq QP_{lastLCU} + 1 \qquad （5-29）$$

$$QP_{currPic} - 2 \leq QP_{currLCU} \leq QP_{currPic} + 2 \qquad （5-30）$$

值得注意的是，当前帧的 λ 为所有 LCU 的 λ 的几何平均值求得，当前帧的 QP 为所有 LCU 的 QP 的算术平均值求得。

（2）比特分配

R-λ 模型码率控制的第二个步骤是目标比特分配，分别在 GOP 层、帧层和基本编码单元层这三个级别分别进行目标比特分配，计算公式如式（5-31）~（5-36）所示。

视频序列第一帧所需分配的比特需要首先考虑，后续的编码质量和效率会在很大程度上受到第一帧质量的影响。在实际应用中，研究人员会采用一些先验知识对第一帧的编码参数进行设定。第一帧由于缺乏必要的先验信息很难预测所需比特，为了保证视频质量，通常采取给第一帧多分配比特的策略，首先定义平均每帧比特，其中 R_{tar} 为目标比特，f 为帧率。

$$R_{PicAvg} = \frac{R_{tar}}{f} \qquad （5-31）$$

对于 GOP 级的比特分配，一般来说每个 GOP 所分配的比特应该是一样的，但是由于实际编码的比特和目标比特总是有差异，GOP 级比特分配引入滑动窗口 SW 来消除每个 GOP 的实际编码比特与目标比特的误差，每个 GOP 所分配的比特计算如式（5-32）：

$$T_{GOP} = \frac{R_{PicAvg} \times (N_{coded} + SW) - R_{coded}}{SW} \times N_{GOP} \qquad （5-32）$$

公式中 R_{picAvg} 为平均每帧比特，经过化简得出的 $R_{picAvg} \times N_{coded} - R_{coded}$ 为误差项，需要以长度 SW 进行修正。

对于帧级比特分配，定义 T_{GOP} 为当前 GOP 目标比特，$Coded_{GOP}$ 为当前 GOP 已消耗比特，ω 为当前 GOP 中每帧图片比特分配权重，于是当前帧所分配的比特计算如式（5–33）：

$$T_{pic} = \frac{T_{GOP} - Coded_{GOP}}{\sum_{AllNotCodedPics} \omega_{Pic}} \times \omega_{currPic} \quad （5–33）$$

其中，需要注意的是，I 帧所分配的比特是由 bpp（bits per pixel）决定的。

对于 CTU 级比特分配，类似于帧级比特分配策略，每个 CTU 所分配到的比特通过式（5–34）计算：

$$T'_{CTU} = \frac{T_{currPic} - Bit_H - Coded_{pic}}{\sum_{AllNotCodedPics} \omega_{CTU}} \times \omega_{currCTU} \quad （5–34）$$

其中 Bit_H 为所有头信息编码所需比特，由对应已编码帧所用比特预测得到。$\omega_{CurrLCU}$ 为每个 CTU 码率分配权重，由属于同一层级的已编码帧对应位置的 CTU 的预测误差（原始和预测信号的 MAD）计算得到。

$$MAD = \frac{1}{N} \sum_{i=1}^{N-1} |P_{pre} - P_{ori}| \quad （5–35）$$

式（5–35）中 P_{per} 和 P_{ori} 分别为预测图像和原始图像的像素值，N 为像素数量。

5.2.4 R-λ 模型码率控制算法 I 帧补充

为了更好地控制编码帧内的速率分配，在 R–λ 模型中另外考虑了当前帧（CTU）的复杂度测度 C，如式（5–36）所示：

$$\lambda = \alpha \times \left(\frac{C}{R_{target}}\right)^{\beta} \quad （5–36）$$

通过拟合一些自然图像的统计量，计算模型参数 α 和 β。QP 值使用 λ 值计算，如公式（5–22）中所述。

目前在 HEVC 和 VVC 中，此方案仅用于码率控制的第一帧（I 帧）。

5.3 GOP 级码率优化

GOP 级比特分配是码率控制循环的第一步，对码率控制性能有很大的影响。F. Song 提出一种适应 R–λ 的 GOP 级码率分配算法[14]。

HEVC 参考软件中的 λ 域速率控制算法试图通过将固定大小的滑动窗口来平滑 GOP 级比特分配。该方案仍然存在两个主要问题。第一个问题是编码器缓冲器占用率在一个帧内周期中编码第一 GOP 之后呈指数下降，并且在完成整个帧内周期的编码时不能下降到零。因此，RA 配置将带来三个负面影响：缓存占用率高，帧内比特波动大，比特率误差大。第二个问题是，在一个刷新周期中，不包含 I 帧的 GOP 的分配比特逐渐增长。这与 LD 配置的速率控制要求的均匀 GOP 比特消耗相冲突。

为了解决提出的问题，F. Song 从两个角度出发：

1）在对每个帧内周期进行编码之后，编码器缓冲器占用率应当降低到零；

2）在一个帧内周期中不包含 I 帧的 GOP 应该被分配相同数量的比特。

为此，作者设计了一个新的分配方案，如公式（5–37）所示：

$$T_{GOP}(i) = (R_{PicAvg} - \frac{V(i)}{N_{PicRem\_IP}}) \times N_{GOP} \qquad (5-37)$$

式中 i 表示当前帧内周期中的第 i 个 GOP（i 从 0 开始），并且 N_{PicRem_IP} 是当前刷新周期中剩余的图片的数量，被计算为（5–38）：

$$N_{PicRem\_IP} = (n - i) \times N_{GOP} \qquad (5-38)$$

不包含 I 帧的 GOP 的分配比特在一个刷新周期内是均匀的，符合 LD 配置的 CBR 要求。

在 HM–16.9 码率控制之上实现了该方法。从比特率误差、RD 性能、缓冲区占用和比特波动角度评估所提出的方法。使用指定的 RA 主配置和 LD 主配置进行实验，启用 CTU 级别速率控制。

结果表明，在没有增加编码复杂度的情况下，有效减少所需的缓冲区大小和传输延迟，有效提高码率控制精度。

5.4 帧级码率优化

HEVC编码器采用新的基于R-λ的速率控制模型来减少比特估计误差。然而，R-λ模型未能考虑帧内容复杂性，而最终降低比特率控制的性能。Hongwei Guo[15]在帧级提出了一种改进的R-D模型，该模型更充分地利用了编码帧的信息，在较低的码率失配率下达到了较高的精度。

该方案提出了一种在帧级精确更新R-D模型的方法，该方法充分利用了前一个GOP中编码帧的信息，实际λ、消耗的比特数和编码帧的失真。视频帧的R-D特性是进行帧级比特分配和精确码率控制的基础。

由率失真优化可得失真和码率关系，通过使用拉格朗日乘子方法将这样的约束优化问题转换为如公式（5-39）中所表达的无约束优化问题：

$$\min_{\{R_i\}}\left\{\sum_{i=1}^{N}D_i+\lambda_g\times\sum_{i=1}^{N}R_i\right\} \qquad (5-39)$$

D_i和R_i表示第i帧的失真和比特率。N是视频序列中的帧数。其中λ_g是所谓的全局拉格朗日乘子。

求解公式（5-39）中的最小化问题等价于将以下导数设置为零，如公式（5-40）所示：

$$\frac{\partial(\sum_{i=1}^{N}D_i+\lambda_g\times\sum_{i=1}^{N}R_i)}{\partial R_j}=0, j=1,2,...,N \qquad (5-40)$$

众所周知，由于视频编码中的帧间预测，D_i不仅与R_i相关，而且还与先前帧的所有重构质量相关。然而，由于当前编码帧的比特率仅由它自身的编码选项（包括编码模式、运动矢量、参考帧索引、量化参数和量化变换系数）决定的事实，帧之间的速率依赖性可以被忽略。因此，公式（5-40）可以重写如下：

$$\frac{\partial\sum_{i=j}^{N}D_j}{\partial R_j}=-\lambda_g, j=1,2,...,N \qquad (5-41)$$

通过将$\partial R_j/\partial D_j$乘以公式（5-41）的两边，我们得到公式（5-42）

$$\frac{\partial\sum_{i=j}^{N}D_i}{\partial R_j}\frac{\partial R_j}{\partial D_j}=-\lambda_g\frac{\partial R_j}{\partial D_j} \qquad (5-42)$$

考虑到式（5-11），得到式（5-43）

$$\left(1+\frac{\partial \sum\limits_{i=j+1}^{N} D_i}{\partial D_j}\right)=\frac{\lambda_g}{\lambda_j} \tag{5-43}$$

其中 λ_j 是帧级拉格朗日乘数。因此，视频序列的全局拉格朗日乘子与帧级拉格朗日乘子之间的关系表示为式（5-44）：

$$\lambda_j=\lambda_g \bigg/ \left(1+\frac{\partial \sum\limits_{i=j+1}^{N} D_i}{\partial D_j}\right)==\frac{\lambda_g}{1+k_j}\triangleq \varphi_j\lambda_g, j=1,2,...,N \tag{5-44}$$

其中，可以将 $k_j=\partial \sum_{i=j+1}^{N} D_i/\partial D_j$ 称为第 j 帧的传播因子，其指示视频编码中第 j 帧的失真对后续帧的影响。从（5-44）中我们可以看出，传播因子越大，帧级拉格朗日乘子将越小，反之亦然。传播因子 k_j 可以通过多遍编码来获得。

对第 j 帧进行编码的比特数可以从式（5-45）导出：

$$T_j=M\cdot\left(\frac{\lambda_j}{C_jK_j}\right)^{\frac{1}{K_j+1}}=M\cdot\left(\frac{C_jK_j}{\varphi_j\lambda_g}\right)^{\frac{1}{K_j+1}}\triangleq M\cdot\left(\frac{a_j}{\varphi_j\lambda_g}\right)^{b_j}, j=1,2,...,N \tag{5-45}$$

其中 $a_j=C_jK_j$、$b_j=1/(K_j+1)$ 和 M 表示帧中的像素数。速率 R 是根据 R-λ 模型中的 bpp 来测量的，T 是比特数。因此，公式（5-45）的右侧乘以 M。到目前为止，全局拉格朗日乘子 λ_g 仍然未知。在速率控制的情况下，对视频序列中的所有帧进行编码所消耗的比特数的总和应当等于视频的总比特预算。因此，有式（5-46）：

$$\sum_{j=1}^{N} T_j=T \tag{5-46}$$

其中 T 表示总比特预算，由式（5-31）得到，综合式（5-45）和式（5-46），有式（5-47）：

$$M \cdot \sum_{j=1}^{N} \left(\frac{a_j}{\varphi_j \lambda_g} \right)^{b_j} = T \qquad (5-47)$$

然而，不可能在单遍编码中求解等式（5-47）以找到λ_g，因为不能预先获得视频中所有帧的R–D模型参数。当前GOP中所有帧的R–D模型参数和当前GOP的比特预算可以在前一GOP被编码之后获得。因此，用于发现λ_g的折表最优公式可以存在于GOP级别，如公式（5-48）所示，

$$M \cdot \sum_{i=1}^{N_{GOP}} \left(\frac{a_i}{\varphi_i \lambda_g} \right)^{b_i} = T_{GOP} \qquad (5-48)$$

当前GOP中的第一帧被编码之后，由于实际消耗的比特数与第一帧的比特预算之间的差异，剩余三帧的比特预算需要重新分配，并且当前λ_g将不再对后续帧有效。因此，在当前GOP中的第二帧被编码之前，式（5-49）被用于重新计算剩余帧的GOP级拉格朗日乘数和比特预算。

$$\begin{cases} M \cdot \sum_{i=2}^{N_{GOP}} \left(\frac{a_i}{\varphi_i \lambda_g'} \right)^{b_i} = T_{GOP} - Coded_1 \\ \\ T_i = M \cdot \left(\frac{a_i}{\varphi_i \lambda_g'} \right)^{b_i} \quad , i = 2,3,4 \end{cases} \qquad (5-49)$$

其中$Coded_1$是第一帧消耗的实际比特数，而（$T_{GOP}-Coded_1$）表示当前GOP的剩余比特预算。类似地，在对第三帧进行编码之前重复上述步骤。以这种方式，可以实现用于速率控制的最佳帧级比特分配。

测试序列Cactus下，该方法的BD-rate节省高达6.7%，并且在没有速率控制的HM-16.7默认锚上，整体BD-rate节省达到3.7%。此外，在LDB配置的情况下，可以发现类似的比较结果。

5.5 CTU级码率优化

传统码率控制算法根据计算得到的视频信息差异程度来分配目标码率，在使用R-λ码率控制模型确定目标比特分配的过程中，CTU的权重是通过MAD计算得出的，MAD代表原始图像和预测图像之间的误差。这种

方法没有考虑到360度视频的特殊性。360度视频是通过投影变换映射到二维平面的，在这过程中，不同区域的视频可能会有不同的失真。此方案利用CTU信息熵和ERP投影权重来预测编码的失真程度，通过提高含有较多信息量CTU的码率并且降低含有较少信息量CTU的码率来提升编码效率。

对于CTU级码率控制，传统算法是根据MAD分配目标比特，MAD是通过预测得到的，但是在图像内容剧烈变化或者场景变换的情况下，MAD的预测会出现较大的误差。侯岩[16]根据CTU级码率控制特性，设计了一种码率控制算法，最后根据权重对CTU实现比特分配。

给定的目标码率和视频自身的内容特性是影响码率分配性能的主要因素。目标码率已经被当前大多数的码率分配算法所考虑，因此本章通过考虑视频内容特征，提出一种新的CTU级码率分配方案，以提高编码性能。

CTU是VVC中编码单元的上级单元块，通常尺寸为128×128。当宏块纹理较为平滑时，它的灰度分布会集中在某个灰度值附近，此时该CTU的熵就会比较小。当宏块包含很多细致的纹理和丰富的图像细节时，它的灰度分布杂乱无章，相比于平滑块更为接近灰度均匀分布，因此其熵值比较大。

定义CTU信息熵的公式如（5–50）所示：

$$H_{CTU} = -\sum_{i=0}^{2^b-1} p_i \log_2 p_i \qquad （5-50）$$

其中p_i为灰度i出现的概率，b为该视频序列的位数，当b为8时，该8比特视频CTU熵的取值在0到8之间，当b为10时，该10比特视频的CTU熵值在0到10之间。由于360度视频常采用10比特编码，所以灰度值在0到1023之间。

对于传统R–λ码率控制模型，像素深度bpp是比特分配的关键参数，文献[17]引入了一个新的概念bpw（bits per weight）代替了bpp，这种方法能根据权重灵活地分配比特。

此方案根据信息熵的权重设计了CTU层级的比特分配，定义为T''_{CTU}。

T''_{CTU}的表达式如式（5−51）所示：

$$T''_{CTU} = (T_{Pic} - Bit_H) \cdot \frac{H'_{CTU}}{\sum_{AllCTUs} H'_{CTU}} \qquad （5-51）$$

上式利用ERP投影权重以及CTU信息熵设计了当前CTU的权值H'_{CTU}，分母与传统方案中未编码CTU权值不同，T_{Pic}为所有CTU权值的和。为一帧图像总比特数。由于在VVC中CTU的尺寸为128×128，为了省略像素遍历过程从而减小编码复杂度，取CTU竖直方向像素中点权重参与权值H'_{CTU}的计算。式（5−52）中为垂直方向CTU的序号，式（5−53）中h_{pos}为CTU左上角位置的纵坐标，由于360度视频测试序列的宽度均为128的整数倍，因此p为整数。

$$H'_{CTU} = H_{CTU} \cdot \cos((64 + 128(p-1) + 0.5 - \frac{N}{2}) \times \frac{\pi}{N}) \qquad （5-52）$$

$$p = \frac{h_{pos}}{128} \qquad （5-53）$$

最终的比特分配方案如式（5−54）所示。其中μ是权重系数，取值在0和1之间，初始值设置为0.5，这样既考虑了原始图像和预测图像之间的误差，又考虑到了帧信息量的分布情况以及ERP视频权重。

$$T_{CTU} = \mu \cdot T'_{CTU} + (1 - \mu) \cdot T''_{CTU} \qquad （5-54）$$

根据所得出的目标码率更新编码参数，在码率控制的模型中，根据式（5−11）λ与R之间的关系，即λ可由R通过α和β直接计算得到。但是α和β是与序列内容特性相关的参数，不同内容的值差异显著。使用式（5−55）和（5−56）计算帧和CTU的λ。

$$bpp_w = \frac{T_{CTU}}{N_{pi}} \qquad （5-55）$$

$$\lambda = \alpha bpp_w{}^{\beta} \qquad （5-56）$$

$$\alpha_{new} = \alpha + \delta_{\alpha} \times (ln\lambda_r - ln\lambda) \times \alpha \qquad （5-58）$$

$$\beta_{new} = \beta + \delta_{\beta} \times (ln\lambda_r - ln\lambda) \times lnbpp_w \qquad （5-59）$$

参数α和β对每帧和每个CTU都是不同的。为了实现内容自适应，α

和 β 会在编码过程中利用式（5-57）和式（5-58）不断更新。当 λ 确定后用式（5-59）来确定QP，其中 c_1 与 c_2 为常量参数。

$$QP = c_1 \times \ln \lambda + c_2 \qquad (5-59)$$

具体的流程如图5.7所示，所提出的CTU级码率控制算法考虑到了ERP视频的权重特性，在利用CTU信息熵的同时考虑到了CTU所在纬度位置的失真。此外，传统的依据内容复杂度分配比特的方式也被用于最终的码率控制算法中，这样可以保持码率的稳定性。

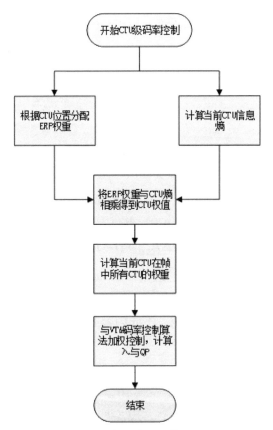

图5.7　该方案码率控制算法流程图

该方案的验证实验采用VTM4.0-360Lib-9.0中的Lowdelay配置文件进行编码，CTU尺寸为128×128，运行环境为Intel(R) Core(TM) i7-

7700@3.6GHz/Win7，内存为8GB，测试序列采用360度视频标准测试序列，基本QP分别为22、27、32、37。将VTM4.0中码率控制关掉，使用固定QP编码，得出编码后的码率，将它设为开启码率控制后的目标码率。实验中GOP大小默认设置为4。为了评估编码性能，采用视频编码专家组提供的表格计算得到的BDBR和BDWSPSNR来衡量码率和图像质量的关系。如果BDBR为负，则表示编码性能得到了提升，如果BDWSPSNR为正，则表示图像质量得到了提升。

根据表5.1中的结果，与标准算法相比，提出的算法在Lowdelay配置下BDWSPSNR平均提高了0.0387，BDBR平均下降了1.29%，编码时间增加了6.13%。序列ChairliftRide、序列SkateboardInLot、序列Balboa、序列Broadway和序列DrivingInCity编码性能提升较大，这是因为这些视频在低复杂度区域灰度分布更加集中，高复杂度区域灰度分布更加分散，这就导致了在低复杂度CTU熵值更低，在高复杂度CTU熵值更高，通过加权后的比特分配算法会导致低复杂度区域的比特分配较少，虽然会降低该部分的质量，但是这种平坦区域对视频的影响较小，高复杂度区域的比特分配较多，使用加权后比特分配算法会得到较大的比特补偿，由于该区域包含更多的纹理细节，所以提高比特分配对整体视频质量提升较大。

表5.1 该方案与VTM4.0在Lowdelay配置下结果比较

类别	序列	BDBR (%)	ΔTS(%)	BDWSPSNR (dB)
8K	ChairliftRide	−3.07	17.75	0.0988
	GasLamp	0.05	11.22	−0.0019
	Harbor	−0.93	15.5	0.0353
	KiteFlite	−1.27	3.18	0.0570
	SkateboardInLot	−2.92	12.68	0.0761
	Trolley	0.15	3.57	−0.0074
6K	Balboa	−1.62	−0.44	0.0522

类别	序列	BDBR (%)	ΔTS(%)	BDWSPSNR (dB)
6K	BranCastle2	−0.96	3.53	0.0310
	Broadway	−2.68	3.37	0.0844
	Landing2	−0.94	1.47	0.0212
4K	AerialCity	−0.66	4.44	0.0104
	DrivingInCity	−1.91	6.59	0.0482
	DrivingInCountry	−1.07	1.84	0.0276
	PoleVault	−0.26	1.1	0.0088
平均		−1.29	6.13	0.0387

表5.2中的结果展示了在Randomaccess配置下本章算法的结果。与VTM相比，算法BDBR平均降低了0.66%，BDWSPSNR平均提高了0.0205，编码时间仅平均增加了1.8%。性能表现较好的序列与Lowdelay配置下的相同，而平均性能提升相比较少，编码时间损失也更少。从图5.8中可以看出，该算法性能均优于VTM4.0，该算法生成的重建视频质量也有提升。

表5.2 本章提出方法与VTM4.0在Randomaccess配置下结果比较

类别	序列	BDBR (%)	ΔTS(%)	BDWSPSNR (dB)
8K	ChairliftRide	−1.14	2.52	0.0384
	GasLamp	−0.25	2.14	0.0114
	Harbor	−0.78	3.16	0.0309
	KiteFlite	−0.45	1.29	0.0214
	SkateboardInLot	−1.2	2.77	0.0332
	Trolley	−0.12	0.48	0.0075
6K	Balboa	−0.72	1.02	0.0234
	BranCastle2	−0.67	2.24	0.0224

续表

类别	序列	BDBR (%)	ΔTS(%)	BDWSPSNR (dB)
6K	Broadway	−0.86	1.35	0.0278
	Landing2	−0.65	0.75	0.0147
4K	AerialCity	−0.56	1.61	0.0089
	DrivingInCity	−1.07	1.85	0.0256
	DrivingInCountry	−0.44	1.86	0.0124
	PoleVault	−0.26	2.17	0.0082
平均		−0.66	1.80	0.0204

　　该优化算法充分考虑CTU灰度分布与复杂度之间的相关性，利用CTU信息熵与ERP投影权重，设计了比特分配的权值，根据当前CTU在图像帧权值的比重分配码率。该算法在ERP视频中效果更为显著，ERP视频有两极区域拉伸的特性，这导致了两极区域灰度分布更为接近，信息量较少，而在赤道区域ERP视频图像的灰度分布较为杂乱无章，因此信息量比两极区域大得多。本章算法与ERP视频信息量分布特征相适应，有效地提高了编码性能。图5.9展示了本章算法与VTM4.0主观质量的比较，在图5.9(b)中，楼顶的标牌与右侧的云朵纹理层次更清晰。

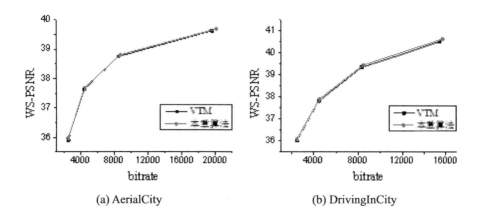

(a) AerialCity　　　　　　　(b) DrivingInCity

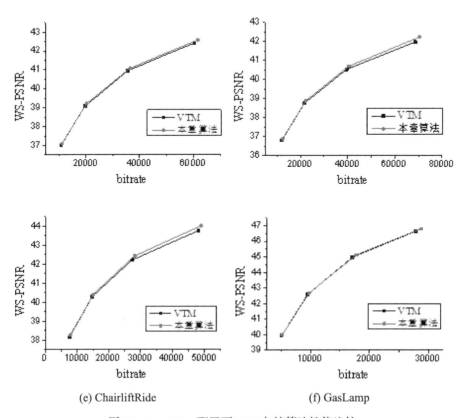

(e) ChairliftRide   (f) GasLamp

图5.8　Lowdelay配置下VTM与该算法性能比较

(a) VTM4.0开启码率控制

(b) 所提出算法

图5.9　序列 DrivingInCity 主观质量比较

5.6 基于CTU复杂度的自适应QP偏移选择算法

在HEVC中，可以通过调整QP来控制输出码率和重建质量以提高编解码器的率失真性能。针对360度视频设计的许多QP偏移选择算法都是基于纬度或ERP权重图的，这些算法无法很好地适应赤道区域存在平坦块或两极区域存在复杂块的情况。杨柯[18]设计了一种度量CTU复杂度的新指标，提出了一种基于CTU复杂度的自适应QP偏移选择算法以改善量化过程。根据复杂度将CTU分为五个级别，为每个级别确定不同的QP偏移值，通过改善感兴趣区域的质量并减少平坦区域的码率来提高编码性能。

5.6.1 360度视频图像分析及复杂度计算

在编码360度视频的过程中，为了针对不同复杂度的区域进行差异性优化，很多算法都采用了按照纬度将视频图像固定划分为赤道和两极区域[19-24]。需要指出的是，随着360度视频种类的不断增加，视频场景越来越复杂[25]，使用固定纬度划分视频图像难以适应不同类别的视频序列。

在一些视频序列的高纬度区域仍然存在大量的复杂纹理，而在低纬度区域存在大量的平坦区域。因此，仅依据纬度来对视频图像进行分区存在明显的局限性，需要寻找一种更准确的图像复杂度描述指标。

（1）投影图像分析

经过ERP格式投影后的360度视频图像往往存在大量的平坦区域，如图5.10示例。这是由于一方面360度视频中常常有大量天空、地面、水面等背景区域，这类区域的一般比较平坦；另一方面，球形视频在ERP投影过程中，靠近上下两极的区域需要进行大量的数据内插，区域拉伸程度大，具有大量的冗余数据。随着360度视频场景越来越多样，纹理复杂区域在图像中的分布不再集中于低纬度区域，尤其是中纬度区域出现了大量纹理复杂块，导致了360度视频图像的复杂度划分界限产生模糊。

（a）AerialCity　　　　　　　（b）DrivingInCountry

（c）Balboa　　　　　　　（d）Landing2

图5.10　ERP格式投影后的360度视频图像

在360度视频序列中，相同类型视频序列的场景结构较为相似，但是不同类型视频序列的场景结构存在较大差异。例如场景为在城市中行车的几个视频序列的场景结构基本相同，但是却与场景为跳伞或玩滑板等视频序列的场景结构完全不同，导致视频图像中平坦区域和复杂区域的分布也存在较大差异。因此，使用同质化的视频图像区域划分标准不能适应不同类别视频序列的视频特点。在图5.11中，展示了在ERP格式投影下的常见360度视频图像划分方法。从图中可以看出，红色A、红色B、红色E和黄色J区域纹理简单，像素大面积相似，而其余区域内的情况都比较复杂。例如红色C和黄色H区域内均有大面积平坦的情况，黄色F区域内纹理较为复杂以及红色D和黄色E区域有小部分纹理复杂和感兴趣区域，同时也存在大面积平坦的情况。因此，仅以纬度对视频图像区域划分存在明显局限性，在CTU级进行分类更为有效。

（a）AerialCity　　　　　　　　　　　（b）Landing2

图5.11　常见360度视频图像划分方法

（2）CTU复杂度计算

图像中的像素存在很强的空域相关性，尤其在360度视频图像中，靠近上下两极的区域需要进行大量的数据内插，区域拉伸程度大，像素在横向上的相关性更大。因此，可以利用当前像素与相邻像素（左上像素，上方像素，左方像素）之间的相关性来计算纹理复杂度。在图像处理方法中，梯度反映了像素之间的关系特性[26]。图像的梯度定义为如式（5–60）～（5–62）所示：

$$\text{Grad}(x,y) = |\text{d}x(i,j)| + |\text{d}y(i,j)| \quad\quad (5\text{-}60)$$

$$\text{d}x(i,j) = p(i,j) - p(i,j-1) \quad\quad (5\text{-}61)$$

$$\text{d}y(i,j) = p(i,j) - p(i-1,j) \quad\quad (5\text{-}62)$$

在图像处理中，梯度通常用于边缘检测[27]，渐变的方向指向图像变化块的方向。梯度反映了块内像素的波动范围并突显像素的跳变。因此，可以通过计算CTU的梯度来表达块的纹理复杂度。针对上文中所述的在ERP投影下360度视频图像特点，本方案提出以下两个公式（5-63）和式（5-64）分别计算高纬度区域和低纬度区域的CTU复杂度：

$$T_p = \sum_{j=2}^{H}\sum_{i=2}^{W}(\eta \mid p_{i,j} - p_{i,j-1} \mid + (1-\eta) \mid p_{i,j} - p_{i-1,j} \mid) \quad\quad (5\text{-}63)$$

$$T_e = \sum_{j=2}^{H}\sum_{i=2}^{W}(\mid p_{i,j} - p_{i,j-1} \mid + \mid p_{i,j} - p_{i-1,j} \mid + \mid p_{i,j} - p_{i-1,j-1} \mid) \quad\quad (5\text{-}64)$$

其中，W是CTU宽度，H是CTU高度，$P_{i,j}$为当前像素，$P_{i,j-1}$为上方像素，$P_{i-1,j}$为左方像素，$P_{i-1,j-1}$为左上方像素，η=h/Ĥ，h是每个CTU左上角的纵坐标值，是图像的高度。h的值在图像的两端定义为0，在中间定义为1000。由于靠近上下两极的区域拉伸程度更大，有必要对高纬度区域和低纬度区域进行区分。公式（5-63）和（5-64）分别用于计算高纬度区域和低纬度区域的CTU复杂度。在公式（5-63）中，CTU离两极越近，η值越小，对上方像素的参考越小；$1-\eta$值越大，对左方像素的参考越大。公式（5-64）加入了左上方像素的参考来更精确地计算出拉伸较小区域的CTU复杂度。

在图5.12中，展示了由三个视频序列（Gaslamp，Landing2，Harbor）截取出的一些CTU及其纹理复杂度值：（a）9965，（b）112277，（c）916，（d）155668，（e）351，（f）119680。从图和数据可以看出，总体平坦的CTU计算出的复杂度值较小，例如（c），（e）；纹理复杂和存在边缘的CTU计算出的复杂度值较大，例如（b），（d），（f）；纹理较为简单的CTU的复杂度值也可以较好地表示，而不会被视为平坦块，例如（a）。由此可见，公式（5-63）和（5-64）可以较好地区分每个CTU的纹理复杂度。

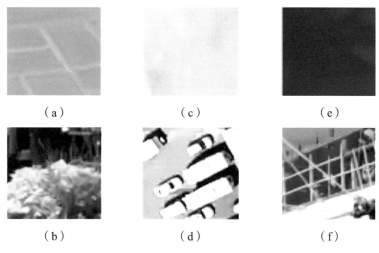

（a） （c） （e）

（b） （d） （f）

图5.12 64×64像素的CTU示例

5.6.2 基于CTU复杂度的自适应QP偏移选择算法

根据上文设计的CTU复杂度描述指标，本文设计了一种自适应QP偏移选择算法。根据复杂度将CTU分为五个级别，然后为每个级别确定不同的QP偏移值，可以较好地量化赤道区域存在的平坦块和两极区域存在的复杂块，有针对性地提高感兴趣区域的质量，降低平坦区域的码率，最终实现编码性能的提高。

（1）CTU级别分类

在360度视频图像中大面积区域纹理较为简单，例如天空、地面、水面等背景区域，而视频中的主要关注对象往往为纹理复杂的事物，根据复杂度进行视频图像区域划分再进行差异化处理有利于提高编码性能。通常，人眼可以分辨出的灰度级数约为16级。因此，先将CTU分为16个级别进行实验测试。然后根据实际实验情况调整分类区间，尽可能合并区间以降低编码复杂度。

利用公式（5–63）和（5–64），统计了16个测试序列中3帧视频的所有CTU的纹理复杂度。排除少量极端数据，采集的实验数据总量为334770个。利用多项式函数对数据进行拟合[28]，得到的数据分布统计图如图5.13所示。从图上可以看出，大量CTU具有较低的复杂度值，随着复杂度的增加，CTU的数量逐渐减少。

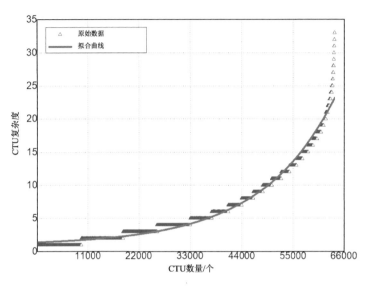

（a）4K视频序列采集数据

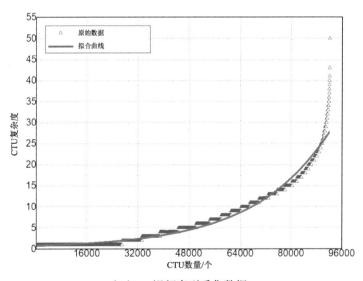

（b）6K视频序列采集数据

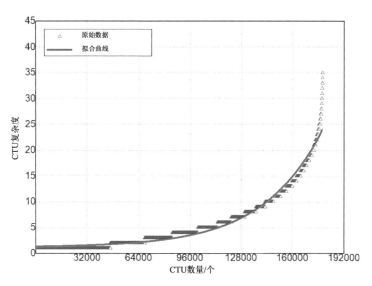

（c）8K视频序列采集数据

图5.13 CTU复杂度数据分布图

　　为了对CTU进行合理地分类，先等间隔选取拟合曲线横坐标，并将相应的纵坐标值作为初始的分类阈值。选择初始阈值后，反复测试所有视频序列，并根据实验结果调整分类区间的阈值。当设置等间隔的区间时，许多复杂度低的CTU被分到了中等复杂度的区间，复杂度高的区间中CTU数量极少。在不影响提出算法效果的前提下，逐渐合并分类区间减少判断次数以降低编码的复杂度。最后，获得最佳的区间阈值，将所有CTU分为五类。CTU分类区间和相应区间的CTU数量如表5.3所示。

表5.3 CTU级别分类

分辨率	CTU级别	分类区间	个数/个
4K	5	[0, 33750)	41170
	4	[33750, 45000)	10150
	3	[45000, 67500)	10130
	2	[67500, 112500)	10100
	1	[112500, 150000)	10290

续表

分辨率	CTU级别	分类区间	个数/个
6K	5	[0, 45000)	42550
	4	[45000, 67500)	10040
	3	[67500, 112500)	10320
	2	[112500, 157500)	10020
	1	[157500, 200000)	9850
8K	5	[0, 45000)	110390
	4	[45000, 90000)	33830
	3	[90000, 112500)	11550
	2	[112500, 202500)	11420
	1	[202500, 250000)	11960

如图5.14所示，将CTU级别分类图与ERP权重图进行比较。为了更好地展示提出算法的分类情况，图5.14（a）中为最初16个级别的效果图。从图中可以看出，ERP权重图只注重纬度的变化，越靠近两极的CTU级别越低。在利用ERP权重图设计的QP偏移选择算法中，将位于赤道区域的CTU进行QP负偏移来提升质量或不进行偏移保持质量，将位于两极区域的CTU进行QP正偏移来降低码率。因此，应用ERP权重图来进行QP偏移的算法无法适应赤道区域存在平坦块或两极区域存在复杂块的情况。然而，从CTU级别分类图中可以看到，在同一纬度下，不同复杂度的CTU都可以较好地区分开。图中亮度较高的区域均为视频中主要关注对象所处的区域，即感兴趣区域。

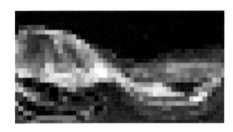 

图5.14 视频图像区域分类对比图

（2）基于CTU级别的QP偏移选择

由于QP的调整直接影响重构视频的质量，因此为了提高感兴趣区域的图像质量，应进行QP负偏移以分配更多的码率[29]。从CTU复杂度采集结果可以看出，级别4的CTU开始具有明显纹理，因此设定为感兴趣区域。本章算法为不同级别的CTU分配了连续性的QP偏移值，使感兴趣区域内的CTU进行精细量化，连续性的QP偏移值也避免了不同级别的CTU之间产生块效应。首先设置用于进行实验的初始QP偏移值，根据$QP_{base}=$22、27、32、37，将级别4设置为$QP_{offset}=-1$、-2、-3、-4，将级别3设置为$QP_{offset}=-2$、-3、-4、-5，将级别2设置为$QP_{offset}=-3$、-4、-5、-6，将级别1设置为$QP_{offset}=-4$、-5、-6、-7。然后重复实验测试所有视频序列并调整。感兴趣区域最终的结果如表5.4所示。

表5.4 感兴趣区域的QP偏移选择

CTU级别	$QP_{base}=22$	$QP_{base}=27$	$QP_{base}=32$	$QP_{base}=37$
1	−4	−5	−7	−8
2	−3	−4	−6	−7
3	−1	−2	−4	−5
4	0	−1	−3	−4

对于非感兴趣区域，即级别5的CTU，采用不同的QP偏移选择方法。球面投影到ERP平面后，由于各个纬度采用不同程度像素采样，存在不同像素冗余。在ERP投影下，可以用$1/\cos\theta$衡量不同纬度的像素冗余程度，$\theta\in[-\pi/2,\pi/2]$，表示图像的区域范围，上下部分分别对应$\pm\pi/2$。低纬度处$1/\cos\theta$较小，代表像素冗余较小，对应分配较小的量化步长；高纬度处$1/\cos\theta$较大，代表像素冗余较大，则设置较大的量化步长。所以量化步长Q_{step}为关于$1/\cos\theta$的函数，调节Q_{step}需要间接调节QP。在HEVC中，两者的关系及其变换形式分别为式（5-65）和式（5-66）：

$$QP_{step}=2^{\frac{QP-4}{6}} \tag{5-65}$$

$$QP=4+6\log_2(Q_{step}) \tag{5-66}$$

参照公式（5-66），将 QP_{offset} 设置为 $1/\cos\theta$ 的对数函数，提出公式（5-67）为非感兴趣区域的进行QP偏移选择：

$$QP_{\text{offset}} = \begin{cases} \text{round}\{4+2\log_{1/2}[\cos(\theta)]\}, & 2\log_{1/2}[\cos(\theta)]<11 \\ 11, & \text{其他} \end{cases} \quad （5-67）$$

其中，round($\cdot$) 表示四舍五入。考虑到 QP_{offset} 设置太大的会严重影响主观质量，通过反复测试调整将它设置为小于11。对于级别5的CTU，随着 $\cos\theta$ 减少，QP_{offset} 增加。这样就完成了非感兴趣区域的QP偏移选择。

5.6.3 实验结果及分析

为了验证所提出的基于虚拟现实视频压缩算法的可行性，我们将算法整合到HM16.20和360Lib-4.0中测试率失真性能和编码复杂度。实验平台的硬件设置为Intel(R) Core(TM) i7-7700 CPU @ 3.60GHz，内存为8GB。实验的主要编码参数为全I帧编码模式（All Intra Main10,AI-Main10），编码帧数为100帧，初始QP分别为22、27、32、37。为了评估该算法的综合编码性能，使用JVET提供的Excel表计算BD-rate来衡量码率与图像质量之间的关系。如果△BD-rate为负，则表示整体编码性能得到提高，并且以WMSE定义的WS-PSNR来测量图像质量，如下所示：

$$WS\text{-}PSNR = 10\log\left(\frac{MAX^2}{WMSE}\right) \quad （5-68）$$

$$WMSE = \sum_{i=0}^{width-1}\sum_{j=0}^{height-1} (y(i,j)-y'(i,j))^2 \cdot W(i,j) \quad （5-69）$$

$$W(i,j) = \frac{w(i,j)}{\sum_{i=0}^{width-1}\sum_{j=0}^{height-1} w(i,j)} \quad （5-70）$$

其中，MAX 是图像像素的最大值，$y(i,j)$ 和 $y'(i,j)$ 分别代表原始像素和重构像素，$W(i,j)$ 是标准化球体的权重比例因子。不同投影格式的权重比例因子的计算方法不同，上面提到了ERP投影的权重比例因子，则 $\Delta WS\text{-}PSNR$ 的计算如公式（5-71）：

$$\Lambda WS\text{-}PSNR = WS\text{-}PSNR_{\text{proposed}} - WS\text{-}PSNR_{\text{HM16.20}} \quad （5-71）$$

与原始代码的时间比较用 $\Delta Time$ false 来表示，计算方法如公式（5-72）：

$$\Delta Time = \frac{T_{proposed} - T_{HM16.20}}{T_{HM16.20}} \times 100\% \qquad (5\text{-}72)$$

本实验使用了 GoPro[30]，InterDigital[31]，Nokia[32] 和 Letin VR[33] 推荐的十六个标准测试序列对算法进行测试。为了质量评估的准确性，在编码之前将序列转换为低分辨率的 ERP 视频。对于 8K 和 6K 视频，编码大小为 4096×2048 像素，对于 4K 视频，编码大小为 3328×1664 像素。实验数据如表 5.5 所示。

表5.5　提出方法与HM16.20的比较结果

分辨率	视频序列	△ WS–PSNR/dB	△ BD–rate/%	△ Time/%
4K	AerialCity	0.24	−2.14	2.63
	DrivingInCity	0.19	−1.54	0.32
	PoleVault_le	0.48	−2.21	2.70
	DrivingInCountry	0.47	−1.68	1.62
6K	Balboa	0.35	−1.73	4.38
	BranCastle2	0.58	−1.90	6.73
	Broadway	0.31	−2.09	4.61
	Landing2	0.31	−1.46	4.43
8K	ChairliftRide	0.37	−0.44	6.92
	Gaslamp	0.27	−3.82	4.10
	Harbor	0.32	−2.61	3.83
	KiteFlite	0.54	−1.55	5.57
	SkateboardInLot	0.35	−3.06	3.32
	SkateboardTrick	0.41	−2.70	3.62
	Train_le	0.58	−2.30	3.70
	Trolley	0.67	−0.67	6.13
平均		0.40	−1.99	4.04

在表5.5中，实验结果表明与标准算法相比，提出算法的WS–PSNR提高了0.40dB，BD–rate平均降低了1.99%，编码时间仅增加了4.04%。序列Gaslamp、序列SkateboardInLot、序列SkateboardTrick和序列Harbor的编码性能得到了较大提升。这是因为这些视频的特点为低复杂度区域占整个视频内容的大部分，而在感兴趣区域中，级别1或2的CTU比重较大。这样，通过QP偏移选择后大面积纹理复杂度低的区域码率降低，图像的细节会丢失，从而失真增强，质量下降。但是，由于这些区域是平坦的，因此对重建视频质量的评估影响较小。反而，纹理复杂的区域因为得到了较大的负补偿，质量提升较大，图像整体的平均质量得到了提升。相比之下，序列Trolley、序列Landing2和序列DrivingInCity视频测试序列的编码性能提高较小，其原因是在上述三个序列中，纹理复杂度极高的区域较多，在QP偏移选择后码率增长过大，无法得到很好的平衡。图5.15展示出了不同序列的RD曲线比较。

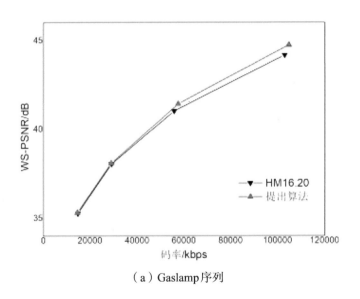

（a）Gaslamp序列

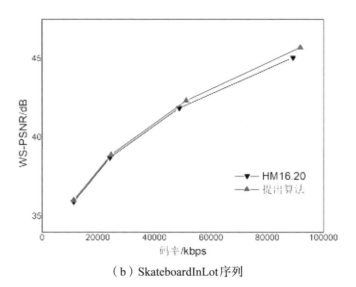

（b）SkateboardInLot序列

图5.15 本文提出算法和HM16.20的RD曲线比较

可以从图中看出，该算法在高比特率和低比特率下均优于编码框架HM16.20，表明该算法可以提高视频的重建质量。这是因为本章的算法充分考虑了虚拟现实360度视频的ERP投影格式特征以及当前360度视频的自适应QP研究的局限性。为级别1-4的CTU设置了较小的QP，该级别的纹理复杂，执行精细处理。为级别5的CTU设置了较大的QP进行粗略处理。与设置固定的QP值或带状QP进行量化相比，提出方法可以合理地量化360度视频图像内容。通过改善感兴趣区域的质量并减少平坦区域的码率，编码性能得以提高。

为了进一步证明本文提出算法的优越性，将本节中的方法与文献[21]和[22]中的方法进行了比较，结果如表5.6和表5.7所示。本文提出算法对相同序列在WS-PSNR和BD-rate方面均优于参考算法，可以获得更好的编码效果。这是因为与文献[21]和[22]中的算法相比，提出算法对不同复杂度的CTU适应性更强，对赤道区域的平坦块和两极区域的复杂块的量化更为合理。

表5.6　本文提出方法与文献[21]的比较结果

视频序列	△ BD–rate/%
Harbor SkateboardInLot SkateboardTrick Train_le	1.0
	−0.1
	−2.3
	−1.7
平均	−0.8

表5.7　本文提出方法与文献[22]的比较结果

分辨率	视频序列	△ WS–PSNR/dB	△ BD–rate/%
4K	AerialCity	0.19	−2.34
	PoleVault_le	0.44	−0.51
6K	Balboa	0.24	−3.03
	BranCastle2	0.57	−0.70
	Broadway	0.27	−3.59
	Landing2	0.29	−1.96
8K	ChairliftRide	0.41	0.46
	Gaslamp	0.24	−4.72
	Harbor	0.31	−2.01
	KiteFlite	0.54	−0.35
	SkateboardInLot	0.30	−2.16
	Trolley	0.67	0.73
平均		0.37	−1.68

　　如上所述，本文提出算法可以显著地改善图像中感兴趣区域的质量。在此部分中，截取了几帧以展示主观质量，并放大细节以进行仔细比较。如图5.16和图5.17所示，展示了KiteFlite的第8帧和DrivingInCity的第4帧的解码图像。与HM16.20相比，本方案提出的算法可以改善图像中存在的块效应，从而使边缘和细节更加清晰。尽管从数据来看，序列

KiteFlite的提升效果并不明显，但人眼的视觉效果却很好。由于感兴趣区域（如广告牌上的文字和图形）更加精细，因此从主观评估来看图像的整体质量是提升的。在图5.17中，由于摄像机和汽车在移动，因此纹理的复杂区域进一步失真。黄框中的文字完全模糊，并且在HM16.20中产生明显的块效应。然而，在所提出的算法中，文字细节仍然可以被依稀识别，并且图像较为平滑。

(a) KiteFlite (HM16.20)

(b) KiteFlite（本文提出算法）

图5.16 KiteFlite的主观质量比较

(a) DrivingInCity (HM16.20)

(b) DrivingInCity（本文提出算法）

图5.17　DrivingInCity的主观质量比较

　　此外在大多数测试序列中，提出算法在较高码率段中的性能明显优于HM16.20，但是在较低比特率段中的性能提升较小。这表明本方案提出的自适应QP偏移选择算法在优化具有较高码率的视频时效果更好。

5.6.4 方案小结

本方案对虚拟现实360度视频中的QP选择问题进行了分析，讨论了当前QP选择算法存在的局限性。分析了虚拟现实360度视频图像纹理特性，对CTU的复杂度进行了描述。针对ERP投影格式的特点和当前QP偏移选择问题中存在的局限性，设计了一种衡量CTU复杂度的新指标，提出了一种基于CTU复杂度的自适应QP偏移选择算法以改善量化过程。利用梯度计算CTU的纹理复杂度，并且根据其复杂度将CTU分为五个级别，然后为每个级别确定不同的QP偏移值。通过改善感兴趣区域的质量并减少平坦区域的码率来提高编码性能。实验结果表明，与最新的HM16.20参考模型相比，本文提出的算法能够获得0.40dB的WS-PSNR提高，1.99%的BD-rate节省，编码时间仅增加了4.04%，并且视频图像中感兴趣区域的质量有了显著提高。

参考文献

[1]李娟. H.265/HEVC帧内编码算法研究[D]. 杭州：杭州电子科技大学，2015.

[2]Mao Y, Wang M, Wang S, et al. High Efficiency Rate Control for Versatile Video Coding Based on Composite Cauchy Distribution [J]. IEEE Transactions on Circuits and Systems for Video Technology, 2022, 32(4): 2371-2384.

[3]郭红伟，朱策，刘宇洋. 视频编码率失真优化技术研究综述[J]. 电子学报，2020，48（05）：1018-1029.

[4]Ribas-Corbera J, Lei S. Rate control in DCT video coding for low-delay communications[J]. IEEE Transactions on Circuits & Systems for Video Technology, 1999, 9(1): 172-185.

[5]Zeng H, Xu J, He S, et al. Rate Control Technology for Next Generation Video Coding Overview and Future Perspective[J]. Electronics, 2022, 11(23): 4052.

[6]Berger T. Rate‐distortion theory[J]. Wiley Encyclopedia of Telecommunications, 2003，42(1): 63-86.

[7]Ning Wang, Yun He. A new bit rate control strategy for H.264[C]. International Conference on Information Communications and Signal Processing. Beijing: IEEE Press, 2003: 1370-1374.

[8]Wei Ding, Bede Liu. Rate control of MPEG video coding and recording by ratequantization modeling[J]. IEEE Transactions on Circuits and Systems for Video Technology, 1996, 6(1): 12-20.

[9]ITU-T. Video coding for low bitrate communication[S]. USA: ITU-T Recommendation H.263, version 1, 1995, version 2, 1998, version 3, 2000.

[10]He Zhihai, Mitra S. K. A unified rate-distortion analysis framework for transform coding: a summary[J]. IEEE Circuits & Systems Magazine, 2003, 2(3): 46-49.

[11]He Zhihai, Mitra S. K. Optimum bit allocation and accurate rate control for video coding via ρ-domain source modeling[J]. IEEE Transactions on Circuits & Systems for Video Technology, 2002, 12(10): 840-849.

[12]Li Bin, Li Houqiang, Li Li, et al. λ domain rate control algorithm for high efficiency video coding[J]. IEEE Transactions on Image Processing, 2014, 23(9): 3841-3854.

[13]Choi H., Nam J., Yoo J., et al. Rate control based on unified RQ model for HEVC [R]. San José, CA, USA: Document JCTVC-H0213, February, 2012.

[14]F. Song, C. Zhu, Y. Liu, Y. Zhou and Y. Liu, et al. A new GOP level bit allocation method for HEVC rate control[C]; proceedings of the 2017 IEEE International Symposium on Broadband Multimedia Systems and Broadcasting (BMSB), F 7-9 June 2017, 2017[C].

[15]H. Guo, C. Zhu, S. Li and Y. Gao. Optimal Bit Allocation at Frame Level for Rate Control in HEVC [J]. IEEE Transactions on Broadcasting, 2019, 65(2): 270-81.

[16]侯岩. VVC下虚拟现实视频的多类型树及码率控制算法研究 [D].

北方工业大学，2021.

[17]Li S, Xu M, Deng X, et al. Weight-based R-λ rate control for perceptual HEVC coding on conversational videos[J]. Signal Processing: Image Communication, 2015, 38: 127-140.

[18]杨柯. 基于CTU复杂度的360度视频编码优化算法研究[D]. 北方工业大学，2021.DOI:10.26926/d.cnki.gbfgu.2020.000631.

[19]F. Racape, F. Galpin, G. Rath, E. Francois. AHG8: Adaptive QP for 360 Video Coding [R], Joint Video Exploration Team of lTU-T SG16 WP3 and ISO/IEC JTC1/SC29/WG11 JVET-F0038, 2017.

[20]Y. Sun, L. Yu. Coding optimization based on weighted-to-spherically-uniform quality metric for 360 video [C]. IEEE Visual Communications and Image Processing (VCIP), 2017:1-4.

[21]Y. Li, J. Xu, Z. Chen. Spherical domain rate distortion optimization for 360 degree video coding [C]. IEEE International Conference on Multimedia and Expo (ICME), Hong Kong, 2017:709-714.

[22]M. Zhang, J. Zhang, Z. Liu, C. An. An efficient coding algorithm for 360-degree video based on improved adaptive QP Compensation and early CU partition termination [J], MULTIMEDIA TOOLS AND APPLICATION, 2019, 78(1):1081-1101.

[23]M. Zhang, J. Zhang, Z. Liu, et al. Fast Algorithm for 360-degree Videos Based on the Prediction of CU Depth Range and Fast Mode Decision [J]. KSII Transactions on Internet and Information Systems, 2019, 13(6):3165-3181.

[24]X. Guan, X. Dong, M. Zhang, Z. Liu. Fast Early Termination of CU Partition and Mode Selection Algorithm for Virtual Reality Video in HEVC [C]. Data Compression Conference (DCC), 2019:576-576.

[25]F. Duanmu, E. Kurdoglu, Y. Liu, Y. Yang. View Direction and Bandwidth Adaptive 360 Degree Video Streaming using a Two-Tier System [C]. IEEE International Symposium on Circuits and Systems, 2017:1-4.

[26]刘航帆, 熊瑞勤, 赵菁, 李宏明, 马思伟, 高文. 基于图像梯度的无线软传输[J]. 计算机学报, 2019, 9: 1905–1917.

[27]Y. He, L. Ni. A Novel Scheme Based on the Diffusion to Edge Detection [J], IEEE TRANSACTIONS ON IMAGE PROCESSING, 2019, 28(4): 1613–1624.

[28]Chevallier, N. Zhou, J. Cercueil, J. He, R. Loffroy, Y. Wang. Comparison of tri–exponential decay versus bi–exponential decay and full fitting versus segmented fitting for modeling liver intravoxel incoherent motion diffusion MRI [J]. NMR IN BIOMEDICINE, 2019, 32(11).

[29]余芳, 安平, 严徐乐. 基于显著性信息和视点合成预测的 3D–HEVC 编码方法 [J]. 上海大学学报, 2019, 5: 679–691.

[30]Abbas, B. Adsumilli. AHG8: new GoPro test sequences for virtual reality video coding [R], Joint Video Exploration Team (JVET) of ITU–T SG 16 WP 3 and ISO/IEC JTC 1/SC 29/WG 11, 4th Meeting, document JVET–D0026, 2016.

[31]E. Asbun, Y. He, Y. Ye. AHG8: InterDigital test sequences for virtual reality video coding [R], Joint Video Exploration Team (JVET) of ITU–T SG 16 WP 3 and ISO/IEC JTC 1/SC 29/WG 11, 4th Meeting, document JVET–D0039, 2016.

[32]S. Schwarz, S. Aminlou. Tampere pole vaulting sequence for virtual reality video coding [R]. Joint Video Exploration Team (JVET) of ITU–T SG 16 WP 3 and ISO/IEC JTC 1/SC 29/WG 11, 4th Meeting, document JVET–D0143, 2016.

[33]W. Sun, R. Guo. Test sequences for virtual reality video coding from letinvr [R]. Joint Video Exploration Team (JVET) of ITU–T SG 16 WP 3 and ISO/IEC JTC 1/SC 29/WG 11, 4th Meeting, document JVET–D0179, 2016.

第六章 环路滤波优化

环路滤波（In-Loop Filtering）是提高编码视频主客观质量的有效工具。不同于图像增强等处理中的滤波技术，环路滤波是在视频编码过程中进行滤波，滤波后的图像用于后续图像的编码，即位于编码"环路"之中。环路滤波一方面提高了编码图像的质量，另一方面为后续编码图像提供了高质量的参考图像，从而获得更好的预测效果，提升编码效率。

6.1 VVC中的环路滤波方法

H.266/VVC仍采用基于块的混合编码框架，方块效应、振铃效应、颜色偏差及图像模糊等常见编码失真效应仍存在于采用 H.266/VVC 标准的压缩视频中。为了降低这类失真对视频质量的影响，H.266/VVC 主要采用了以下环路滤波后处理技术：亮度映射与色度缩放（LumaMapping with Chroma Scaling，LMCS）、去方块滤波（De-Blocking Filter，DBF）、样点自适应补偿（SampleAdaptiveOffset，SAO）、自适应环路滤波（AdaptiveLoop Filter，ALF）四种。其中LMCS通过对动态范围内信息重新分配码字提高压缩效率；DBF 用于降低方块效应；SAO用于改善振铃效应；ALF可以减少解码误差。DBF、SAO、ALF这3个模块在编码框架中的位置如图6.1所示。这3个滤波模块都处在编码环路中，对重建图像进行处理，并作为后续编码像素的参考使用。

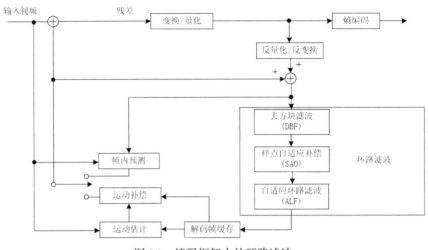

图6.1　编码框架中的环路滤波

新一代多功能视频编码H.266/VVC是基于块的编码系统，依旧采用与H.265/HEVC一样基于块的各种处理，这就会在块与块之间的连接处产生伪影，重建时因为像素的不连续会形成一条明显的分割线，这就是块效应。在VVC中对去块滤波器进行了几方面的改进，它是一种核心滤波器，并且作为第一滤波过程在编码标准中被广泛使用，它通过提升编码器对分块边界像素的滤波能力，来尽可能抑制块效应的发生。在量化过程中，使用较粗量化方式容易导致高频分量的损失，使重构后的像素值围绕真实的像素值上下波动，形成波浪形失真，这就是振铃效应。H.266第二个环路滤波器使用样本自适应补偿滤波，通过对样本值按照不同的类别增加不同的偏置值来降低图像在剧烈变化处产生的震荡。新标准新增自适应环路滤波为了进一步提升图像质量减少块变换带来的伪影效应。该方法是基于维纳滤波算法，从重建图像和原图像之间的差异角度出发，对不同块采用不同的滤波系数使得重建图像和原始图像的误差最小，最小化重构帧与原帧之间的失真。此外，新标准H.266/VVC在去块滤波器之前新增了亮度映射和色度缩放，以使进一步降低率失真误差[1]。下文对这些滤波过程进行具体的分析与介绍。

6.1.1 亮度映射与色度缩放

亮度映射与色度缩放是 H.266/VVC 新引入的编码工具，包括两部分：基于自适应分段线性模型的亮度映射，基于亮度的色度残差缩放。亮度映射应用于像素级，通过充分地利用亮度值范围及光电转换特性来提高视频的编码效率。色度缩放应用于色度块级，旨在补偿亮度信号映射对色度信号的影响。

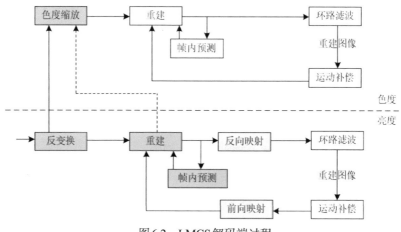

图6.2　LMCS解码端过程

解码端的LMCS框架结构如图6.2所示。图中下半部分表示LMCS的亮度映射相关过程，其中浅灰色模块表示亮度信号的前向映射（Forward Reshape）与反向映射（InversReshape）。前向映射的输入和反向映射的输出，与视频源亮度信号的光电特性一致，称为原始域信号。经过映射后，前向映射的输出和反向映射的输入，称为映射域信号。前向映射将原始域中的亮度信号映射到映射域，帧内预测、反变换等模块在映射域中进行，如图中的有色模块。反向映射将映射域亮度信号映射回原始域,环路滤波（DBF、SAO与ALF）运动补偿等模块在原始域中进行，并且在原始域中得到最终重建图像。如图6.2中的无颜色模块。图6.2中的上半部分表示LMCS的色度残差缩放相关过程，有色模块表示基干亮度的色度残差缩放模块，无颜色模块表示在原始域中的处理，包括环路滤波、运动补偿帧内预测等。

亮度映射的基本思想是在指定的位深下更好地使用允许的亮度值范围。通常，视频信号中所有允许范围的亮度值并不是都会被使用，如 ITU–R BT.2100–2[2]中规定 10 位视频的亮度值范围为[64,940]，0 ~ 63 和 941 ~ 1023 不允许用于视频信号。在编解码过程中，前向映射将范围[64,940]映射至[0,1023]，然后进行变换、量化等模块处理，可以有效利用 10 比特位深。再如，一个亮度范围较小的视频，也没有充分使用所有允许的亮度值。LMCS 的亮度映射就是为了充分利用允许的位深，将原始域亮度值映射到允许的亮度值范围。色度缩放的基本思想是补偿亮度信号映射对色度信号的影响。

在 H.266/VVC 中，色度分量的量化参数 QP 取决于相应的亮度分量，LMCS 可能会引起亮度值的变化，导致色度分量的 QP 被影响。色度缩放通过调整色度块内的色度残差来平衡这一影响。

（1）基于分段线性模型的亮度映射

在 H.266/VVC 中，前向映射函数 FwdMap 采用一个分段线性模型，反向映射函数 InvMap 为 FwdMap 的逆函数，可由 FwdMap 推导得到。在 FwdMap 分段线性模型中，根据视频源的位深将原始域的码值范围划分为 16 个相等的片段，如 10 位视频源的每个片段都被分配 64 个码字，分配给每个片段的码字数量由变量 OrgCW（当为 10 位视频源时，OrgCW=64）表示。变量 InputPivo[i] ($i=0,\cdots,15$) 表示原始域内各片段的边界点，有：

$$InputPivo[i] = i \cdot OrgCW \qquad (6-1)$$

映射域内各片段的边界点表示为 MappedPivot[i]，MappedPivot[$i+1$]– MappedPivot[i]的值就是映射域中第 i 个分段的亮度值个数，表示为 SignalledCW[i]。

假设 Y_{pred} 为一个原始域内 10 位深的亮度值，所属片段的索引 i 为 Y_{pred} >> 6，则映射域的亮度值 Y_{pred}' 为：

$$Y'_{pred} = \frac{\text{MappedPivot}[i+1] - \text{MappedPivot}[i]}{\text{InputPivot}[i+1] - \text{InputPivot}[i]} \cdot (Y'_{pre} - \text{InputPivot}[i]) - \text{MappedPivot}[i]$$

（6-2）

参数MappedPivot[i]在 aps_params_type设置为1（LMCS_APS）的自适应参数集中标识。

（2）色度缩放

在色度缩放模块中，前向缩放将原始域色度值转换到映射域，有：

$$C_{\text{ResScalce}} = C_{\text{Res}} \cdot C_{\text{Scale}} = C_{\text{Res}} / C_{\text{ScaleInv}}$$（6-3）

后向缩放将映射域色度值转换到原始域，有：

$$C_{\text{Res}} = C_{\text{ResScalce}} \cdot C_{\text{Scale}} = C_{\text{ResScalce}} / C_{\text{ScaleInv}}$$（6-4）

其中，$C_{\text{ResScalce}}$为映射域的色度值，C_{Res}为原始域的色度值，C_{Scale}为正向缩放时的缩放因子，C_{ScaleInv}为反向缩放时的缩放因子，C_{Scale}与C_{ScaleInv}互为倒数。色度缩放以TU为单位，同一个TU使用相同的缩放因子。缩放因子仍使用分段线性模型，片段数与亮度片段数一致，同一个片段中的缩放因子相同。

$$C_{\text{ScaleInv}}[i] = \frac{\text{InputPivot}[i+1] - \text{InputPivot}[i]}{\text{MappedPivot}[i+1] - \text{MappedPivot}[i] + \text{daltaCRS}}$$（6-5）

式（6-5）中，InputPivot[i]和MappedPivot[i]为亮度映射中的参数，色度缩放偏移量daltaCRS由自适应参数集（LMCS_APS）标识，i为所属片段的索引。计算当前块的上侧及左侧相邻块的重建亮度的平均值$\text{avg}Y'_r$，根据$\text{avg}Y'_r$亮度分段边界得到所属片段索引i。

6.1.2 去块滤波器

方块效应是指图像中编码块边界的不连续性，压缩重建图像有明显方块效应，严重影响图像的主观质量。造成方块效应的主要原因是各块的变换量化编码过程相互独立，因此，各块引入的量化误差及其分布特性相互独立，导致相邻块边界的不连续。此外，在运动补偿预测过程中，相邻块的预测值可能来自不同图像的不同位置，这样就会导致预测残差信号在块边界产生数值不连续的问题。另外，时域预测技术使得参考图像中存在的边界不连续可能会传递到后续编码图像。在H.264/AVC和H.265/HEVC标准中都使用了环路去方块滤波，编码环路中的滤波模块不仅可以改善滤波后重建图像的质量，而且滤波后重建图像作为时域预测参考可以提升后续编码的质量。它自适应地根据不同的视频内容、不同的编码方式选择不同强度的滤波参数，然后进行平滑处理。在H.265/HEVC的去方块滤波技术基础上，H.266/VVC有少量变化，例如，针对采用子块编码技术的子块边界进行滤波、针对大块亮度分量的长抽头滤波、针对色度分量的强滤波。

在VVC中，去块滤波器（Deblocking Filter，DBF）的整体过程与H.265相似，主要步骤为：（1）获取边界强度；（2）滤波开关决策；（3）滤波强弱选择；（4）亮度边界的强滤波和弱滤波；（5）色度边界的滤波。主要在以下几个关键点进行滤波器的改进：

（1）依赖重建像素平均亮度级的滤波强度

在HEVC中，去块滤波器的滤波强度由两个参数决定。并且平均量化参数QP_L用来生成这两个参数。在去块滤波器中为平均量化参数增加一个补偿偏移值来控制滤波强度，该偏移值定义为LL，该值可以决定平均亮度值。LL的推导公式如（6-6）所示。

$$LL = ((p(0,0)+p(0,3)+q(0,0)+q(0,3) >> 2)/(1 << bitDepth) \quad (6-6)$$

QP_L偏移值新增的qPL如公式(6-7)所示。

$$qPL = ((QpQ+QpP+1) >> 1)+qpOffset \quad （6-7）$$

其中qpOffset是偏移值，由LL决定，量化过程中的量化参数由QpQ和QpP分别表示。计算偏移值和均值亮度级的方法由相应代码进行控制。

（2）去块化tc表扩展并适应10位视频

在H.266中，最大量化值由51变为63，因此存储其值的容量器tc表也要进行合适的扩充，并且从8比特视频改为的10比特视频，新的tc表为：tc=[0,0,0,0,0,0,0,0,0,0,0,0,0,0,0,0,0,0,0,3,4,4,4,4,5,5,5,5,7,7,8,9,10,10,11,13,14,15,17,19,21,24,25,29,33,36,41,45,54,57,64,71,80,89,100,112,125,141,157,177,198,222,250,280,314,352,395]

（3）亮度使用更强的滤波器

当视频中一帧图像中边界的旁侧的块较大时，应用强解块滤波器进行滤波操作，较大的块指当前块垂直的两边的宽度或当前块水平的两边的高度的相邻块的大小大于或等于32时。双线性滤波的计算公式如下：

$$p'_i = (f_i \times Middle_{s,t} + (64-f_i) \times P_s + 32) >> 6 \qquad （6-8）$$

$$p'_i = Clip3 (p_i - tcPD_i, p_i + tcPD_i, p'_i), i = 0, \cdots, Sp-1 \qquad （6-9）$$

$$q'_j = (g_j - Middle_{s,t} + (64-g_j) \times Q_s + 32) >> 6 \qquad （6-10）$$

$$p'_i = Clip3 (p_i - tcPD_i, p_i + tcPD_i, q'_i), j = 0, \cdots, Sp-1 \qquad （6-11）$$

满足以下条件时，使用强解块滤波器：

条件1：边界任一侧像素符合较大的块的定义；

条件2：$(d < \beta)$? TRUE: FALSE；

条件3：StrongFliterCondition = ($apq < (\beta >> 2)$, $sp3+sq3 < (3 \times \beta >> 5)$) ($Abs (p0-q0) < (5 \times tC+1) >> 1$? TRUE: FALSE

（4）色度使用更强的滤波器

色度边界利用强滤波的条件需满足表6.1中的所有要求且在色度边界长度不小于8时。（1）块的边界的强度符合较大块的条件。色度边界强度如表6.1所示，当满足第5个条件时不会往下继续进行选择。条件（2）（3）分别和上一代标准H.265中的条件一致。

表6.1 色度边界强度

Priority	Conditions	Y	U	V
5	At least one of the adjacent blocks is intra	2	2	2
4	At least one of the adjacent blocks has non-zero transform coefficients	1	1	1
3	Absolute difference between the motion vectors that belong to the adjacent blocks is greater than or equal to one integer luma sample	1	N/A	N/A
2	Motion prediction in the adjacent blocks refers to vectors is different	1	N/A	N/A
1	Otherwise	0	0	0

色度强滤波计算公式如下：

$$p_2' = (3 \times p_3 + 2 \times p_2 + p_1 + p_0 + q_0 + 4) \gg 3 \qquad (6\text{-}12)$$

$$p_1' = (2 \times p_3 + p_2 + 2 \times p_1 + p_0 + q_0 + q_1 + 4) \gg 3 \qquad (6\text{-}13)$$

$$p_0' = (p_3 + p_2 + 2 \times p_1 + p_0 + q_0 + q_1 + 4) \gg 3 \qquad (6\text{-}14)$$

出于对 H.266/VVC 的帧内和帧间预测中增加了子块划分的考虑，对子块边界也要进行滤波，并且对更小 MVD 也进行去块滤波决策[3]。

6.1.3 样点自适应补偿

样点自适应补偿（Sample Adaptive Offset，SAO）用于解决由于高频分量丢失所带来的振铃效应。振铃效应是由于高频分量的丢失而带来的量化失真损失，失真表现是在边界产生上下浮动的像素点的表现，当进行划分的块尺寸越大，这种失真越明显。样点自适应补偿的根本原理就是对重建曲线中高于原始的像素点加上负值，使它尽可能靠近原始点，对高于原始的像素点加上正进行补偿值，如图6.3所示。

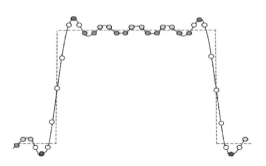

图6.3　振铃效应

样点自适应补偿以 CTB 为基本单位，补偿方式有三种：边界补偿、边带补偿和参数融合补偿技术。

（1）边界补偿

边界补偿模式根据当前像素点的位置，即图示中的 c 点，对比相邻两个像素值，即图示中的 a 和 b 点，比较它们三者之间的关系进行分类，相邻像素 a 和 b 的位置方向包括水平、垂直、135° 对角、45° 对角这四种方向，如图6.4所示。

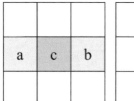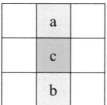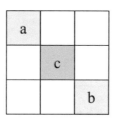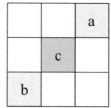

图6.4 四种分类方式

（2）边带补偿

在边带补偿模式中，按照像素值的大小，将像素划分为相同宽度的32个条带。对于10比特图像，像素值范围为 0 ~ 1023，条带的宽度为32。因此，对于第k个条带，像素值范围为 32k ~ 32k+31，将条带中重建像素值和原始像素值的差传递到解码端。为了降低复杂度，边带补偿模式只传递有限个偏置值。并且新增参数融合补偿技术来进一步降低码率。

6.1.4 自适应环路滤波

自适应环路滤波（Adaptive Loop Filtering，ALF）是VVC中新增在样点自适应补偿之后的滤波器。采用维纳滤波的概念，目标是使得真实图像和最终重建后的滤波的图像的MSE减小。在滤波器形状确认后，可以根据一系列对应方程公式得到对应的滤波值然后再选择所需要的选择滤波器。

（1）滤波器形状

在多功能视频编码中采用了如图6.5所示两种大小的滤波器结构。对亮度分量采用如图6-5左边的7×7大小的菱形，对色度分量采用如图6-5右边的5×5大小的菱形，滤波系数也在图中进行了说明。

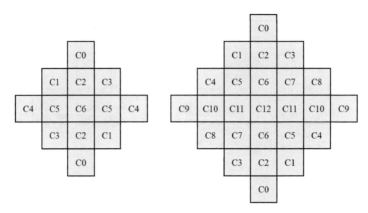

图 6.5　5×5 菱形滤波器与 7×7 菱形滤波器

（2）块分类

对亮度分量，所有 4×4 的块被分为 25 类，分类索引 C 通过与方向相关的参数 D 和量化后的活动值 A 共同得到，如公式（6-15）所示。

$$C = 5D + A \qquad (6-15)$$

首先用一维拉普拉斯公式得到水平方向的梯度值 g_1，垂直方向的梯度值 g_2，两个对角线方向的梯度值 g_3 和 g_4，然后便可以计算方向相关的参数 D 和量化后的活动值 A，计算公式如下：

$$g_1 = \sum_{K=i-2}^{i+3} \sum_{I=j-2}^{j+3} V_{k,l}, \quad V_{k,l} = \left| 2R(k, l) - R(k, l-1) - R(k, l+1) \right|$$

$$(6-16)$$

$$g_2 = \sum_{K=i-2}^{i+3} \sum_{I=j-2}^{j+3} H_{k,l}, \quad H_{k,l} = \left| 2R(k, l) - R(k-1, l) - R(k+1, l) \right|$$

$$(6-17)$$

$$g_3 = \sum_{K=i-2}^{i+3} \sum_{I=j-2}^{j+3} D1_{k,l}, \quad D1_{k,l} = \left| 2R(k, l) - R(k-1, l-1) - R(k+1, l+1) \right|$$

$$(6-18)$$

$$g_4 = \sum_{K=i-2}^{i+3} \sum_{I=j-2}^{j+3} D2_{k,l}, \quad D2_{k,l} = \left| 2R(k, l) - R(k-1, l+1) - R(k+1, l-1) \right|$$

$$(6-19)$$

其中角标 i 和 j 代表大小为 4×4 块所处的左上角的横纵坐标，$R(\cdot)$ 则代表在该位置重建后得到的样本值。

（3）滤波器系数和门限值几何变换

门限值的几何变换对滤波器及其系数设置了与梯度值相关的幅值。可以使使用了不同大小滤波器的块之间的相似性增加，通过添加几何变换调整方向。

对于亮度分量，对大小为4×4的块进行对角线变换操作、垂直翻转操作和旋转操作的几何变换，包括针对滤波器系数和对应门限值的判断，对滤波器区域和门限值做几何变换是为了使不同块的方向一致，计算公式如下：

斜对角 $\quad f_D(k, l)=f(l, k), c_D(k, l)=c(l, k)$ （6–20）

垂直翻转 $\quad f_V(k, l)=f(k, K-L-1), c_V(k, l)=c(k, K-L-1)$ （6–21）

旋转 $\quad f_R(k, l)=f(K-L-1, k), c_R(k, l)=c(K-L-1, k)$ （6–22）

如表6.2所示总结了几何变换与根据算法所得梯度值之间的关系。

表6.2 变换与梯度之间的关系

Gradient values	Transformation
gd2<gd1 and gh<gv	No transformation
gd2<gd1 and gv<gh	Diagonal
gd1<gd2 and gh<gv	Vertical flip
gd1<gd2 and gv<gh	Rotation

与ALF系数相比，因为没有对称约束CC–ALF系数具有更大的灵活性。这种灵活性是可取的，因为luma和色度样品的相对位置可以根据色度位置类型和色度格式而变化。但是，还强制执行了两个限制：

为了保持直流中性，CC–ALF系数值的和要求为零。因此，8个CC–ALF系数中只有7个需要在比特流中发出信号，而位置系数 (x_c, y_c) 在解码器上推导出 {0, 1, 2, 4, 8, 16, 32, 64}。这使得实现使用可变位移操作来代替CC–ALF的乘法。

由于一个系数的绝对值可以用三位来表示，在最坏的情况下，一个APS内的CC–ALF滤波器系数所需的存储为224位。

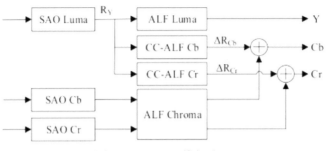

图6.6   CC–ALF执行过程

CC–ALF可以与ALF滤波器同时执行。CC–ALF输出的校正值也被剪切到$[-2^{BitDepth-1},-2^{BitDepth-1}-1]$，以减少存储需求。例如，当CC–ALF首先与luma ALF同时应用，之后再应用色度ALF时，CC–ALF输入的内存访问模式与luma ALF输入的内存访问模式相同。

luma和色度线缓冲区边界分别是在CTU边界上方的4个和2个样品。对于4:2:0的色度格式，这将导致针对色度和luma的线缓冲区边界对齐。然而，对于4:2:2和4:4:4的色度格式，色度和luma线缓冲区边界并没有彼此对齐。由于这种错位，对于4:2:2和4:4:4的色度格式，CC–ALF不适用于CTU边界上方的第3行和第4个样本。使用luma样本来预测色度样本的工具，如交叉分量线性模型（CCLM）的内部预测，可能会引入延迟，因为在开始重建色度样本之前，luma样本需要进行完全处理。然而，由于它的设计，CC–ALF工具不存在这样的延迟问题。

为了减轻滤波器尺寸减小对编码效率的影响，在VVC的最终设计中，图像中每个色度分量的滤波器的最大数量从1个增加到4个。可以为一个色度分量的每个CTU选择一组不同的CC–ALF系数。与正则ALF系数一样，CC–ALF系数在一个ALF APS内被表示。每个ALF APS包含每个色度组件的四个CC–ALF滤波器。虽然CC–ALF可以在一个序列级别上启用，但只有在对该序列也启用了ALF时，才能启用它。同样，只有在相应的级别启用luma ALF时，才能在图片和切片级别启用CC–ALF。

6.2 环路滤波算法的相关研究

6.2.1 超分辨率重建网络的相关研究

单图像超分辨率是计算机视觉中的一个经典问题，它指从单一的低分辨率图像（Low-Resolution，LR）中保留有效的图像信息来得到高分辨率图像（High-Resolution，HR）。现有的方法包括使用插值、使用重建和使用学习。传统的基于插值的图像算法在该方向获得了一些效果，这个方法实现起来操作简单，但是对于高频信息的恢复并不理想，这是由于它的框架结构的限制，获得的 HR 中的细节并不丰富且纹理不清晰。

与此同时有学者为了利用更多的 LR 中的信息，使用了深度学习的方法。例如多层感知器，完全连接所有层的多层感知器不同于卷积层，该方法可以将自然图像中的噪声去除。下面将总结几种使用深度学习的超分辨率（Super-Resolution，SR）重建方法。

Dong 等人提出了 SRCNN[4]，是第一个在超分辨率重建问题上应用深度学习，并且优化了端到端映射。该网络结构使用了三个不同大小的卷积层的操作，使网络变得简单，网络结构如图 6.7 所示。

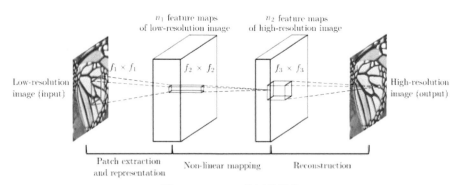

图 6.7　SRCNN 的网络结构

具体流程为在第一层卷积操作之前，使用双三次插值的方法将低分辨率图像进行放大，具体与目标图像大小一样。将经过双三次插值的放大图像定义为 X，第一卷积层是特征提取和表示的操作，第二层卷积层是将第一层操作进行非线性映射到HR的小块上，最后一层结合之前的映射补丁，得到重建后的HR，定义为F（X）。主要目标是从X中恢复图像F（X），使它能从LR中得到更多的纹理信息，完成高分辨率图像Y的重建，目的是学习映射F。具体可分析为：

1）patch提取与表示

第一层是将低分辨率图像分成相同大小的小块，并从低维向量映射为高维向量，如公式（6-23）所示。

$$F_1\left(X\right)=\max\left(0,\ W_1*X+B_1\right) \tag{6-23}$$

W_1和B_1分别表示权重和偏置，*代表卷积操作，$\max\left(0,X\right)$是ReLU函数的基本公式。

2）非线性映射

第二层的操作F_2如公式（6-24）所示，W_2和B_2表示的含义与W_1和B_1相同。

$$F_2\left(X\right)=\max\left(0,\ W_2*F_1\left(X\right)+B_2\right) \tag{6-24}$$

3）重建

第三层的操作F_3如公式（6-25）所示，W_3和B_3表示的含义与W_1和B_1相同。在网络的重建结构中没有使用任何激活函数。

$$F_3\left(X\right)=W_3*F_2\left(X\right)+B_3 \tag{6-25}$$

每层的滤波器的参数$F_1\times F_1$为9×9，$F_2\times F_2$为1×1，$F_3\times F_3$为5×5。使用均方误差作为损失函数。并且Dong等人根据经验，进行了对比实验，对比网络中卷积核数量与重建质量提升的关系，结果如表6.3所示。增加卷积核的数量也会增加所需的时间，因此需要权衡卷积核数量，时间和图像质量之间的关系，最终选择第一层通道数为64，第二层通道数为32。

表6.3 不同卷积核数量对结果的影响

	PSNR（dB）	Time（sec）
n1=128, n2=64	32.60	0.60
n1=64, n2=32	32.52	0.18
n1=32, n2=16	32.26	0.05

基于深度学习的SR重建的方法的成功可以归功于以下几点：

1）算力强大的GPU带来的高效训练的实现；

2）修正线性单元ReLU的提出使得收敛速度更快，同时实现更好的质量表现；

3）使用易于访问的大量数据来训练更大的模型。

Dong等人[5]提出更快速的SRCNN版本，这是对上一种网络工作的改进，改动体现在三个方面：（1）增加反卷积层，用来放大重建图像的尺寸；（2）使用2个3×3替代1个5×5的卷积层；（3）每个步骤的映射层可以共享。FSRCNN与SRCNN的对比网络结构如图6.8所示。

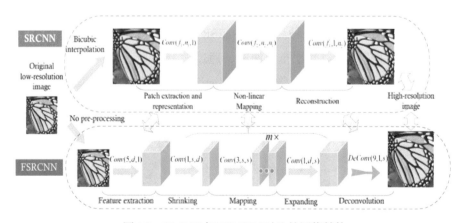

图6.8 SRCNN与FSRCNN对比的网络结构

第一层为特征提取：对所需训练的LR进行操作，卷积核的大小设置为5×5。

第二层为收缩层：使用1×1大小的卷积核，可以减少网络中计算的参数。

第三层为非线性映射：通过实验证明使用2个3×3替代1个5×5的卷积层，这样可以减少参数量。

第四层为扩张层：再使用1个1×1大小的卷积层，对图像做一步放大操作。

第五层为重建层：使用反卷积层，是对上层图像进行放大的操作。

Kim等人[6]提出了一种高精度的SISR重建的方法，针对单幅图像进行恢复的网络。该网络结构的创新有以下几点：

1）经过实验将卷积层的数量确定为20，这种深层次的网络结构可以使恢复HR的准确度提高。

2）在网络模型结构中使用更多但更灵活的3×3卷积层级联，能够有效地使用原LR中的信息。

3）在结构比较深的网络中，控制训练中损失和收敛是一个很重要的问题。为了解决这种问题，该网络结构使用出了一个新颖的训练方法，只学习残差，并使用了非常高的学习率，最终在人眼可观察到的画面上有很大的提升。

Kim等人提出的这一种高精度的SISR重建网络具体操作过程如图6.9所示。将卷积层和ReLU层重复级联，通过学习残差，使该网络可以预测残差图像，并将低分辨率图像和残差相加得到期望输出，插值后低分辨率图像的经过层转换为高分辨率图像，其中每个卷积层通道数都设置为64。

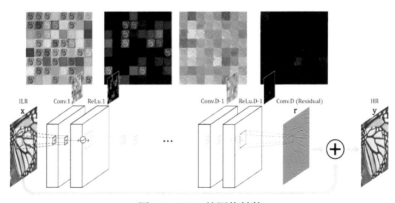

图6.9　SISR的网络结构

在这项工作中，文章作者阐述了一种新的SR重建实行方法，使用残差学习和多个卷积层叠加的方法成功去除了噪音等失真。

6.2.2 基于深度学习的环路滤波技术的相关研究

环路滤波作为视频编码框架的重要步骤之一，可以有效地解决重构帧的块效应、高频分量丢失和其它伪影效应以及可以为后续帧的重构提供更高质量的参考。随着高清和超高清视频的应用，视频编码中固有的环路滤波在低码率时处理不佳。因为卷积神经网络在图像复原和图像重建中的良好表现，许多学者开始研究将卷积神经网络应用于视频编码中，这些网络可以集成在视频编码内部或者作为环路滤波后处理[7]。最开始的SRCNN和ARCNN的研究取得了一些效果，但是所使用的网络结构的深度太浅，为了达到更好的效果，对具有更深结构的网络架构更为需要，一些其它研究在此方面获得了成功。

Dai等人[8]设计了一种比较深的网络结构模型，使用了10个$3 \times 3 \times 64$卷积层和ReLU激活函数的并联操作以及残差学习和对需要的卷积层进行步长的变化。在抉择训练的批量块大小时，根据CU的划分信息进行调整选择。尽量使一帧视频的CU大小最终划分成相同大小，这样可以使训练集中训练数据较为标准。对于低码率，纹理不精细的视频，使用高码率，纹理清晰的训练模型，这样可以加快训练学习的速度和准确度，进一步提升视频中每一帧比较原视频的复原度。

同样，Chen等人[9]提出了一种基于帧的动态元数据后处理方案。首先将视频序列分为不同的类别，划分方式依据视频内容的复杂性和每帧的质量指标，将它嵌入比特流中作为辅助信息传输。使用20层全卷积神经网络，采用残差学习和修正线性单元两项基本技术，可以从重构误差中提取更有意义的信息并提高过滤性能。然后文章作者根据不同的类别，利用分类信息离线训练好不同的网络模型结构，并将该网络作为后处理模块，放置于解码器之后，待解码器提取出边界信息后，再传给该模块，依此选取相应类别的卷积神经网络模型进行处理。

Jia等人[10]提出了一种基于时空残差网络（STResNet）的环路滤波结

构，在该结构中利用时空信息抑制压缩所带来的伪影。STResNet由四个卷积层组成，同时考虑参考帧中的当前块和前一帧中同一位置的块来联合利用空间和时间信息，应用于SAO之后，降低了重构帧的阻塞、振铃和伪影效应，降低了编码复杂度，减少了对内存的占用。此外为了充分提高该网络结构的性能，将当前帧和前一帧相同位置作为网络的输入，并在编码树单元（CTU）级别应用率失真优化决策。

Zhang等人[11]提出了一种残差高速卷积神经网络（RHCNN），应用于HEVC中SAO之后，在降低比特率的同时进一步提高重构帧的质量。RHCNN由几个残差高速单元和卷积层组成。在高速的残差单元中，有一些路径可以允许跨多个层的畅通无阻的信息。并且从头到尾使用身份跳跃传递的短连接，后面跟着一个1×1的卷积层，这样RHCNN可以作为一个的高维滤波器，不与DBF和SAO滤波器发生冲突，以此带来视频编码质量的提升。

Ren等人[12]提出了一种应用于HEVC解码器端的可扩展卷积神经网络（DSCNN）的方法来实现视频质量增强，该方法不同于现有的基于CNN的质量增强方法，不需要对编码器进行任何修改，通过处理帧内编码失真，学习卷积神经网络模型，以此来减少HEVC中I帧的失真。此外，在DSCNN中包含了一个可扩展的结构，可以根据不断变化的计算资源进行调整，来减少计算的复杂度。

6.2.3 环路滤波并行优化的相关研究

对于高清和超高清视频以及实时视频，编码器的计算速度和复杂度是首要考虑的问题。其中环路滤波是视频编码中重要的后处理模块，降低滤波器的复杂度也越来越多地被学者们所研究。并且单一地只改变滤波器中的结构，不能得到很大的提升，考虑到GPU所具有的强大计算能力和储存能力，将两者结合起来的方法也逐渐被提出。整体的发展大致可以划分为三类方法。

第一种方法通过编码信息判断从而减少滤波中决策类别来降低计算复杂度。Kang等人[13]基于改进的边界决策方法提出了一种快速去块滤波算法。该方法指出去块滤波器可以对编码块边界处的伪影进行检测，并通过编码器指定滤波器来衰减它们，因此可以根据编码过程中所有8×8块的深度（Depth）、变换矩阵索引（TransformIdx）和块划分（PartitionSize）信息，选择预测单元或变换单元对所有大小为8×8的块边界进行过滤。该方法在相同性能和码率的情况下，可以实现显著的编码效率提升和更好的并行处理能力。

Joo等人[14]提出了一种快速样本自适应补偿的编码算法。该方法是通过利用帧内预测模式信息而不是对所有类别进行详尽的率失真优化成本计算来简化最佳SAO边界补偿类别的决策。该方法降低了大量SAO滤波的时间。Choi等人[30]使用的方法与上一种方法类似，该方法提出样本自适应补偿的快速参数估计算法。该方法的主要思想是基于主导边缘方向信息简化最佳SAO边界补偿（EO）类的决策，而不是详尽地搜索所有EO类。具体操作为在SAO编码过程之前，通过使用边缘算子检测图像上的边缘检测来创建边缘图，然后为每个编码树块（CTU）建立局部边缘方向直方图。根据边缘方向直方图的分布，仅选择一种EO类进行率失真优化计算。Yang等人[15]提出了一种降低计算复杂度的快速样点自适应补偿的方法，该方法探索并利用时域基础层和更高时域层之间的两个SAO参数的时域关系，这样可以减少SAO过程中的复杂操作，有效提高编码效率。

第二种方法通过使用CPU的多核处理能力来加速去块滤波的过程。Kotra等人[16]指出在HEVC中去块滤波器在计算上并不复杂，不会占用太多内存，因此提供了更多的并行化的可能性。该方法提出了两种不同的去块滤波器并行优化方案，它们将按逐个图片进行操作。第一种方法在单独的通道中分别进行垂直滤波和水平滤波。另一种方法是在一个通道中同时进行垂直滤波和水平滤波。最终在不同视频分辨率下都实现了不同程度的加速。Zhang等人[17]指出在HEVC的去块过滤器中实现高效并行化操作具有前瞻性和挑战性，因为去块过滤器对数据具有依赖性，实现并行化可以减少负载的开销。该方法提出了一个基于任务级分割和数据级并行化的三步框架，以有效地并行化去块滤波器。第一步是将去块滤波过程的块大小都划分成4×4，并将它们分为边界强度计算和边缘鉴别、过滤两部分。

第二步将马尔可夫链、转移概率矩阵和哈夫曼树应用于边界强度计算，从而缓解了负载不平衡问题。第三步对边缘鉴别和过滤使用独立像素连接区域并行化，这样增加了并行度并减少了同步。

第三种方法通过结合GPU来加快去块滤波器和样点自适应补偿的速度并提高准确性。Souza等人[18]指出集成多个CPU内核和GPU加速器的平台已经在多个领域中应用起来，包括桌面、服务器和移动端。基于这一现状，视频编码器也可以充分利用这些平台，通过在CPU和GPU中协同执行来实现更广泛的设计空间。首先定义了独立滤波区域，如图6.10所示，然后针对这类区域提出了三个不同的优化算法：（1）高度优化的CPU多线程处理；（2）去块滤波器在GPU端并行实现；（3）CPU+GPU相结合的自主选择的处理并行实现，其中所有可用资源协同执行，以最大限度地提高获得的性能。

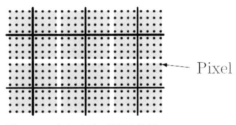

图6.10　独立滤波区域示意图

Jiang等人[19]提出了一种基于图形处理单元的并行优化策略，用于H.265标准中的并发去块。由于视频越来越复杂，去块滤波器需要巨大的计算复杂度，大量的条件分支和数据依赖严重阻碍了其高效的并行化。因此为了提高并行性能，通过减少各种条件分支，提出了两种方法，第一种是基于特征向量的指令流归一化操作，极大地提高了边界强度计算的效率，并且可以应用于边缘辨别。第二种是基于自适应后校正的并行机制，同时处理垂直和水平边缘滤波，显著提高了处理速度。Eldeken等人[20]提出了一种基于并行–直线处理顺序的去块滤波器的并行方案，可以提高去块滤波器的性能。文中作者解释到视频编码的挑战之一是编码时间，而去块滤波消耗了接近15%的编码时间，因此，引入了平行-直线处理顺序，如图6.11所示，允许改进并发性以解除多个水平和垂直边缘的块，该方法能以更少的去块滤波步骤（即两条边或更多）实现所有核心的充分利用。其次提出了四核并行架构，并且该并行方案在GPU而非CPU上实现的，可以进一步加快编码时间。

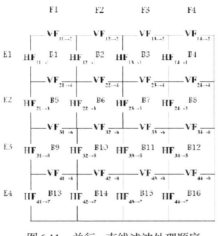

图6.11　并行-直线滤波处理顺序

　　Zhang等人[21]指出对于高清或超高清视频编码，视频编码中第二滤波器样点自适应补偿以更高的计算复杂度为代价提供了卓越的图像重建质量，因此实现实时编码变得更加困难。该方法提出利用GPU多核计算能力为SAO设计了相应的并行算法，包括对每个编码树块的样本分类和统计收集的并行计算，最佳偏移值和最小失真的并行计算。对于每一类边界补偿和每个边带补偿，SAO合并并行处理，以及SAO滤波的并行实现。最终在保持重建图像的质量不变的同时，提高了SAO的编码效率。Ilic等人[22]提出了利用先进的嵌入式GPU设备来加速HEVC中所有环路滤波器，该方法综合利用了这些滤波器在GPU中的细粒度和粗粒度的并行化加速框架。

　　视频编码中环路滤波目的是为了去除编码过程产生的块效应、振铃效应等一些伪影，不仅可以得到更高精确度的重构帧，还能提升视频编码的编码效率，最终提高视频的主客观质量。随着视频的分辨率变大环路滤波结构的复杂，例如去块滤波器的过程更新，自适应环路滤波的增加，并且深度学习算法在视频编码中的应用越来越广，这势必会增加计算复杂度，对编码设备带来更大挑战。与此同时 CPU 和 GPU 在各行各业的出色发展给优化方法带来了目标。因此本章利用 GPU 强大的计算能力对环路滤波进行优化。

6.3 基于超分辨率重建网络的环路滤波

6.3.1 算法思想

在 VVC 中，使用了三种滤波器作为环路滤波后处理，用来减少块效应和高频分量丢失的问题，但是表现的性能不佳，还具有很大的提升空间。与此同时，具有表征能力的卷积神经网络在图像恢复和分类等问题上表现的效果十分出众，其中超分辨率重建的方法可以将模糊图像恢复到清晰图像。因此本章提出了一种基于超分辨率重建网络的环路滤波器结构，经过不断地测试调整，将该网络嵌入 VVC 的环路滤波中，通过 CTU 级的率失真优化决策判断是否替换去块滤波器和样点自适应补偿，最终可以达到降低 BD-rate，提升 PSNR 的效果。本章设计的滤波器结构如图 6.12 所示。

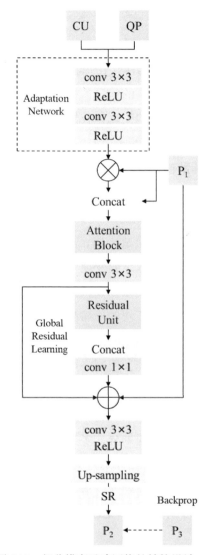

图6.12 超分辨率重建网络的结构设计

6.3.2 网络结构

该网络主要包括四个部分：自适应网络、注意力模块、残差单元和上采样网络，P1、P2、P3分别表示一张失真的图像，恢复后的图像和真实的图像。本章节会对这些内容进行详细介绍。

（1）自适应网络

本章方案中设计了一个预处理单元，即自适应网络，位置为图6.11中的 Adaptation Network，用来对网络的输入进行优化。

一个编码视频中具有丰富的信息，视频在编码解码过程中会有很多因素直接或间接影响到每一帧的失真，我们可以灵活适当地使用这类信息辅助网络对失真图像进行恢复。

第一种是三个辅助输入。视频通过编码压缩后，可以明显发现视频不连续，一帧图像中会出现各种小块的区域，这就是块效应，会让人们感受到图像不清楚。块效应产生的原因是因为在对每一帧视频进行编码的时候，图像会按照编码需求被分成小块，小块的定义是不大于 16×16 的块，然后需要对这些小块进行离散余弦变换（DCT），这样就导致块与块连接处的信息没有被充分利用，使得该帧整体图像的相关性受到破坏。

由于现有编码系统是基于块的压缩机制，所以块效应会不可避免地带来失真，但是在给定块划分信息的条件下，可以利用划分结构特点这一信息来有效地指导质量增强过程，使网络可以精准地检测它们，通过定位解决各种伪影。

块效应主要出现在每个CU块的相邻区域，因此在H.266编码视频标准中，提出了四叉树和多类型树划分，多类型树划分包括二叉树划分和三叉树划分，并且统一了H.265中三种不同操作单元的概念，统一用CU进行划分操作。具体过程是先将视频划分为基本处理单元CTU，然后将每个CTU用新的划分方式进一步划分为多个CU，四种划分类型如图6.13所示。

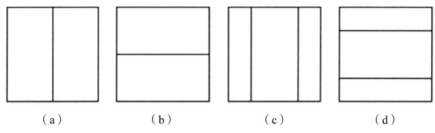

（a）　　　　（b）　　　　（c）　　　　（d）

图6.13　四种划分类型：（a）垂直二划分（b）水平二划分

（c）垂直1:2:1三划分（d）水平1:2:1三划分

　　将编码单元CU的划分信息作为两个辅助输入，一个是亮度Y，一个是色度U和V，如图6.14所示。

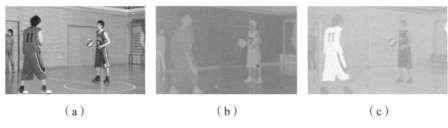

（a）　　　　　　　（b）　　　　　　　（c）

图6.14　三个分量：（a）Y（b）U（c）V

　　为了将CU的划分信息输入到网络中，需要构造两个特征图CUMAP，一个用于Y分量，一个用于UV共享分量，如图6.15所示。特征图在馈入神经网络之前进行规范化操作，对于需要处理的CU信息，用数字2代表边界区域，用数字1代表其它区域，如图6.16所示。这样可以指出需要显著补偿和需要注意的区域和界限，使得网络可以更精准地定位。

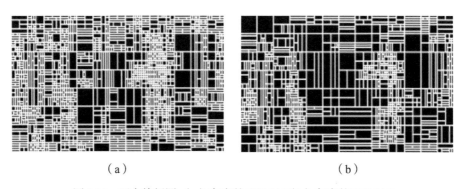

（a）　　　　　　　　　　　　　　（b）

图6.15　两个特征图：（a）亮度的CUMAP（b）色度的CUMAP

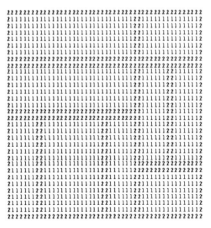

图6.16 归一化的CUMAP

另一个辅助输入选择量化参数QP，因为编码系统中的各种量化操作会使视频中的某些重要分量丢失，会影响重建后视频质量。

标量量化器的如公式（6–26）所示。

$$FQ = round\left(y \,/\, Q_{step}\right) \qquad （6–26）$$

其相反过程即反量化如公式（6–27）所示。

$$y' = FQ \cdot Q_{step} \qquad （6–27）$$

在视频编码中，不同的QP将导致不同的重构视频帧质量。QP越大，失真越大，重构像素与原像素之间补偿值的分布范围也越大。对于本章方案设计的具有全局残差连接的网络，在连接输入值之前，网络的输出应尽可能接近补偿值，当QP值较大时，补偿值的幅值一般较大。因此需要一组网络参数来适应不同分布范围的补偿值，使网络获得这一先验信息，以便更好地对不同质量的输入进行过滤。另外添加QP信息作为辅助输入，可以使单个参数集的网络模型适应多种质量的重建。

对于先验信息QP，需要将量化参数QP归一化并构造一个名为QPMAP的特征映射，如公式（6–28）所示。该特征映射的大小与其它组件的输入大小相同。

$$QP_{MAP}\left(x, y\right) = \frac{QP}{63}, \ x = 1, \cdots, W; \ y = 1, \cdots, H \qquad （6–28）$$

对于这三个辅助输入CU划分信息和QP信息，如果直接将编码后的这些信息沿输入图像的通道矩阵进行连接，会影响到网络的训练过程，需要将这些数字信息空间转换为图像特征空间，因此设计一种使用卷积层和ReLU激活函数组合的自适应网络，将辅助输入信息投影到单个通道特征图中，然后将特征映射与输入图像逐点相乘，成为网络所需的最终输入。

第二种是三个重构组件，与RGB颜色格式不同，YUV格式的组件在很多方面都是不同的。例如，在广泛使用的YUV4:2:0格式中，亮度分量Y占用的像素比色度UV多，如图6.17所示，亮度组件的像素值比色度组件的像素值具有更大的动态范围。三个分量的平均重构质量也有显著差异，为了平衡不同分量之间的编码增益，将Y、U、V三个分量的输入权重设置为10:1:1。

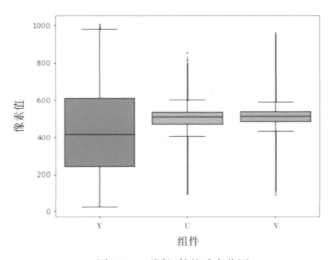

图6.17　不同组件的动态范围

在连接到concat层之前，需要将重建值按最大值归一化为[0，1]。裁剪后的$p'(x, y)$值归一化根据公式（6–29）。

$$p''(x, y) = \frac{p'(x, y)}{1 < B - 1}, x = 1, \cdots, W; y = 1, \cdots, H \qquad （6-29）$$

其中 B 是比特深度，$p''(x, y)$ 是 Y/U/V 在 (x, y) 点的归一化值，W 和 H 是重建值的宽度和高度。

在 concat 层将归一化的 Y/U/V 以及 CUMAP、QPMAP 转化为 3D 向量 θ_0，每个组件的 $\theta_0(x, y, z)$ 计算公式如下：

$$\theta_0\left(x, y, 0\right) = p''\left(x, y\right) \tag{6-30}$$

$$\theta_1\left(x, y, 1\right) = CU_{MAP}\left(x, y\right) \tag{6-31}$$

$$\theta_2\left(x, y, 2\right) = QP_{MAP}\left(x, y\right) \tag{6-32}$$

（2）注意力模块

本章设计的注意力模块如图 6.18 所示，在 Wang 等人[23] 设计的注意力机制模块的基础上，结合本方案的需求进行相应的改进。该模块的输入为自适应网络的输出与相对应的受损图像连接后的图像。由于网络的最开始将失真的图像作为输入，其中包含不必要的冗余信息，如果不加操作就进入后续单元，会影响最终的准确性。因此通过池化层来完成下采样的操作，以达到降维，对特征进行压缩，减少计算量的效果。在得到三种组件的归一化输出后，通过一步最大池化层，然后再将数据馈入后续的单元中，这样可以有效缩小输入图像的尺寸大小，从而减少后面卷积操作的计算量并且可以减少过拟合的发生。

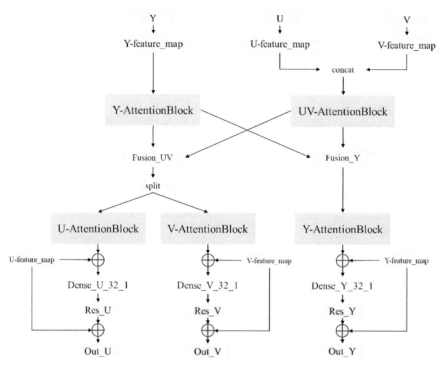

图6.18　注意力模块整体结构

最大池化层缩小图像大小的原理如图6.19所示，简单来说是通过一定大小的卷积核将图片分成块，选取每块中的最大值。最大池化可以将图像中的细致纹路尽可能地保存，平均池化可以将图像中的整体信息尽可能地保存，通常当特征中的信息都具有一定贡献的时候使用，这个时候特征图的长宽都比较小，包含的语义信息较多。

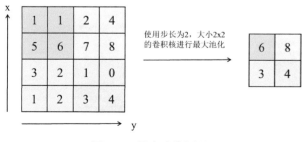

图6.19　最大池化原理

　　为了使网络更能适应视频编码框架，先将 Y，U，V 各自转换为特征图，通道数由 1 变为 32，将 U 和 V 的特征图在第三维上拼接起来，使通道数变为 64。然后 Y 分量通过 Y 的注意力模块，UV 联合起来进入 UV 的注意力模块，将他们得到的特征进行交互，通过 Fusion–UV 和 Fusion–Y，其中 Fusion–UV 由两个卷积层拼接形成，Fusion–Y 由一个反卷积和一个卷积层拼接形成，这属于第一阶段。第二阶段将 UV 注意力模块分解开来，使 Y 分量再通过 U 和 V 的各自注意力模块，UV 通过 Y 的注意力模块，得到的结果分别与各自的特征图相加，通过全连接层，使通道数有 32 变为 1，得到 Y，U，V 三种结果，最终再加上各自的特征图，进行一步残差学习，得到最终的 Y，U，V 输出。

　　每个 Y、U、V 的注意力模块都包含 4 个自注意力过程，如图 6.20 所示。

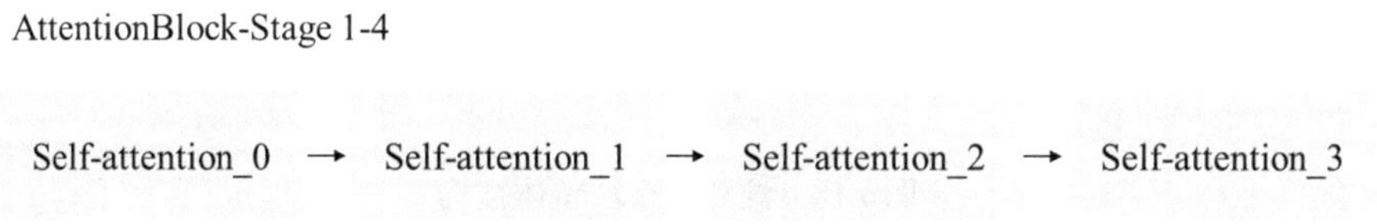

AttentionBlock-Stage 1-4

Self-attention_0　→　Self-attention_1　→　Self-attention_2　→　Self-attention_3

图 6.20　自注意力过程

　　每个自注意力过程[24]包括宽激活卷积层、通道注意力和空间注意力，如图 6.21 所示。注意力机制是一种聚焦于局部信息的机制，让网络注意到重要的信息。本方案中采用空间和通道相结合的注意力模块，通道注意力通过计算各个特征通道的占比程度，然后根据需要完成的任务自主选择重要的区域进行增强。空间注意力通过提取出与任务高度相关的区域并在之后的操作中着重处理这些区域。

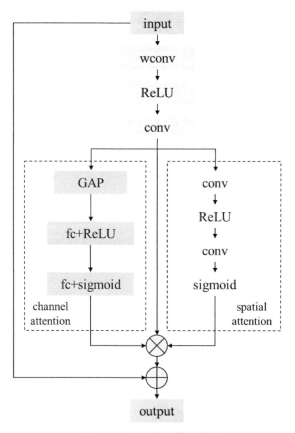

图6.21　自注意力模块结构

在网络结构中引入注意力机制可以使网络在训练中对特征区域更加注意，同时可以增强特定区域的表征效果，这在很多流行的网络中给予了证明。但是在这些网络中空间维度没有得到重视，它们只关注了"什么"，没有关注在"哪里"。于是在本方案中使用了一种新的注意力机制模块并且结合了最大池化和平均池化的特点。

该模块的第一部分是宽激活卷积，它是超分辨率重建中的有效操作。

第二部分是从通道和空间两个维度上引入了注意力机制。将宽激活卷积的输出作为中间输出映射F，通道注意力和空间注意力的整体过程如公式（6-33）和（6-34）所示。

$$F_1 = M_C(F) \times F \qquad\qquad (6-33)$$

$$F_2 = M_S(F) \times F \qquad\qquad (6-34)$$

其中等号右边的 × 代表的是通道和空间与映射 F 相乘。M_C 和 M_S 分别表示在通道和空间维度上的注意力提取的操作。F_1 和 F_2 分别表示通道和空间的输出特征，并与 F 通过跳跃连接进入下一步操作。

通过实验结果论证最终将它们采用并联的形式，使网络不仅能够修复失真，并且着重对块的边界进行像素填充。

本方案中的注意力模块具体结构为：

宽激活卷积层：包括一个宽卷积，一个 ReLU 激活函数，一个 3×3 卷积层，对于 Y-AttentionBlock 将上层输出的 32 通道数变为 48 进行处理，然后再变为 32 输出；对于 UV-AttentionBlock 将上层输出的 64 通道数变为 96 进行处理，然后再变为 64 输出。

空间注意力：包括两个 3×3 卷积层，一个 ReLU 激活函数，一个 sigmoid。对于 Y-AttentionBlock 将宽激活卷积层的 32 通道数变为 8 进行处理，然后通过第二个卷积层和 sigmoid 输出通道数为 1；对于 UV-AttentionBlock 将宽激活卷积层的 64 通道数变为 16 进行处理，然后通过第二个卷积层和 sigmoid 输出通道数为 1。

通道注意力：包括全局平均池化，全连接层和 ReLU，全连接层和 sigmoid。通道数始终为 32 和 64。

最终将三种结果相乘，使网络可以学习到图像中那些是重要的区域像素，然后与输入相加得到输出。

（3）残差单元

本方案设计的残差单元如图 6.22 所示，结构包括密集快捷连接方式，残差学习和注意力机制，具体来说提出的残差单元主要由一系列带有注意力模块的密集残差块（Dense Residual Block，DRB）和一些 3×3 卷积层、1×1 卷积层组成。

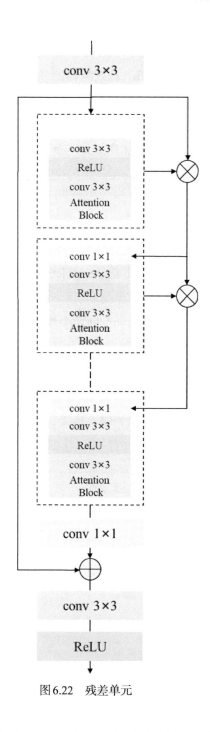

图6.22　残差单元

残差单元的第一步先通过一个3×3的卷积层使通道数由1变为64，

直到结构的最后一步3×3卷积层再将特征图变为1。中间部分的带有注意力模块的密集残差块（DRB）是该结构的核心，它可以减少来自输入特征图的压缩伪像。快捷方式（shortcut）附加在每个DRB中，它允许多级功能信息在整个网络中流动而不会产生任何衰减。在每个DRB的开始加入一个1×1卷积层，可以更加高效地与所有先前块的信息进行交互，在提高计算效率的同时增加准确性。在每个DRB中都采用了残差学习，可以有效利用交互后的特征信息。

ResNet[25]和DenseNet[26]在图像分类和目标识别等任务中都有很好的表现。ResNet中的方法可以解决梯度消失的问题，有助于训练更深层次的网络。利用密集快捷方式（在DenseNet中首先被提出）可以使特征重新使用，并促进上下层中的信息流动。

注意力机制可以沿着通道和空间两个维度加强网络对特征的提取，因此每个DRB都带有注意力机制，结构如图6.23所示。其具体结构包括一个1×1的卷积层，后面是两个3×3的卷积层，它们之间有一个激活层，最后是注意力模块。1×1卷积的输出与上一个3×3卷积的输出在第三维度上进行相加操作，然后与原始输入连接，生成该单元的最终输出，在第一个块中不使用1×1卷积层并且1×1卷积层后没有附加激活层，因此瓶颈层仅生成输入的线性组合。

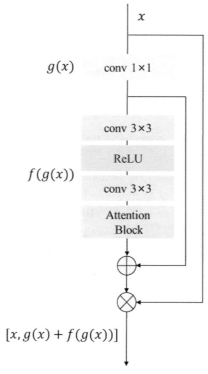

图6.23 密集残差块的结构

此外，DRB中有两个快捷方式。内部快捷方式通过将卷积层的输出与最后一个卷积层相加来执行残差学习。外部快捷方式将原始输入直接传递到下一个单元。假设x作为DRB的输入，则DRB的输出如公式（6–35）所示。

$$F(X) = H\left(\left[x,\, g(x) + f\big(g(x)\big)\right]\right) \qquad （6–35）$$

其中H（·）表示级联运算，g（·）表示1×1卷积层，f（·）表示残差学习。

在密集残差块中没有使用批量归一化（Batch Normalization，BN）层[27]，因为BN层是用于高级计算机任务，例如目标检测和图像分类，而对于超分辨率重建和图像分类这类低级计算机任务，会导致对图像恢复有价值的低级特征丢失。与此同时，在残差块中识别跳过连接之后的激活层也被删除，以促进信息流动。带有BN层的残差块结构如图6.24所示。

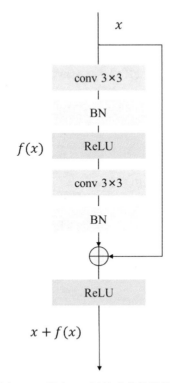

图6.24　带有BN层的残差块结构

批量归一化会重新校正中间特征的均值和方差，以解决深度神经网络在训练过程中内部变量突变的情况。它在训练和测试中有不同的表述方式。在训练过程中，对于当前训练的最小批量，均值和权重的各层特征进行归一化处理，如公式（6-36）所示。

$$\hat{x}_B = \frac{x_B - E_B[x_B]}{\sqrt{Var_B[x_B] + \varepsilon}} \qquad (6\text{-}36)$$

其中x_B是当前轮次的值，ε代表一个极小的值（例如$1 \times e\text{-}5$）以防止零除这种不规范的数学运算。然后以移动平均值的方式将一阶和二阶统计信息更新为全局统计信息，如公式（6-37）和（6-38）所示。

$$E[x] \leftarrow E[x_B] \qquad (6\text{-}37)$$

$$Var[x] \leftarrow Var_B[x_B] \qquad (6\text{-}38)$$

其中←表示分配移动平均值。在推断过程中，这些全局统计信息用于归一化特征，如公式（6-39）所示。

$$\hat{x}_{test} = \frac{x_{test} - E[x]}{\sqrt{Var[x] + \varepsilon}} \qquad (6-39)$$

如表达公式所示，它存在以下两点个问题：

1）对于SR重建的问题，通常只使用48×48这类小的图像块来加速网络训练。这些小图像块的均值和权重在mini-batch下差异很大，使用BN层会使得这些统计数据不稳定。

2）人们也认为BN层可以充当正则化使用，并且在一些情况下可以不使用丢掉这一方法。但是在图像超分辨率重建网络很少会发生例如权重消失或降维这种影响到过拟合的问题。

本章设计的残差单元去掉了残差结构中的批量归一化层，由一系列带有注意力机制的密集残差块与3×3卷积层和1×1卷积层组成。通过密集特征融合和全局特征融合简化了浅层特征的流动，在融合多层特征的同时节省了计算资源。并且在该结构中使用1×1卷积层，可以使多个特征图通道进行线性相加同时减少所需要的数据量。使用密集快捷方式、残差学习和瓶颈层是在提高性能和节省计算资源之间保持平衡的关键。

（4）上采样网络

上采样的方法包含：插值法、反卷积和反池化[28]。最开始应用在解决图像超分辨率重建问题的方法是基于稀疏性技术[29]。稀疏编码是一种具有高效性的编码机制，它可以让输入图像都可以在一个图像的字典中进行稀疏表示。可以通过尝试发现低分辨率图像和高分辨率图像之间的区别来进行训练学习。这种需要利用先验知识来完成HR恢复的问题会使计算成本很高。

在本方案中，使用更高效的亚像素卷积[30]来完成超分辨率重建，如图6.25所示。对比使用反卷积，可以减少过多的人工因素的影响。并且该卷积层只用在网络的最末端来增加超分辨率图像的信息，这意味着之前的每步操作都是对低分辨率图像进行的，并获得各种非线性特征提取，可以获得更高的效率，特别是计算和储存成本。并且由于这种结构的输入由高分辨率变为低分辨率，在网络中可以根据需求灵活调整卷积核的大小，并且更多的过滤器层数来集成相同的信息，使用小的分辨率和小的卷积层尺寸可以使计算机的计算量和占用的空间降低。

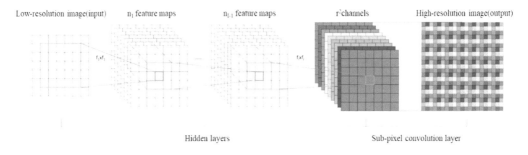

Low-resolution image(input)　　n₁ feature maps　　　nₗ₋₁ feature maps　　　r²channels　　High-resolution image(output)

Hidden layers　　　　　　　　Sub-pixel convolution layer

图 6.25　亚像素卷积的原理

如图很直观得表达了亚像素卷积的做法，前面代表网络前端得到各种特征图的操作，后面彩色部分就是亚像素卷积的操作。前端得到 1/2 缩小的低分辨率图像，通过卷积层以后，需要将图像放大 2 倍，可以通过改变上一层的通道数，得到特征为 22WH。其中 W 为宽度，H 为高度且与输入图像大小相同，再将得到的 4 个特征图像像素重新排列成一个 2×2 的区域，这样就可以把 22WH 大小的图像特征像素经过重新排列后得到 2W×2H 的输出，最终可以对原低分辨率图像实现 2 倍放大。

在网络的最后加入一步反向传播的操作，使网络可以学习真实图像与滤波后图像的非线性映射，根据误差调整各种参数的值，加强网络的自学习能力，提高图像复原的准确性。

6.3.3 算法流程

将本章设计的超分辨率重建网络滤波器集成到 VVC 中，通过 CTU 级的率失真优化（RDO）判断是否替换原编码器中的去块滤波器和样点自适应补偿，如图 6.26 所示。视频帧经过反变换与反量化之后的数据进入到超分辨率重建网络滤波器中，然后在经过自适应环路滤波器解码得到重构后的帧。

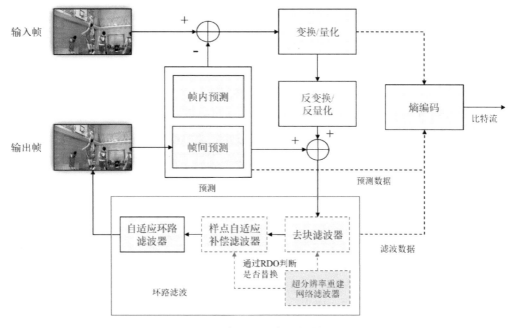

图6.26 建议的环路滤波结构

在视频编码中，需要在尽可能降低BD-rate的同时提高视频的主客观质量。其中速率失真（Rate-Distortion）性能的考虑几乎存在于每个编码过程中，同样也存在于环路滤波器中。为了充分适应输入内容并提高所提出的滤波器的性能，在CTU级别设置率失真优化决策（RDO）来判断当前块是否应用本章设计的滤波器，如图6.27所示。

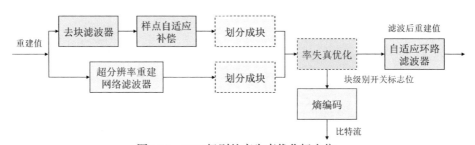

图6.27 CTU级别的率失真优化标志位

在率失真优化的基础上，给出了是否应用本章滤波器的决策。对于每个CTU，如果过滤后的CTU的R–D性能更好，则打开相应的CTU控制标志，否则关闭该标志。RDO算法的计算公式如（6–40）所示，其中D表示失真，λ为拉格朗日系数，R为码率。

$$J = D + \lambda \cdot R \qquad (6\text{–}40)$$

通过率失真优化决策来判断是否使用超分辨率重建网络滤波器，由于超分辨率重建网络滤波器不需要引入额外的编码信息，所以两者的码率R是相同的，仅需计算失真项D，如公式（6–41）所示，其中D_1和D_2分别表示应用超分辨率重建网络滤波器和VVC中默认滤波处理之后造成的失真，1表示应用超分辨率重建网络滤波器，0表示不应用。

$$flag = \begin{cases} 1, & D_1 \leq D_2 \\ 0, & D_1 > D_2 \end{cases} \qquad (6\text{–}41)$$

经过统计，本方案的超分辨率重建网络滤波器使用率如图6.26所示，对于不同QP，不同划分大小的块的使用率定义如公式（6–42）所示。

$$\eta = \frac{\sum_{i=0}^{4} n_i \times N_i^2}{W \times H} \times 100\% \qquad (6\text{–}42)$$

其中η表示超分辨率重建网络滤波器的使用率。W表示当前帧的宽度，H表示当前帧的高度。n_i表示使用该网络进行编码的大小为Ni×Ni的CU的数量，视频帧不同深度i = 0、1、2、3、4的大小分别为128×128、64×64、32×32、16×16、8×8。对于不同QP下，18个视频序列的大部分CTU使用率超过了50%，最高达到61%，这证明了该网络的有效性。

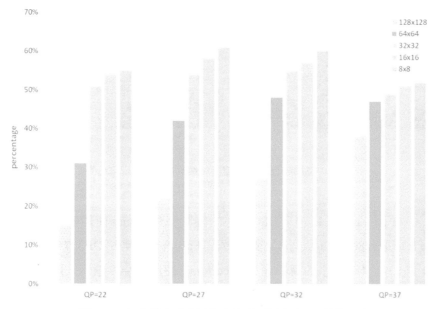

图6.28 超分辨率重建网络在编码不同大小CU的使用率

图6.28展示了在不同大小的视频中，从主观角度可以看到哪些CU块使用了超分辨率重建网络进行编码，结合图6.28和图6.29可以看出，不同分辨率的视频中小于32×32的块大部分都由该网络进行编码处理，而那些较大的块或者几乎大片区域都没有明显变化的由VVC编码处理，这是因为小块之间代表了连续的复杂变化，需要更精细的编码进行处理，而且块效应大都出现在这些区域。

（a）

（b）

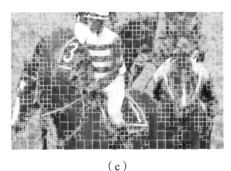

（c）　　　　　　　　　　　　　　（d）

图6.29　使用超分辨率重建网络编码的CU的视觉分布

其中图（a）是1920×1080大小的视频序列Cactus使用QP=22编码，图（b）是1280×720大小的视频序列FourPeople使用QP=37编码，图（c）是832×480大小的视频序列RaceHorses使用QP=27编码，图（d）是416×240大小的视频序列BlowingBubbles使用QP=32编码。

6.3.4 实验结果与分析

（1）实验配置

1）I帧数据集的选择

由于I帧通常是独立编码的，因此使用大量无损图像数据集代替视频数据集来获得广泛的纹理信息。使用DIV2K数据集[31]，该数据集由900张2K分辨率的彩色图片组成，首先将图片由彩色图片格式转换为YUV4:2:0格式，然后收集经过环路滤波之前的失真图像作为输入，原始图像作为真实图像。通过VVC参考软件VTM-12.0在全帧内（All Intra）配置下，使用四种常用的QP值得到训练和验证数据。在训练阶段，将训练样本划分成48×48的小块并将它馈入网络。此外，通过随机翻转、随机旋转来扩充训练数据。

2）B帧数据集的选择

使用来自Xiph.org的YUV序列和SJTU 4K视频序列数据集[32]对网络进行训练。一共使用了90个序列，其中用于训练的为70个，用于验证的为20个，每个类别随机选择。这些序列由VTM-12.0软件在随机访问配置下，使用四种常用的QP值下进行编码，以收集不同质量的B帧。在随机访问配置中，每个帧的实际QP随参考级别的不同而不同，如表6.4所示。

表6.4 每帧的实际QP值

帧数	0	1	2	3	4	5	6	7	8	9	10	11	12	13	14
帧类型	I	B	B	B	B	B	B	B	B	B	B	B	B	B	B
QP=22	19	29	27	29	26	29	27	29	23	29	27	29	26	29	27
QP=27	24	36	35	36	32	36	34	36	29	36	34	36	32	36	34
QP=32	29	41	40	41	38	41	40	41	35	41	40	41	38	41	40
QP=37	34	46	45	46	44	46	45	46	41	46	45	46	44	46	45

该网络结构中的损失函数选择L2，如公式（6-43）所示。

$$L(\theta) = \frac{1}{n}\sum_{i=1}^{n}\left\|F\left(X_i;\ \theta - Y_i\right)\right\|_2 \tag{6-43}$$

其中X表示具有失真伪影的图像，Y表示对应的原图像，θ表示本方案的网络参数。网络的功能由F表示，该功能F尝试删除X中的伪像并将它恢复为Y。训练的目的是计算出最优的θ，使MSE损失最小化。

PSNR是为了有效且准确地表达一幅图像的质量好坏，它的定义如公式（6-44）所示。

$$PSNR = 10 \cdot \log_{10}\left(\frac{MAX_I^2}{MSE}\right) \tag{6-44}$$

其中均方误差定义如公式（6-45）所示。

$$MSE = \frac{1}{mn}\sum_{i=0}^{m-1}\sum_{j=0}^{n-1}\left[I(i,j) - K(i,j)\right]^2 \tag{6-45}$$

其中MAX_I^2在一般灰度图像中均为255，m×n表示该图像的大小，I表示真实没有失真的图像，K表示有失真的图像。该公式是计算单一的灰度图像，如果需要计算的目标是彩色图像，可以将该图片的格式进行转变，例如YUV格式，计算亮度分量就可以表示整幅图像的PSNR值。

每个过程都使用ADAM优化器，参数为默认值*learning-rate*=0.001，

$beta_1$=0.9, $beta_2$=0.999, $epsilon=le^{-8}$。通过实验不断调整参数，最终将初始学习率设为0.0001，Epoch设为80，残差单元中的密集残差块数量设为9，除了下采样的其它位置都不使用池化层。

为了进一步证明使用QPMAP可以给网络带来提升，设计了另一个实验，比较了在大范围的QP中使用和不使用QPMAP的泛化能力。在这两个实验中，只使用训练数据集的一个QP范围（QP∈[28～36]）来训练模型，并在三个QP范围（QP∈[19～27]，QP∈[28～36]，QP∈[37～45]）进行测试。实验结果在表6.5中进行了对比，可以看到，即使没有使用相应的QP值训练结果进行训练，具有QPMAP的模型也能很好地适应其他QP值。没有QPMAP的模型在较低和较高的QP范围上PSNR有1dB的下降，而有QPMAP的模型在较大的QP范围上表现得更好。

表6.5 基于不同QP范围的验证实验

QP 范围	ΔPSNR（dB）			
	19～27	28～36	37～46	总QP
不使用QPMAP	0.2243	0.3368	0.2569	0.2885
使用QPMAP	0.4267	0.3411	0.2649	0.3158

（2）实验结果与分析

将本章提出的网络模型集成到VVC参考软件VTM-12.0中，利用TensorFlow冻结原始缓冲文件和TensorFlow C++API。具体来说，当视频帧编码过程完成时，关闭环路滤波器中的去块滤波器和样点自适应补偿，然后用该网络模型作为组件完成重建帧。

实验在VVC通用测试条件下，分别在四种配置下对A到E类视频序列进行测试，实验对比的原始数据在VTM-12.0下，并且开启所有环路滤波结构，测试环境的具体软件硬件配置如表6.6所示。

表6.6 测试环境

硬件	CPU	Inter Core i9-9900K @3.7GHz
	CPU 显存	32GB

硬件	GPU	NVIDIA GeForce GTX 2080Ti
	GPU 显存	12GB
软件	操作平台	Windows 10 64bit
	深度学习框架	TensorFlow
	VVC 参考平台	VTM–12.0
	C++编译程序	Microsoft Visual C++2017

表6.7到表6.10比较了在四种配置下，使用JVET标准的18个测试序列，本章算法与VVC参考软件VTM-12.0的对比结果。在All Intra配置下YUV平均降低3.99%、12.66%、14.69%。在Random Access配置下YUV平均降低3.66%、12.01%、12.08%。在Low delay B配置下YUV平均降低3.08%、11.58%、11.68%。在Low delay P配置下YUV平均降低2.45%、12.19%、12.55%。通过表格可以看出本章算法对所有视频都可以带来BD-rate的降低，即视频重构质量的提升。

表6.7 All Intra配置下的实验结果

Class	Resolution	Sequence	BD–rate		
			Y	U	V
A	2560×1600	Traffic	−4.56%	−8.82%	−16.51%
		PeopleOnStreet	−3.42%	−25.11%	−19.31%
B	1920×1080	Kimono	−2.42%	−6.10%	−15.68%
		ParkScene	−4.48%	−7.21%	−16.94%
		Cactus	−2.86%	−7.90%	−9.70%
		BasketballDrive	−2.15%	−13.92%	−12.95%
		BQTerrace	−1.56%	−11.26%	−8.90%
C	832×480	BasketballDrill	−6.09%	−17.26%	−18.87%
		BQMall	−4.78%	−11.57%	−16.62%
		PartyScene	−3.22%	−10.27%	−9.68%
		RaceHorses	−2.16%	−9.53%	−14.30%

Class	Resolution	Sequence	BD-rate		
			Y	U	V
D	416×240	BasketballPass	−6.04%	−13.91%	−18.42%
		BQSquare	−5.33%	−5.47%	−14.27%
		BlowingBubbles	−4.06%	−9.35%	−11.96%
		RaceHorses	−4.95%	−17.25%	−18.91%
E	1280×720	FourPeople	−5.53%	−8.74%	−9.64%
		Johnny	−3.27%	−10.54%	−8.76%
		KristenAndSara	−3.68%	−8.05%	−7.83%
Average			−3.99%	−12.66%	−14.69%

表6.8　Random Access 配置下的实验结果

Class	Resolution	BD-rate		
		Y	U	V
A	2560×1600	−3.52%	−11.70%	−12.49%
B	1920×1080	−2.31%	−14.09%	−13.07%
C	832×480	−3.86%	−12.43%	−13.30%
D	416×240	−4.59%	−15..36%	−15.52%
E	1280×720	−4.02%	−6.49%	−9.68%
Average		−3.66%	−12.01%	−12.80%

表6.9　Low delay B 配置下的实验结果

Class	Resolution	BD-rate		
		Y	U	V
A	2560×1600	−2.75%	−10.29%	−10.23%
B	1920×1080	−3.01%	−12.33%	−10.51%
C	832×480	−2.09%	−11.45%	−12.98%
D	416×240	−3.58%	−12.01%	−12.75%
E	1280×720	−3.98%	−11.24%	−11.96%
Average		−3.08%	−11.58%	−11.68%

表6.10 Low delay P配置下的实验结果

Class	Resolution	BD-rate		
		Y	U	V
A	2560 × 1600	−2.34%	−12.08%	−10.11%
B	1920 × 1080	−1.72%	−12.50%	−11.86%
C	832 × 480	−2.62%	−12.71%	−12.18%
D	416 × 240	−2.90%	−12.82%	−15.67%
E	1280 × 720	−2.66%	−10.84%	−13.00%
Average		−2.45%	−12.19%	−12.55%

图6.30是选取不同类中的视频序列在AI配置下的BD-rate与VTM-12.0的对比图，其中黑色曲线表示在VTM-12.0默认配置下得到的RD曲线结果，红色曲线表示本章提出算法所得到的RD曲线结果，可以看出本章算法使不同视频序列的曲线都高于原曲线，表明本章算法能够使重构视频质量提升。

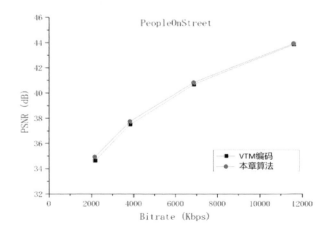

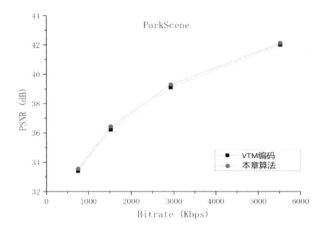

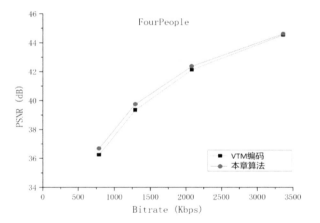

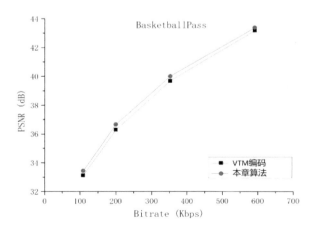

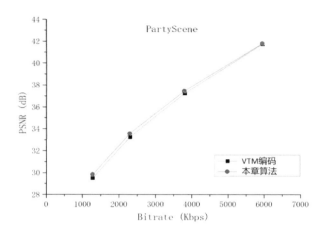

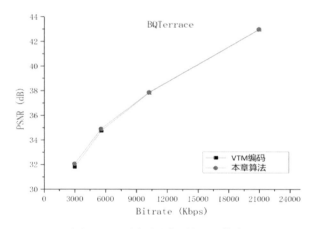

图6.30 不同测试序列的RD曲线

在主观评价方面，图6.31以Class C类中的序列"BasketballDrill"第一帧为例，QP取37，对I帧进行比较，在环路滤波之前的帧也被显示出来进行比较。实验结果表明，本章算法可以有效地移除不同类型的失真，并且在主观质量和客观指标两方面都优于VVC标准的滤波方式。采用该网络能够取得较高的PSNR，减少阻塞伪影，减轻边缘的不连续效果和轮廓效应。

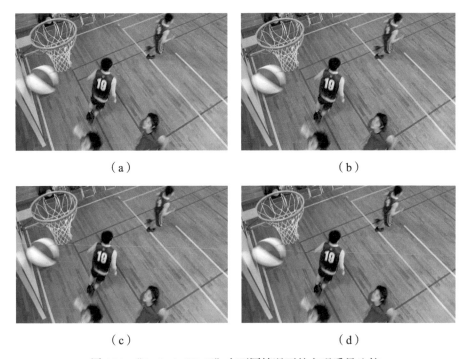

（a） （b）

（c） （d）

图6.31 "BasketballDrill"在不同情况下的主观质量比较

在图6.31中（a）表示原视频，（b）表示未使用任何滤波的效果PSNR为37.30dB，（c）表示使用VVC处理后的结果PSNR为37.79dB，（d）表示结合本章算法后的滤波效果PSNR为38.08dB。

图6.32分别是A类视频序列Traffic，B类视频序列ParkScene，D类视频序列BasketballPass和E类视频序列FourPeople，在AI配置下，QP取37时的对比效果图。左列视频帧为使用VTM编码的效果，右列视频帧为使用本章算法的编码效果，可以看出本章算法对于不同视频带来的提升均比VTM原编码方法高。

（a）PSNR=36.88dB　　　　　　　　　（b）PSRN=37.27dB

（c）PSNR=34.40dB　　　　　　　　　（d）PSNR=34.76dB

（e）PSNR=35.13dB　　　　　　　　　（f）PSNR=35.45dB

（g）PSNR=36.24dB　　　　　　　　　（h）PSNR=36.68dB

图6.32　不同视频序列的质量提升结果

表6.11给出了在QP为37时，本章算法与VTM-12.0的滤波性能的客观质量比较。对于Class A ~ E的各类视频质量平均增加为0.66dB、0.63dB、0.79dB、0.80dB、0.77dB，对于18种测试序列的平均质量增加为0.73dB。并且也对QP为32、27、22进行了测试和数据统计，平均可以增加0.71dB、0.70dB和0.66dB。

表6.11　本章算法与VTM滤波的性能比较

VTM-12.0, QP=37		VVC与本章算法滤波对比（PSNR/dB）			
		滤波前	滤波后	本章算法涨幅	VTM涨幅
Class A	Traffic	37.3549	38.0170	0.6621	0.3821
	PeopleOnStreet				
Class B	Kimono	35.1370	35.7576	0.6306	0.3715
	ParkScene				
	Cactus				
	BasketballDrive				
	BQTerrace				
Class C	BasketballDrill	37.9616	38.7569	0.7953	0.3846
	BQMall				
	PartyScene				
	RaceHorses				
Class D	BasketballPass	36.8275	37.6309	0.8034	0.4125
	BQSquare				
	BlowingBubbles				
	RaceHorses				
Class E	FourPeople	36.3093	37.0774	0.7681	0.3901
	Johnny				
	KristenAndSara				

为了进一步证明本章算法的有效性，将本章中的方法与PPCNN[9]、STResNet[10]、RHCNN[11]和DSCNN[12]中的方法在全帧内配置下进行了比

较，结果如表6.12所示。本章提出的算法在BD-rate和PSNR两方面平均值均优于参考算法，可以得到更好的滤波效果。这是因为与其它算法相比，本章算法在网络结构中加入了注意力机制，对Y、U、V三种分量分别进行处理，使网络能够更加精确地定位和处理失真，并且结合密集残差结构，使网络训练得更加准确。

表6.12　其它参考算法与本章算法的结果比较

	PPCNN	STResNet	RHCNN	DSCNN	本章算法
Y-BD-rate	-2.97%	-3.05%	-3.11%	-3.57%	-3.99%
PSNR(dB)	0.58	0.61	0.62	0.65	0.70

6.4 基于GPU的环路滤波并行优化

6.4.1 算法思想（并行编码的整体框架）

CPU　　　　　　　　　　　　　　　　　　　CPU

图6.33　CPU和GPU不同的架构示意图

如图6.33所示CPU和GPU为了不同的目标任务设计了不同的架构[33]，其中黄色为控制单元，绿色为运算单元，蓝色为缓存单元。CPU由25%的运算单元，25%的控制单元，50%的缓存单元组成。CPU强大的算术运算单元使它可以在极少的时间内完成计算任务，大容量的逻辑控制单元可以尽可能地避免计算延时，因此CPU适用于武器装备、信息化等需要复杂逻辑控制和密集计算的场合。GPU由90%的运算单元，5%的控制单元，

5%的缓存单元组成，它是基于大的吞吐量设计的，具有非常大的并行计算能力。因此GPU适用于密码学、挖矿、图形学等需要并行计算，无依赖性、互相独立的场合。由于视频编码器复杂的结构，不适合让所有计算都由GPU处理。因此需要结合环路滤波中的各结构特点来有选择性地由GPU并行处理，这样才能充分发挥CPU和GPU的计算能力。

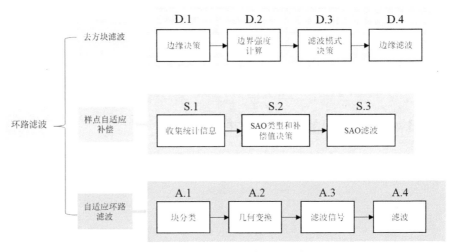

图6.34　VVC端的环路滤波顺序

Wang等人[34]在H.265中提出了相关的并行优化算法，在本章中借鉴其算法思想，应用在H.266中使用GPU对环路滤波进行优化。在H.266中环路滤波包括DBF、SAO和ALF三种滤波器，如图6.34所示。其中DBF按照滤波顺序标记为D.1、D.2、D.3和D.4。SAO按照滤波顺序标记为S.1、S.2和S.3。ALF的滤波顺序为块分类，几何变换，滤波信号和滤波，按照顺序标记为A.1、A.2、A.3和A.4。根据NoRkin等人的统计[35]，在H.266中的三种测试配置AI、RA、LDP下，对所有视频进行测试后，DBF能够节省大约1.3%、2.6%、3.3%的BD-rate。根据Fu等人的统计[36]，在H.266中的四种测试配置AI、RA、LDB、LDP下，SAO能够节省大约0.7%、1.7%、2.5%、9.2%的BD-rate，ALF分别能够实现大约1.5%、2.7%、3.0%、8.5%的BD-rate的降低。环路滤波在VVC中可以提高视频编码的压缩性能，提高滤波效果，提升压缩后视频的主客观质量。然而，随着需要压缩的视频分辨率越来越大以及深度学习算法的加入，在实时编解码的场景应用中，环路滤波需要大量的复杂计算过程以及对内存的大量需求，无疑不对设备的软硬件和功率带来挑战。在VVC的开源编码器H.266中，占用的时间不仅随着视频分辨率的增大而增加，还随着编码速度的加快而增加，这是因为在H.266中编码端由低速配置到高速配置时，许多模块都采用了快速优化算法，例如快速的帧内预测和快速的帧间预测，而环路滤波没有相应的快速算法，所以占比复杂度会越来越高，这会影响整体的计算速度，并且对于2K和4K的视频，需要更加精细的滤波操作，大量的计算也增加了低功率设备的负担。

6.4.2 算法的流程

VVC延续了HEVC中的并行编码方案（Wavefront Parallel Processing，WPP），即波前并行处理[37]，这是一种在高效视频编码中采取的一种多线程并行处理方法。该方案将每一帧图像以CTU为单位划分成许多行，每一个CTU行独自占用一个CPU线程去编码去实现并行编码，WPP可以同时提升帧内编码和帧间编码的并行度。与此同时这会带来一个问题，所有编码过程都是在CPU端完成的，并且每个任务是按照一定的顺序执行的，这会导致并发性计算占比以及编码效率较低。于是结合CPU和GPU各自硬件的优点，在CTU级别利用CPU+GPU并行编码的方法提高环路滤波的并行度，用来降低环路滤波在视频编码的时间占比，进一步提升编码效率。基于GPU的并行优化处理结构如图6.35所示。

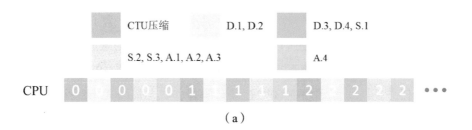

（a）

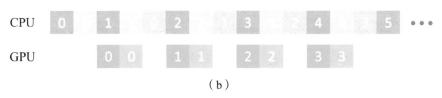

图6.35　CPU和GPU联合处理的环路滤波并行优化框架

如图6.35（a）所示，对于全部在CPU端执行的CTU编码可以为五个任务。第一个任务是除了环路滤波之外CTU压缩过程。第二个任务是D.1和D.2。第三个任务是D.3、D.4和S.1。第四个任务是S.2、S.3和ALF中的块划分、几何变换和滤波信号，即A.1、A.2和A.3。第五个任务为ALF中的滤波，即A.4。

如图可以看到默认编码端对于一个CTU行的五个任务是按照固定顺序进行编码的，全部完成后再从第一个任务开始运行。本章提出的CPU和GPU协同工作的VVC并行编码框架如图6.35（b）所示。在处理划分好的CTU行时，将环路滤波每一个模块根据各自的特点分配到CPU或者GPU上，利用功能并行的特点提升编码并行度，降低编码端环路滤波的耗时。在CPU端进行的部分有第一个任务CTU压缩过程，第二个任务DBF中的D.1和D.2，第四个任务S.2、S.3、A.1、A.2和A.3。这几个任务的计算内容更符合CPU的计算特点。

在GPU端进行的部分有第三个任务D.3、D.4和S.1以及第五个任务A.4，这四个部分是环路滤波中较为复杂的环节，并且环路滤波中的深度学习处理的部分大多位于这些阶段，将它放在GPU端并行处理，可以合理地安排并行结构来减少编码时间。

具体过程是先将视频的每一帧划分成不同的CTU，为了和WPP并行算法兼容，该算法也是按照以CTU为单位，一行一行的顺序去处理。在第二个任务完成时，将接下来需要的数据从CPU端传到GPU端，然后与第五个任务一同按照顺序在GPU进行计算操作，与此同时下一个CTU行的第一与第二任务并行的在CPU端执行。第四个任务执行前需要将所需数据再从GPU端传到CPU端，这个任务需要跟在下一个CTU行来操作处理，这样能够充分发挥CPU和GPU各自的计算特点。

6.4.3 实验结果与分析

本章提出的算法是在VVC视频编码器VTM-12.0上进行测试，使用JVET标准的18个测试序列，并且在4种QP下进行测试，使用VTM默认配置参数并且遵守通用测试条件[38]。

使用T'来表示本章算法节省的时间，定义如公式（6-46）所示。

$$T' = \frac{T_1 - T_2}{T_1} \times 100\% \qquad （6\text{-}46）$$

其中，T1和T2分别表示VTM-12.0和提出的方法中环路滤波所需的计算时间。实验结果如表6.13所示。

表6.13 环路滤波并行优化的实验结果

Class	Resolution	Sequence	T'	BD-Y
A	2560×1600	Traffic	44.1%	-0.11%
		PeopleOnStreet	45.5%	-0.12%
B	1920×1080	Kimono	43.5%	-0.22%
		ParkScene	39.2%	-0.23%
		Cactus	39.1%	-0.23%
		BasketballDrive	44.2%	-0.21%
		BQTerrace	43.8%	-0.20%
C	832×480	BasketballDrill	37.8%	-0.19%
		BQMall	33.5%	-0.17%
		PartyScene	29.9%	-0.23%
		RaceHorses	31.2%	-0.17%
D	416×240	BasketballPass	21.8%	-0.15%
		BQSquare	26.0%	-0.20%
		BlowingBubbles	28.0%	-0.25%
		RaceHorses	26.6%	-0.16%

续表

Class	Resolution	Sequence	T'	BD-Y
E	1280×720	FourPeople	43.1%	−0.23%
		Johnny	42.5%	−0.24%
		KristenAndSara	42.6%	−0.20%
Average			36.8%	−0.19%

如表6.13所示，本章提出的基于GPU的环路滤波并行优化算法可以降低平均36.8%的编码时间。从实验结果可以发现，分辨率大小为1280×720及以上的视频可以降低接近45%的时间，而小分辨率的视频只能带来大约30%的时间节省。这是因为在分辨率较大的视频序列中每一行被划分成更多的CTU，本章提出算法和视频编码中的WPP都是基于CTU的多线程并行处理方法，因此高分辨率视频序列有更多的滤波阶段被放到GPU进行处理，这样可以带来更多的时间节省。并且由于使用GPU端保存CTU像素的统计结果，使得更多的像素统计得更加准确，进而带来编码性能的提升，使Y分量的BD-rate降低0.19%左右。

将本章提出的算法和第三章提出的基于超分辨率重建网络的环路滤波算法相结合，因为深度学习的引入，高精度的滤波方式必然会带来时间的增加，因此用本章算法来减少相应的时间，如表6.14所示。

表6.14　整体算法实验结果

Class	Resolution	ΔT1	ΔT2	BD-Y
A	2560×1600	42%	20%	−4.06%
B	1920×1080	38%	23%	−2.80%
C	832×480	18%	10%	−4.10%
D	416×240	12%	7%	−4.89%
E	1280×720	44%	19%	−4.28%

如表6.14所示，ΔT1为第三章算法增加的时间，并且分辨率越大的视频序列所需增加的时间越多，ΔT2为本章算法与第三章算法相结合后的

效果，可以减少所需要的时间。由于分辨率越大的视频，会被分成越小的CU块进行处理，基于超分辨率重建网络的环路滤波算法会更多地用来处理这些小的块，因而会增加较多的时间，B类的视频含有较多的大块背景，算法所减少的BD-rate没有其他类别的效果好。

6.5 基于RD-cost的360度视频样点自适应补偿快速算法

6.5.1 算法思想

SAO过程，主要分为三个部分，其中信息统计过程主要是对每个CTU进行EO和BO的分类和统计。EO具有4种类型(EO 0°、EO 90°、EO 135°、EO 45°)，每个类型都要将所有像素分成5类，再统计每类下像素个数和总失真；BO将所有像素按照像素强度进行分类，总共分成32类，再统计每类下像素个数和总失真，因此SAO过程具有较高计算复杂度，尽管SAO过程的复杂远远小于预测过程，但是在一些特定场景下仍然对低复杂度的SAO算法有一定的需求。SAO技术各个部分的计算复杂度已经被研究[39]，结果表明，信息统计的处理时间约占SAO总处理时间的82%，SAO类型决策和SAO滤波分别占11%和7%。复杂的信息统计过程是制约SAO处理速度的主要因素。对于传统的平面视频SAO快速算法的研究[40-47]已经取得了一定的成果，但是与平面视频相比，360度视频具有不同的特征，现有的SAO快速算法对于360度视频缺少针对性。

为了降低360度视频SAO过程的复杂度，我们首先对多种SAO类型进行分析。SAO过程中可选择的SAO类型有4种，分别是EO类型、BO类型、MERGE类型和OFF类型。其中EO类型和BO类型必须进行信息统计的过程，而MERGE类型和OFF类型不需要进行信息统计的过程。因此，我们设计了一种简化的SAO过程使得SAO过程仅包含MERGE类型和OFF类型，简化的SAO过程如图6.36所示。通过合理选择适合进行简化的SAO过程的CTU，来降低SAO过程的复杂度。由于SAO类型中MERGE类型的使用率高以及ERP视频两极区域球体权重低，对视频质量贡献小，所以合理地选择CTU使用简化的SAO过程，不会导致SAO的滤波效果明显降低。

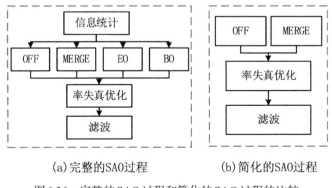

(a) 完整的SAO过程   (b) 简化的SAO过程

图6.36 完整的SAO过程和简化的SAO过程的比较

（1）RD-cost 与SAO 的关系

通过速率失真优化（RDO）[48]递归地计算HEVC标准中的帧内预测和帧间预测的最佳预测模式和最佳CU划分，率失真代价的计算公式如下：

$$J = D + \lambda \times R \qquad (6-47)$$

其中D表示当前预测模式中的失真，R表示在当前预测模式中对所有信息进行编码所需的比特数，λ是拉格朗日因子，J表示拉格朗日代价 (RD-cost)。越小的预测模式，其编码效率越高；而越大的预测模式，其编码效率越低。

SAO过程位于环路滤波中。当执行SAO处理时，所有CTU的帧内预测或帧间预测已经结束，并且已经计算了每个CTU的最佳RD-cost，因此使用RD-cost对SAO进行预测是可以实现的。图6.37展示了当量化参数（QP）为22、27、32和37时RD-cost与SAO之间的关系。

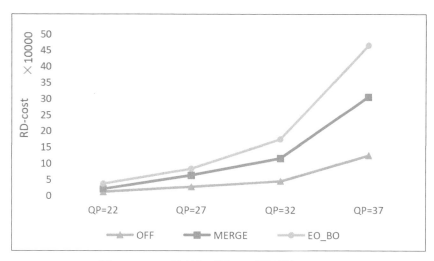

图6.37　SAO类型在不同QP下的平均RD-cost

从图6.37中可以发现以下特征：1、SAO类型与RD-cost存在相关性，RD-cost越大，越容易使用EO类型或者BO类型；2、OFF类型和MERGE类型的RD-cost要低于EO类型或者BO类型；3、随着QP的增加，OFF类型和MERGE类型的RD-cost与EO类型和BO类型的RD-cost区分度增加。

以上特点说明RD-cost可以在一定程度上反映SAO过程是否被执行，当RD-cost足够大的时候，说明该CTU有较大概率执行SAO过程；当RD-cost足够小的时候，说明该CTU有较大概率不执行EO类型和BO类型，并且这个阈值与QP有关。因此，RD-cost确实可以在一定程度用来判断是否进行EO类型和BO类型。

（2）MERGE与SAO的关系

MERGE类型是SAO类型之一，MERGE类型有两种子类型：Mergeleft和Mergeup。对于Mergeleft，当前CTU获得左侧相邻CTU的SAO类型（记录为Typeleft）和补偿值（记录为Offsetleft），然后根据Typeleft和Offsetleft直接进行率失真优化过程，为作为最优的SAO类型的候选类型之一。对于Mergeup，当前CTU获取上侧相邻CTU的SAO类型（记录为Typeup）和补偿值（记录为Offsetup），然后根据Typeup和Offsetup直接进行率失真优化过程，为最优的 SAO 类型的候选类型之一。将 MERGE 类型的 RD-cost 与 EO、BO 和 OFF 的 RD-cost 进行比较，以获得最佳 SAO 类型。MERGE 类型不需要在码流中写入 SAO 类型和补偿值，它只需要在码流中写入融合标志位（左或上）即可。与 OFF、EO 和 BO 相比，MERGE 更节省码流，因此 SAO 过程中 MERGE 类型的使用率高。图 6.38 显示了 MERGE 类型的应用示例，其中 MERGE 类型的使用依赖于与它相邻 CTU 的 SAO 参数。而表 6.15 展示了在不同 QP 下 MERGE 类型被使用的概率。

OFF	MERGE (OFF)	MERGE (OFF)	EO	MERGE (EO)	MERGE (EO)
MERGE (OFF)	MERGE (OFF)	MERGE (OFF)	MERGE (EO)	MERGE (EO)	MERGE (EO)
MERGE (OFF)	MERGE (OFF)	MERGE (OFF)	BO	MERGE (BO)	MERGE (BO)
MERGE (OFF)	MERGE (OFF)	MERGE (OFF)	MERGE (BO)	MERGE (BO)	MERGE (BO)

图 6.38　MERGE 类型的使用

表 6.15　MERGE 类型被使用的概率

测试序列	QP=22	QP=27	QP=32	QP=37
AerialCity	0.86	0.93	0.95	0.99
PoleVault	0.81	0.89	0.93	0.97
Balboa	0.80	0.82	0.89	0.93
BranCastle	0.89	0.89	0.92	0.96
Broadway	0.81	0.90	0.90	0.94
Landing	0.78	0.85	0.89	0.96
Gaslamp	0.84	0.89	0.93	0.98
Harbor	0.82	0.88	0.90	0.95

测试序列	QP=22	QP=27	QP=32	QP=37
KiteFlite	0.81	0.84	0.89	0.92
Trolley	0.85	0.86	0.88	0.94
ChairliftRide	0.86	0.91	0.94	0.98
SkateboardInLot	0.80	0.85	0.88	0.94
平均值	0.83	0.88	0.91	0.96

在图6.37中的每个块都表示一个CTU，并且标记每个CTU的SAO类型。MERGE（OFF）表示MERGE类型的真正SAO类型为OFF，MERGE（EO）和MERGE（BO）是相同的。在不同QP下MERGE类型被使用的概率如表6.15所示。结合图6.37和表6.15，MERGE类型在SAO过程中被大量地使用，而MERGE类型并不需要信息统计过程，因此在简化的SAO过程中添加MERGE类型是可以在几乎不影响SAO过程的情况下降低SAO过程复杂度。

由于MERGE类型的使用率极高，所以间隔进行SAO滤波也是降低SAO过程复杂度的一种方式，一种针对ERP视频球体权重分布特点的间隔采样区域的展示如图6.39所示。

图6.39　针对ERP视频权重分布特点的间隔采样区域展示（4096×2048）

该方法在两极区域采用较大的采样间隔，因为在两极区域一方面由于两极区域拉伸导致其图像纹理相对简单，另一方面两极区域的球体权重较小，因此即使进行采样处理对360度视频质量的影响也很小。在赤道区域则不进行采样处理，以保证360度视频质量。

针对ERP视频低权重区域对视频质量贡献小，高权重区域对视频质量贡献大的特点，非等间隔采样的方法可以有效提高SAO过程的编码效率。在低权重区域，更多的使用简化的SAO过程，虽然会导致SAO过程在该区域的滤波效果下降，但是由于该区域对视频质量贡献极小，所以简化的SAO过程在该区域的使用导致的滤波效果的降低也是极小的。在对滤波效果没有明显降低的情况下，简化的SAO过程的使用将节省大量的编码时间，因此，对ERP视频采用非等间隔采样，选择使用简化的SAO过程的CTU是十分有必要的。图6.40展示了一种4K测试序列的非等间隔采样方法。通过实验测试，间隔采样方法的每行的采样间隔确定为公式（6-48）。

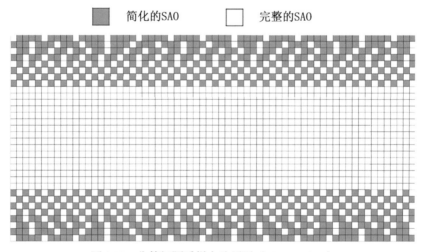

图6.40　非等间隔采样方法展示（4096×2048）

$$Interval(x, y) = Floor(-\log_2^{weight(x,y)}) \qquad (6\text{-}48)$$

其中 $Floor$ 表示向下取整，$weight(x, y)$ 表示ERP视频的权重比例因子，而 $Interval(x, y)$ 表示CTU在第 y 行时的采样间隔。从图6.40中可以看出，在两极区域采用更大的采样间隔，在赤道区域采用更小的采样间隔，并且随着纬度的增加采样间隔逐渐增加。采样间隔的计算为自适应的，如图6.40对于4K的测试序列最大采样间隔为5，而对于8K的测试序列将采用更大的采样间隔。

6.5.2 算法流程

根据上一节的分析提出SAO快速算法，其流程图如图6.41所示。它主要由两部分组成：完整的SAO过程和简化的SAO过程。完整的SAO流程包括所有SAO类型和步骤。简化的SAO过程仅包含OFF和MERGE类型，省略信息统计。通过率失真代价(RD-cost)和采样间隔(Interval)设计了一种两阶段的选择方法。第一阶段判断RD-cost是否符合阈值要求，第二阶段判断Interval是否符合阈值要求。其中算法框图中m表示连续执行简化SAO过程的CTU的数量，令Interval> m可以确保当未达到算法设置的采样间隔时，将执行简化的SAO过程。本章提出的算法通过两步的判断来确定是否执行简化的SAO过程。

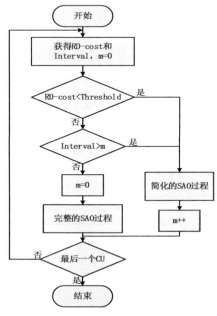

图6.41　本章提出的算法的流程图

本章提出的算法步骤：1、在SAO过程开始之前，获得当前CTU的RD-cost和采样间隔Interval。2、如果RD-cost<Threshold，则执行简化的SAO过程，否则进行第二步决策。3、如果Interval>m，则执行简化的SAO过程，否则执行完整的SAO过程。4、用最终选择获得的SAO类型对当前CTU进行SAO滤波，并开始下一个CTU。

有一点需要指出，简化的SAO过程包括两种SAO类型：OFF类型和MERGE类型。OFF类型不需要统计信息，但MERGE类型有时需要一些统计信息。当MERGE的真实类型不是OFF时，MERGE类型需要真实类型的统计信息。例如，如果真实类型是EO 90°，则MERGE仅需要当前CTU的EO 90°的统计信息。因此，在这种情况下，MERGE需要在简化的SAO过程中执行信息收集过程，但它不是完整的信息收集过程，仅需对真实SAO类型进行信息收集，其复杂度也远低于完整的SAO过程。

6.5.3 实验结果与分析

通过在不同QP下的实验统计，我们暂定阈值如表6.16所示。根据第三章对于ERP视频和球体权重的研究，可知不同纬度的CTU对SAO最终的滤波效果是不同的，赤道区域的CTU对SAO滤波效果的影响远大于两极区域的CTU。因此，本章提出的算法使用$-\log_2^{weight\,(x,\,y)}$来表示不同纬度的比例因子，纬度越大，该比例因子越大。我们利用比例因子，将原有固定阈值分成固定阈值与可变阈值两部分，引入可变阈值的目的是实现两极区域和赤道区域的差别处理，适应ERP视频球体权重分布特点。经过试验统计固定阈值与可变阈值的比例设为2:1，因此，在表6.16中阈值的基础之上进行修改，得到新的阈值如表6.17所示。

表6.16　在不同QP下Threshold的取值

QP	22	27	32	37
Threshold	30000	60000	120000	240000

表6.17　ERP视频在不同QP下改进的Threshold

QP	Threshold
22	$20000 + 10000 \times \left(-\log_2^{weight(x,y)}\right)$
27	$40000 + 20000 \times \left(-\log_2^{weight(x,y)}\right)$
32	$80000 + 40000 \times \left(-\log_2^{weight(x,y)}\right)$
37	$160000 + 80000 \times \left(-\log_2^{weight(x,y)}\right)$

表6.17中的阈值随着QP的增加而增加。因此，阈值不仅应与ERP权重相关，还应与QP相关。利用指数函数对阈值和QP进行曲线拟合，得到阈值的最终表达式。对于4K的视频其阈值分布情况如图6.42所示。在图6.42中展示了一帧视频中所有CTU的阈值，图中横坐标为CTU光栅扫描的顺序，即从第一行CTU开始自左向右、自上到下的顺序。该阈值中加入了两极拉伸因子，在两极区域的取值较大，允许更多的CTU采用简化的SAO过程，而在赤道区域的取值较小，确保赤道区域的CTU使用完整的SAO过程的数量，保证了ERP视频SAO过程的编码效果不会明显降低。

$$Threshold = 475 \times e^{0.1386 \times QP} \times \left(2 - \log_2^{weight(x,y)}\right) \qquad (6-49)$$

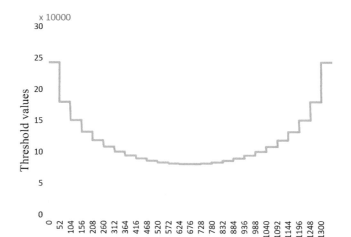

图6.42　改进的Threshold分布情况（AerialCity，QP=32）

表6.18　Threshold 在不同QP下判断的准确率

测试序列	QP=22		QP=27		QP=32		QP=37	
	两极	赤道	两极	赤道	两极	赤道	两极	赤道
AerialCity	0.46	0.76	0.61	0.84	0.60	0.81	0.96	0.78
PoleVault_le	0.24	0.81	0.70	0.84	0.72	0.84	0.83	0.70
BranCastle2	0.43	0.95	0.45	0.95	0.46	0.94	0.47	0.93
Trolley	0.64	0.90	0.75	0.89	0.77	0.81	0.75	0.76

表6.18显示了Threshold 在不同QP下判断的准确率。通过表6.18发现赤道区域的准确度非常高，准确性大多超过80%。根据ERP视频球体权重分布特点，赤道区域的高准度确保了视频质量不会明显降低；同时两极区域的准确率起伏较大，但是由于两极区域球体权重低，所以即使两极区域判断的准确率低，它对SAO的滤波效果的影响也是很小的。因此Threshold 的选择符合预期的结果，对于360度视频而言，本章提出的算法可以契合360度视频特点，既保证了SAO过程的滤波效果，又能节省大量的SAO处理时间。

参考文献

[1]周芸，冉峡，胡潇，郭晓强. H.266/VVC视频编码环路滤波技术研究[J]. 广播电视信息，2020，27（6）：32-36.

[2]ITU-R BT.2100-2. Image Parameter Values for High Dynamic Range Television for Use in Production and International Programme Exchange[S]. 2018.

[3]朱秀昌，唐贵进. H.266/VVC：新一代通用视频编码国际标准[J]. 南京邮电大学学报（自然科学版），2021，62（2）：1-11.

[4]C. Dong, C. C. Loy, K. He, et al. Image super-resolution using deep convolutional networks[J]. IEEE Transactions on Pattern Analysis and Machine Intelligence, IEEE, 2016, 38（2）：295-307.

[5]D. Chao, C. L. Chen, X. Tang. Accelerating the Super-Resolution

Convolutional Neural Network[C]. European Conference on Computer Vision，14th European Conference on Computer Vision：Springer Verlag，2016：325–341.

[6]J. Kim，J. K. Lee，K. M. Lee. Accurate Image Super–Resolution Using Very Deep Convolutional Networks[C]. 2016 IEEE Conference on Computer Vision and Pattern Recognition（CVPR），Las Vegas，NV，USA：IEEE，2016：1646–1654.

[7]李欣，崔子冠，朱秀昌. 超分辨率重建算法综述[J]. 电视技术，2016，40（9）：1–9.

[8]Y. Dai，L. Dong，W. Feng . A Convolutional Neural Network Approach for Post–Processing in HEVC Intra Coding[C]. International Conference on Multimedia Modeling，Switzerland：Springer Verlag，2016：28–39.

[9]L. Chen，S. Li，X. Rong，et al. CNN based post–processing to improve HEVC[C]. 2017 IEEE International Conference on Image Processing（ICIP），Beijing，China：IEEE，2017：4577–4580.

[10]C. M. Jia，S. Q. Wang，X. F. Zhang，et al. Spatial–Temporal Residue Network Based In–Loop Filter for Video Coding[C]. 2017 IEEE Visual Communications and Image Processing（VCIP），St. Petersburg，FL，USA：IEEE，2017：42–45.

[11]Y. Zhang，T. Shen，X. Ji，et al. Residual Highway Convolutional Neural Networks for in–loop Filtering in HEVC[J]. IEEE Transactions on Image Processing，IEEE，2018，27（8）：3827–3841.

[12]Y. Ren，X. Mai，Z. Wang. Decoder–side HEVC quality enhancement with scalable convolutional neural network[C]. 2017 IEEE International Conference on Multimedia and Expo（ICME），Hong Kong，China：IEEE，2017：817–822.

[13]R. Kang，W. Zhou，X. Huang，et al. An efficient deblocking filter algorithm for HEVC[C]. 2014 IEEE China Summit & International Conference

on Signal and Information Processing（ChinaSIP），Xi'an, China: IEEE, 2014: 379–383.

[14]J. Joo, Y. Choi, K. Lee. Fast sample adaptive offset encoding algorithm for HEVC based on intra prediction mode[C]. 2013 IEEE Third International Conference on Consumer Electronics Berlin（ICCE–Berlin）, Berlin, Germany: IEEE, 2013: 50–53.

[15]K. Yang, W. Shuai, Y. Gong, et al. Fast sample adaptive offset for H.265/HEVC based on temporal dependency[C]. 2016 Asia–Pacific Signal and Information Processing Association Annual Summit and Conference （APSIPA）, Jeju, Korea（South）: IEEE, 2016: 278–281.

[16]M. Kotra, M. Raulet, O. Deforges. Comparison of Different Parallel Implementations for Deblocking Filter of HEVC[C]. 2013 IEEE International Conference on Acoustics, Speech and Signal Processing, Vancouver, B. C, Canada: IEEE, 2013: 2721–2725.

[17]Yan, Y. Zhang, J. Xu, et al. Efficient Parallel Framework for HEVC Motion Estimation on Many–Core Processors[J]. IEEE Transactions on Circuits and Systems for Video Technology, IEEE, 2014, 24（12）: 2077–2089.

[18]F. D. Souza, N. Roma, L. Sousa. Cooperative CPU+GPU deblocking filter parallelization for high performance HEVC video codecs[C]. 2014 IEEE International Conference on Acoustics Speech and Signal Processing （ICASSP）, Florence, Italy: IEEE, 2014: 4993–4997.

[19]W. Jiang, H. Mei, F. Lu, et al. A novel parallel deblocking filtering strategy for HEVC/H.265 based on GPU[J]. Concurrency and Computation Practice and Experience, John Wiley and Sons Inc, 2016, 28（16）: 4264–4267.

[20]F. Eldeken, R. M. Dansereau, M. M. Fouad, et al. High throughput parallel scheme for HEVC deblocking filter[C]. 2015 IEEE International Conference on Image Processing（ICIP）, Quebec City, Canada: IEEE, 2015: 1538–1542.

[21]W. Zhang, C. Guo. Design and implementation of parallel algorithms for sample adaptive offset in HEVC based on GPU[C]. 2016 Sixth International Conference on Information Science and Technology（ICIST）, Dalian, China: IEEE, 2016: 181–187.

[22]D. Souza, A. Ilic, N. Roma, et al. HEVC in–loop filters GPU parallelization in embedded systems[C]. 2015 International Conference on Embedded Computer Systems: Architectures, Modeling, and Simulation（SAMOS）, Samos, Greece: IEEE, 2015: 123–130.

[23]M. Z. Wang, S. Wan, H. Gong, et al. Attention–Based Dual–Scale CNN In–Loop Filter for Versatile Video Coding[J]. IEEE Access, IEEE, 2019, 7（1）: 214–226.

[24]S. Woo, J. Park, J. Y. Lee, et al. CBAM: Convolutional Block Attention Module[C]. European Conference on Computer Vision（ECCV）, 14th European Conference on Computer Vision: Springer Verlag, 2018: 1–17.

[25]K. He, X. Zhang, S. Ren, et al. Deep Residual Learning for Image Recognition[C]. 2016 IEEE Conference on Computer Vision and Pattern Recognition（CVPR）, Las Vegas, NV, USA: IEEE, 2016: 770–778.

[26]G. Huang, Z. Liu, V. Laurens, et al. Densely Connected Convolutional Networks[C]. 2017 IEEE Conference on Computer Vision and Pattern Recognition（CVPR）, Honolulu, HI, USA: IEEE, 2017: 2261–2269.

[27]S. Ioffe, C. Szegedy. Batch Normalization: Accelerating Deep Network Training by Reducing Internal Covariate Shift[C]. 32nd International Conference on Machine Learning（ICML 2015）, Lille, France: IEEE, 2015: 551–562.

[28]E. Shelhamer, J. Long, T. Darrell. Fully Convolutional Networks for Semantic Segmentation[J]. IEEE Transactions on Pattern Analysis and Machine Intelligence, IEEE, 2017, 39（4）: 640–651.

[29]亓晓振, 王庆. 一种基于稀疏编码的多核学习图像分类方法[J]. 电

子学报, 2012, 40（4）：773-779.

[30]W. Shi, J. Caballero, F. Huszár, et al. Real-Time Single Image and Video Super-Resolution Using an Efficient Sub-Pixel Convolutional Neural Network[C]. 2016 IEEE Conference on Computer Vision and Pattern Recognition（CVPR）, Las Vegas, NV, USA：IEEE, 2016：1874-1883.

[31]E. Agustsson, R. Timofte. NTIRE 2017 Challenge on Single Image Super-Resolution：Dataset and Study[C]. 2017 IEEE Conference on Computer Vision and Pattern Recognition Workshops（CVPRW）, Honolulu, HI, USA：IEEE, 2017：1122-1131.

[32]S. Li, T. Xun, Z. Wei, et al. The SJTU 4K video sequence dataset[C]. 2013 Fifth International Workshop on Quality of Multimedia Experience（QoMEX）, Klagenfurt am Woerthersee, Austria：IEEE, 2013：34-35.

[33]翟少华, 刘淘英, 王晓欣, 等. CPU和GPU的协同工作[J]. 河北科技大学学报, 2011, 32（6）：585-589.

[34]王洋. 基于深度学习的视频编码技术研究[D]. 哈尔滨工业大学, 2019.

[35]Norkin, G. Bjontegaard, A. Fuldseth, et al. HEVC Deblocking Filter[J]. IEEE Transactions on Circuits and Systems for Video Technology, IEEE, 2012, 22（12）：1746-1754.

[36]M. Fu, C. Y. Chen, Y. W. Huang, et al. Sample adaptive offset for HEVC[C]. 2011 IEEE 13th International Workshop on Multimedia Signal Processing, Hangzhou, China：IEEE, 2011：978-982.

[37]S. Radicke, J. U. Hahn, C. Grecos, et al. A Multi-Threaded Full-feature HEVC Encoder Based on Wavefront Parallel Processing[C]. 2014 International Conference on Signal Processing and Multimedia Applications（SIGMAP）, Vienna, Austria：IEEE, 2014：226-234.

[38]K. Suehring, X. Li. Common test conditions and software reference configurations[R]. Joint Video Exploration Team（JVET）of ITU-T

SG16 WP3 and ISO/IEC JTC1/SC29/WG11，2nd meeting，document JVET-B1010，San Diego，USA，Feb. 2016.

[39]Y. Choi and J. Joo, Exploration of Practical HEVC/H.265 Sample Adaptive offset Encoding Policies[J], in IEEE Signal Processing Letters, 2015, vol. 22, no. 4, pp. 465-468.

[40]C. Yan et al., A Highly Parallel Framework for HEVC Coding Unit Partitioning Tree Decision on Many-core Processors[J], in IEEE Signal Processing Letters, 2014, vol. 21, no. 5, pp. 573-576.

[41]Y. Wang, X. Guo, X. Fan, Y. Lu, D. Zhao and W. Gao, Parallel In-Loop Filtering in HEVC Encoder on GPU[J], in IEEE Transactions on Consumer Electronics, 2018, vol. 64, no. 3, pp. 276-284.

[42]D. M. Tung, T. L. Thang Dong and T. Thien Anh, An efficient parallel execution for intra prediction in HEVC Video Encoder[C], 2014 International Conference on Computing, Management and Telecommunications (ComManTel), Da Nang, 2014, pp. 233-238.

[43]H. Wang, B. Xiao, J. Wu, S. Kwong and C. -. J. Kuo, A Collaborative Scheduling-Based Parallel Solution for HEVC Encoding on Multicore Platforms[J], in IEEE Transactions on Multimedia, 2018, vol. 20, no. 11, pp. 2935-2948.

[44]Z. Zhengyong, C. Zhiyun and P. Peng, A fast SAO algorithm based on coding unit partition for HEVC[C], 2015 6th IEEE International Conference on Software Engineering and Service Science (ICSESS), Beijing, 2015, pp. 392-395

[45]J. Joo, Y. Choi and K. Lee, Fast sample adaptive offset encoding algorithm for HEVC based on intra prediction mode[C], 2013 IEEE Third International Conference on Consumer Electronics Berlin (ICCE-Berlin), Berlin, 2013, pp. 50-53.

[46]T. Y. Kuo, H. Chiu and F. Amirul, Fast sample adaptive offset encoding for HEVC[C], 2016 IEEE International Conference on Consumer Electronics-

Taiwan (ICCE–TW), Nantou, 2016, pp. 1–2.

[47]S. Yin, X. Zhang and Z. Gao, Efficient SAO coding algorithm for x265 encoder[C], 2015 Visual Communications and Image Processing (VCIP), Singapore, 2015, pp. 1–4.

[48]G. J. Sullivan, J. Ohm, W. Han and T. Wiegand, Overview of the High Efficiency Video Coding (HEVC) Standard[J], in IEEE Transactions on Circuits and Systems for Video Technology, 2012, vol. 22, no. 12, pp. 1649–1668.

第七章　虚拟现实视频编码优化

7.1 虚拟现实视频编码

7.1.1 虚拟现实视频研究背景与应用

随着人们对虚拟现实（Virtual Reality，VR）应用兴趣的日渐浓厚，虚拟现实视频正在逐渐普及。虚拟现实360度全景视频是通过多个广角相机拍摄，然后使用电脑模拟合成来呈现的[1]。虚拟现实视频提供了拍摄现场的球面展示，可以使用头戴式显示器随意观看[2]。这类视频可以使观看者实现视觉感官上的模拟，让观看者拥有三维空间的虚拟世界，彷佛身临其境，没有限制地观察三维空间内的事物[3]。

目前，虚拟现实360度视频的应用十分广泛[4-7]。在影视行业，虚拟现实360度视频可以构建出影视场地的虚拟三维空间场景，形成独特的观影体验；在网络直播行业，虚拟现实360度视频可以将活动现场还原到虚拟空间中，让观看者切身地感受现场氛围；在数字展馆行业，虚拟现实360度视频与展馆的结合，可以数字化地呈现实体站的全部内容，突破时空的局限性；航空模拟领域中，虚拟现实360度技术能更加真实地进行仿真模拟训练，减小教练机的使用，极大地降低了飞行员的训练成本，也提高了训练安全；在商业营销中利用虚拟现实技术，可以提高消费者的感官体验，充分调动消费者的感性因素，从而激发消费者的购买欲望。著名科技公司谷歌发布了虚拟现实360度视频平台——Daydream，计划提供"现实世界能体验到的完全相同的东西"。

图7.1　虚拟现实360度视频序列KiteFlite

图7.2　虚拟现实360度视频序列Broadway

虚拟现实360度视频需要拍摄场景周围全部方向上的图像，为了提供更逼真的视觉体验，虚拟现实360度视频通常伴随着高分辨率和高帧率[8]。图7.1和图7.2展示了两个典型的虚拟现实360度视频测试序列。

7.1.2 虚拟现实视频编码

虚拟现实视频编码的研究工作在JVET的领导下进行，JVET全称联合视频探索小组，是针对未来视频压缩和编解码技术进行研究的小组。由于虚拟现实视频是球面视频，无法直接使用传统方法进行编码，对此JVET提出的编码方式是先将球面虚拟现实视频投影为2D视频，然后使用HEVC进行编码[9]。

在虚拟现实视频编码过程中，虚拟现实视频的投影工作由360Lib完成，360Lib是一个由JVET发布，针对虚拟现实视频格式转换的软件包。它可以被当成插件集成到HM与JEM之中，也可以单独运行。单独运行时360Lib仅仅对视频进行投影，作为插件集成到HM或JEM中时，编码器可以在视频投影完毕后直接进行压缩编码，不再产生中间YUV，提高编码效率。JEM是在HEVC的基础上进行研究的下一代视频压缩技术，其压缩效率比HEVC高20%，但复杂度提升了数倍，目前技术并不成熟，本章的研究将针对HEVC+360Lib的编码方式[10]。

如图7.3所示，在编码虚拟现实视频时，首先将虚拟现实视频通过投影转换为二维视频，再以普通视频的编码方式（如HEVC）对它进行编码，然后对重建后的二维视频进行反投影，得到重建后的虚拟现实视频。这个编码过程相对于普通视频，在编码的前后增加了视频格式的投影和反投影过程[11]。

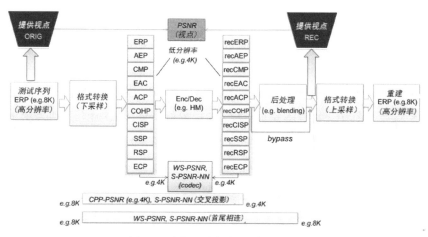

图7.3 虚拟现实视频的编码过程

7.1.3 虚拟现实视频的投影格式

JVET发布的虚拟现实360度视频编码测试模型中包含的投影格式如表7.1所示：

表 7.1　JVET 提出的投影格式

序号	投影格式
0	等矩形投影 Equirectangular Projection（ERP）[12]
1	立方体投影 Cubemap Projection（CMP）[13]
2	调整后的等区域投影 Adjusted Equal-area Projection（AEP）
3	正八面体投影 Octahedron Projection（OHP）
4	正二十面体投影 Icosahedron Projection（ISP）
5	截断的金字塔投影 Truncated Square Pyramid Projection（TSP）
6	分段球面投影 Segmented Sphere Projection（SSP）
7	调整后的立方体投影 Adjusted Cubemap Projection（ACP）
8	旋转球面投影 Rotated Sphere Projection（RSP）
9	等角度立方体投影 Equi-angular Cubemap Projection（EAC）
10	赤道圆柱投影 Equatorial Cylindrical Projection（ECP）
11	混合等角度立方体投影 Hybrid Equi-angular Cubemap Projection（HEC）

要对虚拟现实360度视频进行编码，需要先将它投影到2D平面上。某些投影格式只有一个投影面（例如ERP），而某些投影格式有多个投影面（例如CMP）。球坐标系如图7.4所示，以球心为原点建立一个XYZ三维坐标系，其中φ的范围是$[-\pi/2, \pi/2]$，θ范围是$[-\pi, \pi]$，分别表示上下180度和左右360度的球面范围，(θ, φ)和(X, Y, Z)的对应关系如公式（7-1）和（7-2）所示，本节用这种经纬度与三维坐标系的转换关系来描述球面视频的像素位置和投影格式。

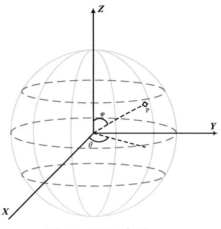

图7.4 XYZ 坐标系

$$X = \sin(\varphi)\cos(\theta)$$
$$Y = \sin(\varphi)\sin(\theta) \qquad\qquad (7\text{--}1)$$
$$Z = \cos(\varphi)$$

反之，经度和纬度（φ, θ）可以使用（X, Y, Z）坐标系表示出来，如公式（7-2）所示：

$$\theta = \tan^{-1}(Y / X)$$
$$\varphi = \cos^{-1}(Z / (X^2 + Y^2 + Z^2)^{\frac{1}{2}}) \qquad\qquad (7\text{--}2)$$

（1）ERP投影格式

等矩形投影（ERP）[12]将球面的坐标和矩形平面的坐标对应起来，根据球体赤道区域的宽度为基准进行投影，因此高纬度区域会被拉伸以满足宽度要求[14]。为2D投影平面定义2D平面坐标系，称之为uv平面。采样点位置表示为（m, n），即图7.5中的小圆环，其中m和n是采样位置的列和行坐标。图7.5显示了ERP投影面中的采样坐标定义。为了在两个方向上以对称方式排列所有采样点，（u, v）坐标原点与（m, n）的原点之间存在偏移[15]，如图7.5所示。

图 7.5　ERP 投影平面采样坐标示例

对于 ERP，uv 平面中的 u 和 v 在 [0，1] 范围内。假设 W 和 H 分别是投影面的宽度和高度，采样位置（m, n）和（u, v）的关系可以用公式（7-3）计算：

$$u = (m+0.5)/W, 0 \le m \le W$$
$$v = (n+0.5)/H, 0 \le n \le H$$

（7-3）

球体中的经度和纬度（φ, θ）可以通过（u, v）计算：

$$\theta = (u-0.5)*(2*\pi)$$
$$\varphi = (0.5-v)*\pi$$

（7-4）

ERP 投影只有一个投影面，在投影完成后可以直接进行编码，但由于存在高纬度区域的拉伸，视频信息的扭曲失真无法避免，编码效果会受到影响。

（2）CMP 投影格式

立方体投影（CMP）[13] 是将球面信息投影到球的外接立方体上，形成相对于球心位置的上、下、左、右、前和后六个投影面（如图 7.6 所示）[16]。

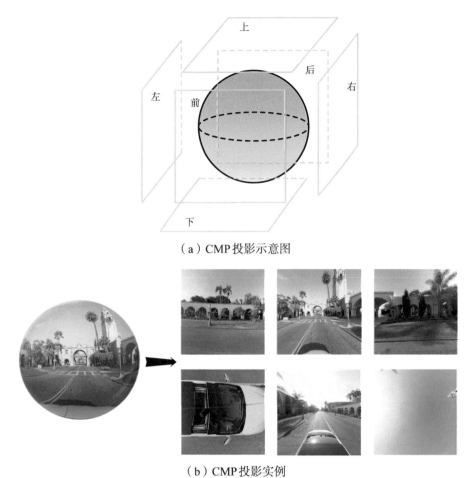

（a）CMP投影示意图

（b）CMP投影实例

图7.6　CMP投影示意图及实例

　　在图7.7中，显示了每个CMP面的uv平面定义。表7.2指定了对应于六个CMP面中的每一个面的索引值。uv平面中的每个面都是2×2的面，u和v的定义范围为[-1，1]。

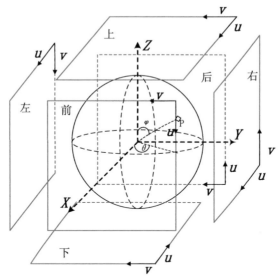

图 7.7　CMP 投影面的坐标定义

表 7.2　CMP 格式的投影面序号及名称

投影面序号	投影面名称	备注
0	前	"正面"处于 X 轴的正半轴
1	后	"后面"处于 X 轴的负半轴
2	上	"上面"处于 Z 轴的正半轴
3	下	"下面"处于 Z 轴的负半轴
4	右	"右面"处于 Y 轴的正半轴
5	左	"左面"处于 Y 轴的负半轴

　　假设每个方形面都为 $A \times A$ 的面。uv 平面和（m, n）坐标之间的坐标转换关系通过等式（7-5）计算：

$$u = (m+0.5)*2/A-1, 0 \leq m \leq A$$
$$v = (n+0.5)*2/A-1, 0 \leq n \leq A$$

（7-5）

　　由于 CMP 投影方法将球面信息按照不同的对应关系分别投影到了外接立方体的 6 个面上，因此对于每一个投影面，几乎不存在像 ERP 格式中对高纬度区域的拉伸变形，确保了投影前后视频信息的保真度。此外，

CMP格式在编码前需要将6个投影面拼接成一个连续的平面，在这个拼接过程中，可以根据球面信息在6个投影面的分布情况自由选择拼接方案，最大程度优化投影效果。CMP 3×2封装格式的拼接方法如图7.8所示，底行的面均旋转90度，确保了上下两行视频的连续性。

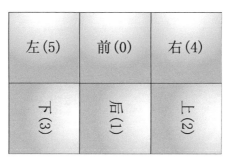

图7.8 CMP格式的3×2封装

（3）其它投影格式

表7.3显示了虚拟视频的其它投影格式。

表7.3 其它投影格式

投影名称	投影特点
ACP	与CMP相似，有6个投影面，只是在投影转换的过程中，三维坐标系到uv平面的转换关系与CMP有差异
EAC	EAC格式和CMP以及ACP格式类似，也有6个投影面，只是相比于ACP，对前后投影面的转换关系作了些许修改，就整体投影格式而言没有太多变动[17]
OHP	将球投影到外接正八面体上，有8个三角形投影面，非紧凑OHP和紧凑OHP的拼接实例如图7.9和7.10所示
ISP	将球投影到外接正二十面体上，有20个三角形投影面，非紧凑ISP和紧凑ISP实例如图7.11和7.12所示
SSP	将球体分为3个部分：北极、赤道和南极，3段的边界在45° N和45° S，北极和南极被映射成2个圆，赤道部分投影与ERP相同，图7.13所示为SSP投影实例[18]
RSP	类似于网球面，将球体划分为两个大小相等的区域，在2D投影平面将它们平行展开拼接成两行[19]

投影名称	投影特点
ECP	将球体划分为三个区域，赤道、北极和南极，将Lambert圆柱等面积投影应用于赤道区域，赤道区域占球总面积的2/3，两极区域映射成正方形[20]
TSP	将球投影到外接立方体（立方体顶端截断成正方形面），编码前将六个投影面拼接成紧凑的平面[21]

图7.9　非紧凑OHP投影实例

　　图7.9中的灰色区域为"无效区域"，"无效区域"被定义为2D图像中不对应于球体上的任何样本位置的样本，它们在360Lib中会用默认的灰色填充。

（a）竖直型紧凑OHP拼接方法实例

（b）水平型紧凑 OHP 拼接方法实例

图 7.10　两种紧凑 OHP 拼接方法实例

图 7.11　非紧凑 ISP 实例：灰色区域为"无效区域"，即实际不存在像素信息的区域

图 7.12　紧凑 ISP 实例

图7.13　SSP投影实例

7.1.4　虚拟现实视频的质量评估标准

在现有的视频编码标准下，虚拟现实视频需要经过投影成为二维平面图像，再以HEVC标准进行编码。在观看时需要先将重建后的平面视频反投影，还原成为球形视频，则用户看到是球形视频。

考虑到虚拟现实视频有不同投影格式的特性，在编码中存在重点区域不同的问题。所以直接使用HEVC的原有指标PSNR对投影后的虚拟现实视频进行质量评估并不准确[22]。

目前在360Lib框架中，采纳了WS-PSNR、S-PSNR、CPP-PSNR作为360视频的客观质量评估标准，其中S-PSNR分为S-PSNR-I和S-PSNR-NN[23]。

（1）WS-PSNR

假设投影后的二维图像尺寸为M×N，计算加权均方误差WMSE公式（7-6）如下：

$$\text{WMSE}=\frac{1}{\sum\limits_{i=0}^{M-1}\sum\limits_{j=0}^{N-1}w(i,j)}\sum\limits_{i=0}^{M-1}\sum\limits_{j=0}^{N-1}(y(i,j)-y'(i,j))^2\times w(i,j)\qquad（7-6）$$

其中y(i, j)和y'(i, j)为参考和重建图像的像素值。w(i, j)为权重。

计算WS-PSNR的方法如公式（7-7）所示[23]：

$$\text{WS-PSNR}=10\log(\frac{I_{MAX}^2}{\text{WMSE}})\qquad（7-7）$$

公式中（7-7）中，I_{MAX}表示图像最大灰度级。

因为WS-PSNR指标使用虚拟现实视频经投影生成的平面视频计算，

所以不同的投影格式中各位置的权重$w(i, j)$也不同。这是WS-PSNR的局限——不是一个可以跨投影格式通用评估指标。公式（7-8）是常见投影格式ERP的权重$w(i, j)$：

$$w(i,j)_{ERP} = \cos\frac{(j+0.5-N/2)\,\pi}{N} \qquad （7-8）$$

图7.14是ERP投影格式视频的权重分布图，越亮的区域权重越大：

图7.14　ERP格式的权重分布图

WS-PSNR的优点：

1）可以在经过投影后的平面视频上计算，很适应HEVC视频编码框架，计算复杂度低。

2）不必先反投影变换再计算，所以计算时不使用插值滤波器，从而避免了由于插值带来的误差。

3）投影后的视频和原视频中的所有点都可以一一对应，可以进行率失真优化。

4）可以统一的计算视频所有频率中的信号失真。

WS-PSNR的缺点：无法进行跨格式评估。

由于WS-PSNR除了无法跨格式评估视频以外并无明显缺点，论文使用WS-PSNR标准评估ERP格式虚拟现实视频的质量。

（2）S-PSNR

如图7.15所示，S-PSNR的计算过程可以分为两部分：

1）在原虚拟现实视频的球面上确定一个点s，通过球面－平面投影找到参考图像上的对应点r和测试图像上的所对应点t，并计算两点之间的误差。

2）计算所有s点对应的误差，累加得到S-PSNR。在360Lib中使用655362个s点计算S-PSNR。

在计算S-PSNR时，根据是否进行亚像素插值可将S-PSNR分为S-PSNR-I和S-PSNR-NN[15]。投影过程中使用插值滤波器会引入失真，S-PSNR-NN为了避免这种失真影响计算结果，直接进行取整操作，找离r与t最近的整像素点；S-PSNR-I计算亚像素位置的像素值则会使用插值滤波器。

S-PSNR的优点：

可以对不同投影格式的虚拟现实视频进行质量评估。与WS-PSNR相比，S-PSNR在球面虚拟现实视频上直接计算，实际的失真情况可以更好地反映[24]。

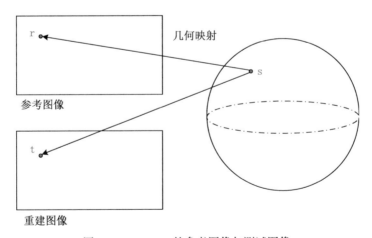

图7.15　S-PSNR的参考图像与测试图像

S-PSNR的缺点：

1）由于S-PSNR-I的计算中会使用插值滤波器造成失真，导致最后计算结果不准确，所以S-PSNR-I计算方式已经在最新的JVET[25]会议中提议不再使用。

2）计算复杂度相比WS-PSNR较高，且不能直接进行率失真优化。

7.2 基于区域决策树的CU快速划分算法

为了降低虚拟现实视频帧内编码过程中的编码复杂度，提出了一种基于区域决策树的CU快速划分算法。对于CU的四叉树划分递归过程，一些不重要深度的代价计算过程可以被跳过。决策树能够有效地对是否跳过当前深度的代价计算过程进行分类。在本章提出的算法中，建立了两种决策树：剪枝决策树和提前划分决策树。这两种决策树将分别用于判断CU是否剪枝和提前划分。在每个决策树中，相邻同尺寸CU的RD-cost以及CU间的深度相关性将被用于构造样本属性，样本的分类将根据决策树种类的不同而有所差异。对于不同的区域，样本属性也各不相同，构造的轻量级属性只增加了少量的计算量，所建立的区域决策树只对特定区域有效。

7.2.1 虚拟现实视频ERP格式特性

ERP格式是官方360Lib库提出的默认投影格式。由于它的投影方式简单，所以是最普遍的投影格式。在ERP投影方案中，对于球形视频不同的纬度，使用了相同数量的采样点，导致在两极区域的采样点过于密集，在投影成2D平面后，图像内容出现了严重的水平拉伸和失真[27]。

目前提出的基于决策树的CU快速划分算法一般用于传统视频，这些算法只考虑了传统视频的图像特性。传统算法的方案是对整个编码区域使用统一的决策树模型，决策树的样本属性通常是当前区域的纹理特征。例如，在Ruiz[28]提出的算法中，当前CU的方差、四个子CU的方差平均值和四个子CU方差的方差被作为样本的三个属性，在建立决策树时，算法只对不同深度的CU进行了讨论。

与传统视频相比，ERP格式的视频具有与之不同的纹理特征，靠近两极的视频内容出现了严重拉伸，导致了图像的失真。图7.16展示了ERP视频的其中一帧。从图7.16中可以看到，在两极区域，图像纹理相对简单，图像内容趋于同一化。而在赤道区域，图像纹理相对复杂，图像内容趋于多样化。两个区域不同的图像特性导致了编码单元尺寸分布的不同。在HEVC灵活的四叉树编码结构中，纹理复杂的区域一般用小尺寸CU进行编码，以确保图像质量。纹理简单的区域一般用大尺寸CU进行编码，以达到控制码率的目的。

图7.16　Gaslamp序列的第一帧

本算法利用WS-PSNR的权重[15]，计算得到每个CTU的W_{CTU}，根据W_{CTU}的值来确定CTU所属的区域。W_{CTU}的计算方法如公式（7-9）所示。其中(i, j)表示CTU左上角第一个像素的坐标位置。

$$w_{CTU} = \sum_{j}^{j+64} w(i, j) \qquad （7-9）$$

本节使用$w_{CTU} = 0.5$作为门限来对区域进行划分。根据CTU的w_{CTU}是否小于0.5，整个图像被分为两极区域和赤道区域。根据360Lib推荐的参考标准，4K视频在编码时，将转化为分辨率为3328×1664的视频。这表示在编码时，一帧图像中有26行CTU。根据统计，有8行CTU的w_{CTU}小于0.5。对于6K和8K视频，编码时的分辨率为4096×2048，一帧图像中有32行CTU，有10行CTU的w_{CTU}小于0.5。根据设定的门限，两极区域的CTU数量约占总CTU数量的三分之一。区域的分配图如图7.17所示。

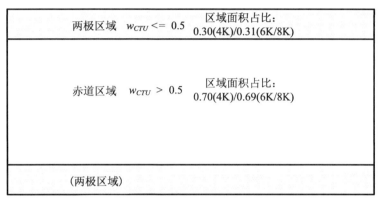

图7.17　区域划分示意图

为了更客观地展示不同区域中图像特性的不同，本节统计了两极区域和赤道区域不同深度CU所占图像区域的比重。首先在三个分辨率ERP测试序列中，分别取一个序列统计了各深度CU的占比，统计结果如表7.4所示。然后统计了包含三种分辨率的十二个ERP测试序列中各深度CU的占比，统计结果如表7.5所示。无论从表7.4还是表7.5中都可以看到，与赤道区域相比，两极区域大尺寸CU的占比更多，水平拉伸使CU之间的空间相关性更强。统计结果证实了两极区域和赤道区域的纹理特征差异。

表7.4　三个序列中各尺寸CU的占比（单位：%）

序列	区域	64 × 64	32 × 32	16 × 16	8 × 8
AerialCity	两极	28.79	50.69	16.03	4.49
	赤道	13.33	37.81	24.91	23.95
Broadway	两极	56.21	21.67	14.20	7.92
	赤道	23.58	25.49	25.88	25.03

序列	区域	64×64	32×32	16×16	8×8
Gaslamp	两极	55.89	23.67	16.70	3.75
	赤道	26.21	22.64	26.63	24.53

表7.5 十二个序列中各尺寸CU的占比（单位：%）

分辨率	区域	64×64	32×32	16×6	8×8
4K （两个序列）	两极	25.62	54.88	15.01	4.49
	赤道	11.37	32.25	26.38	30.00
6K （四个序列）	两极	40.94	37.50	15.12	6.44
	赤道	23.50	23.44	24.00	29.06
8K （六个序列）	两极	47.63	34.96	12.63	4.87
	赤道	23.38	26.75	23.08	26.79

基于以上分析，有必要分区域地优化CU划分过程，为了解决ERP格式视频CU划分过程编码复杂度过高的问题，本节设计了基于区域决策树的CU快速划分过程。

7.2.2 区域决策树的建立

为了加快CU的划分过程，本章算法将建立两种决策树模型，剪枝决策树和提前划分决策树。两种决策树将分别用于判断当前CU是否剪枝和提前划分。被判定为剪枝的CU将不会继续向下划分，节省更小尺寸CU的代价计算过程。被判定为提前划分的CU将会直接划分为4个子CU，节省当前深度的代价计算过程。CU的剪枝与提前划分会共同作用于CU递归划分过程，使划分过程跳过一些不必要的深度。实现算法的步骤如图7.18所示。

图7.18 实现快速CU划分算法的步骤

实现快速CU划分的步骤可描述为：

1）构造样本属性：对于不同的区域和不同类型的决策树，将构造不同的样本属性。构造样本属性的目标是使样本属性尽可能地代表分类的特征。

2）提取样本并生成样本集：从测试序列中提取样本并组成若干个数据集，每个决策树都有属于自己的样本集。

3）建立决策树模型：使用决策树算法对样本集进行划分，直到满足不再划分的条件，形成决策树模型。

4）基于决策树的CU快速划分：将决策树模型整合到四叉树划分结构中，加速CU的划分过程。

（1）构造剪枝决策树的样本属性

决策树的样本属性和分类类别需要根据需求设计，本章算法的需求是使用易获取的信息来构造计算复杂度较低的样本属性，使建立决策树的计算量可以忽略不计，并且样本属性对样本的分类是有效的。

在HEVC中，RD-cost是平衡比特率与图像失真的指数，它在RDO过程中被计算用于决定当前CU的是否划分。CU的RD-cost在一定程度上可以反映当前CU的纹理复杂度。对于两个相同大小的CU，具有复杂纹理的CU拥有较大的RD-cost，并更有可能划分为4个子CU。基于以上原因，本文将相邻同尺寸CU的RD-cost作为参考代价，与当前CU的RD-cost作比较，比较结果作为剪枝决策树的样本属性。建立的剪枝决策树将展示CU是否剪枝与RD-cost的比较结果之间的关系。

在两极区域，图像的水平拉伸导致水平方向上CTU间的空间相关性增大，当前CTU与左侧CTU的空间相关性大于与上方CTU的空间相关性，左上方CTU、上方CTU的上方区域与当前CTU空间相关性较小。最后，根据与当前CTU空间相关性的不同，相邻同尺寸CU的参考区域被分为3个，分别为：左侧CTU区域、上方相邻64×32区域和已编码的当前CTU区域。区域的划分示意图如图7.19所示。在每个参考区域中，与当前CU具有相同深度的CU将被标记，他们的RD-cost将被记录并与当前CU的RD-cost进行比较。为了使决策树对样本分类的错误率降到最小，每个区域的参考代价为所有记录的RD-cost中的最小值。三个参考代价分别被记作RD_{left}、RD_{above}和RD_{CurCTU}，当前CU的RD-cost被记作RD_{Cur}。参考代价将与当前CU的RD-cost比较大小，RD_{Cur}与RD_{left}、RD_{above}和RD_{CurCTU}的比较结果将分别作为两极区域剪枝决策树样本的三个属性，属性的值如公式（7-10）所示。

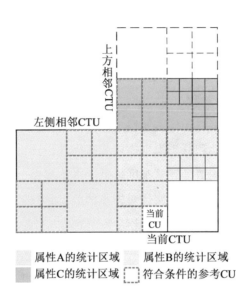

图 7.19　两极区域的参考CU分布

$$A=\begin{cases}0, & RD_{Cur} \le RD_{left} \\ 1, & RD_{Cur} > RD_{left} \\ 2, & RD_{left}\text{不存在}\end{cases}$$

$$B=\begin{cases}0, & RD_{Cur} \le RD_{above} \\ 1, & RD_{Cur} > RD_{above} \\ 2, & RD_{above}\text{不存在}\end{cases} \quad (7\text{-}10)$$

$$C=\begin{cases}0, & RD_{Cur} \le RD_{CurCTU} \\ 1, & RD_{Cur} > RD_{CurCTU} \\ 2, & RD_{CurCTU}\text{不存在}\end{cases}$$

当单个属性的值为2时，表明没有同尺寸CU在对应的区域。当单个属性值为0时，表明RD_{Cur}比参考区域的RD-cost小，当前CU有小概率向下划分。当单个属性值为1时，说明RD_{Cur}比参考区域的RD-cost大，向下划分的概率变大。当三个属性的值都为0时，当前CU向下划分的概率最小。由于空间相关性的不同，当C的值为2时，当前CU将失去最重要的参考RD-cost。

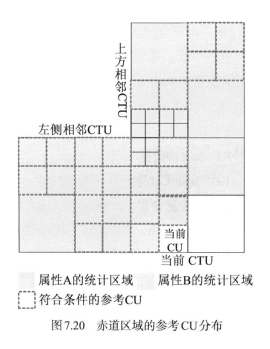

图7.20　赤道区域的参考CU分布

在赤道区域，视频内容只存在轻微的水平拉伸，图像内容与传统二维视频相差无几。当前CTU与左侧CTU和上方CTU具有相同的空间相关性。因此，相邻同尺寸CU的参考区域被分为2个，分别为：相邻的CTU区域和已编码的当前CTU区域。区域的划分示意图如图7.20所示。赤道区域的参考代价确定过程与两极区域相同。两个区域的参考代价被记作RD_{AJCN}和RD_{CurCTU}。它们与RD_{Cur}的比较结果将分别作为赤道区域剪枝决策树的样本属性A和B，两个属性的值如公式（7-11）所示。

$$A=\begin{cases} 0, & RD_{Cur} \leq RD_{AJCN} \\ 1, & RD_{Cur} > RD_{AJCN} \\ 2, & RD_{AJCN}\text{不存在} \end{cases}$$

（7-11）

$$B=\begin{cases} 0, & RD_{Cur} \leq RD_{CurCTU} \\ 1, & RD_{Cur} > RD_{CurCTU} \\ 2, & RD_{CurCTU}\text{不存在} \end{cases}$$

剪枝决策树的样本属性代表 RD_{cur} 与参考代价的比较结果。对于两个区域剪枝决策树的样本，由于统计区域的数量不同，因此属性的数量不同。每个样本属性都有三个值，每个值代表一种比较情况。

（2）构造提前划分决策树的样本属性

由于CU的提前划分将跳过当前RD-cost的计算，所以当前CU的RD-cost将不能再被用于构造样本属性。在提前划分决策树中，相邻编码块的深度信息将代替RD-cost构造样本属性。

在编码过程中，编码完的CU将拥有自身的深度。CU的深度能反映当前CU以及周围区域的纹理复杂程度。相较于深度为0的CU，深度为3的CU周围区域纹理复杂程度更高。如果当前编码深度为0的CU周围存在深度为3的CU，那么有大概率向下划分。在提前划分决策树中，当前CTU周围的CU深度信息将被统计，统计结果将被用于构造样本属性。建立的提前划分决策树将展示CU是否提前划分与周围CU深度之间的关系。

当统计相邻CU的深度信息时，只需要检查与当前CTU相邻的左侧 64×4 像素区域和上方 4×64 像素区域。4×4 像素的编码块是HEVC中记录深度最小的单位。在本节算法中，参考区域深度为2和3的编码块数量将被统计，统计结果将用于构造样本属性。为了方便说明，深度为2或3的编码块被称为合格编码块，合格编码块的统计区域如图7.21所示。

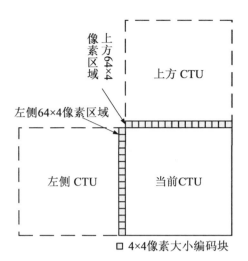

图7.21　4×4像素大小编码块的统计区域

在两极区域，左侧参考区域与上方参考区域与当前CTU的空间相关性不同，所以合格编码块的数量将分区域进行记录。设N_{L2}和N_{L3}为左侧参考区域深度为2和3的合格编码块数量。N_{A2}和N_{A3}为上方参考区域深度为2和3的合格编码块数量。N_{L2}、N_{L3}、N_{A2}、N_{A3}将分别用于构造样本属性A、B、C和D。4个属性的值如公式（7–12）所示。

$$A=\begin{cases}0, & N_{L2}=0 \\ 1, & N_{L2}>0\end{cases}$$

$$B=\begin{cases}0, & N_{L3}=0 \\ 1, & N_{L3}>0\end{cases}$$

（7–12）

$$C=\begin{cases}0, & N_{A2}=0 \\ 1, & N_{A2}>0\end{cases}$$

$$D=\begin{cases}0, & N_{A3}=0 \\ 1, & N_{A3}>0\end{cases}$$

当4个属性的值都为0时，当前CTU的纹理是相对简单的，其中大部分CU都不需要提前划分。当4个属性值都为1时，当前CTU的纹理相对复杂，大尺寸CU有大概率划分为更小尺寸的CU。

在赤道区域，设N_2和N_3为整体参考区域深度为2和3的合格编码块数量。N_2 和 N_3 将分别用于构造样本属性 A 和 B。由于在赤道区域中，合格编码块的数量比两极区域更多，为了标记更多的情况，赤道区域决策树的样本属性有三个取值，如公式（7-13）所示。

$$A=\begin{cases}0, & N_2=0\\1, & 0<N_2\le20\\2, & 20<N_2\le32\end{cases}$$
$$B=\begin{cases}0, & N_3=0\\1, & 0<N_3\le20\\2, & 20<N_3\le32\end{cases}$$

（7-13）

在提前划分决策树中，样本属性代表合格编码块的数量。样本属性的值是每种数量情况的标记，不具有数学上的意义。

（3）样本的分类与决策树的建立

决策树的样本不仅需要属性，还需要分类信息，决策树会根据样本属性来对样本进行分类。在参考文献的决策树算法中，样本的分类类别各不相同。Jing[29] 提出的算法中，样本有4个分类（0、1、2、3），4个分类分别代表CU的4个深度。在 Ruiz[28] 提出的算法中，样本有两个分类（split，Not-split），它们分别代表当前CU是否继续向下划分。在本章算法中，根据CU最终是否划分为4个子CU，对剪枝决策树的样本定义了两个分类（0、1），分别表示"不剪枝"和"剪枝"。对提前划分决策树的样本定义了两个分类（1、0），分别代表"提前划分"和"不提前划分"。

在确定了样本属性和分类类别后，6个测试序列（如图7.22所示）将作为典型序列用于提取样本。为了平衡数据，每个序列各QP（QP=22、27、32、37）的前三帧将用于收集样本，并组成样本集。对于不同区域和不同深度CU的每种类型决策树，都有自身的样本集。各样本集的样本数量如表7.6所示。

表7.6 各区域和各尺寸CU的样本数量

决策树类型	区域	64×64	32×32	16×16
剪枝	两极	43374	173535	694170
	赤道	95700	382812	1531098

续表

决策树类型	区域	64×64	32×32	16×16
提前划分	两极	37665	150688	602796
	赤道	92629	370524	1481957

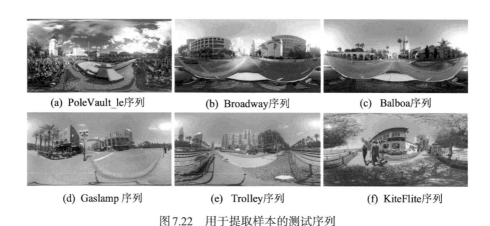

(a) PoleVault_le序列　　(b) Broadway序列　　(c) Balboa序列

(d) Gaslamp 序列　　(e) Trolley序列　　(f) KiteFlite序列

图7.22　用于提取样本的测试序列

对样本进行分类时，分类器的选择十分重要。本文算法将利用CART算法建立决策树模型[30]。CART算法与其他决策树算法的不同之处在于，CART决策树使用基尼系数来决定每个节点的划分属性，并且CART决策树为二叉树结构，便于实现递归过程。每个样本集将根据CART算法对样本进行分类，最终形成决策树模型。下面将举例说明"两极区域64×64尺寸CU的剪枝决策树"的建立过程。设该决策树的样本集为S，S由（43374）个样本组成。样本可分为两类C_k（$k = 0, 1$）。s_k为样本集中样本属于C_k的样本数量。该样本集的基尼系数可以用公式（7-14）计算出来。其中，p_k（$k = 0$，1）是样本属于C_k的概率，它通常用S_k/s表示。

$$Gini(S) = 1 - \sum_{k=0}^{1} p_k^2 \qquad (7-14)$$

原始样本集又被称为根节点，根节点的样本有两个属性，每个属性有三个值，所以根节点有九种可以二分类的划分方式。拿一种划分方式举例：根据属性A的值是否为0，样本集S被分为两个子集S_1和S_2，如公式

（7-15）所示。

$$S_1 = \{S \mid A = 0\}$$
$$S_2 = S - S_1 \qquad （7\text{-}15）$$

设 $S_{k,j}$ 为在样本集 S_j（$j = 1, 2$）中样本属于 C_k 的样本数量。在当前划分方式下，样本集 S 的基尼系数如公式（7-16）所示：

$$Gini(S, A) = \frac{s_{0,1} + s_{1,1}}{s} Gini(S_1) + \frac{s_{0,2} + s_{1,2}}{s} Gini(S_2) \qquad （7\text{-}16）$$

建立决策树的过程如下：根节点计算所有划分方式的基尼系数，然后选取最小基尼系数对应的划分方式将根节点划分为两个子节点。每个子节点检查是否还存在其他的划分方式。如果没有其他的划分方式，该子节点变为叶节点，并且不再向下划分。否则，该子节点递归划分为新的子节点直到子节点不可分。

根据上述的建立方法，每个决策树将依次被建立，图7.23(a)与(b)分别展示了其中的两个决策树模型，它们为"两极区域64×64尺寸CU的剪枝决策树"和"赤道区域32×32尺寸CU的提前划分决策树"。在决策树中，叶节点的基尼系数反映了随机抽取两个样本，分类类别相同的概率。基尼系数越小，叶节点的纯度越高。本章设定当叶节点的纯度高于90%时，即基尼系数小于0.18时，决策树的叶节点分类结果被采纳。否则，叶节点的分类结果将不会被用于加速CU的划分过程。

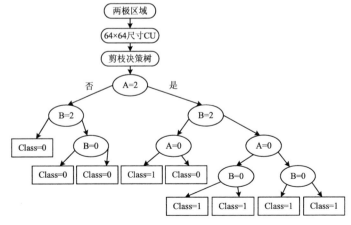

（a）两极区域64×64尺寸CU的剪枝决策树

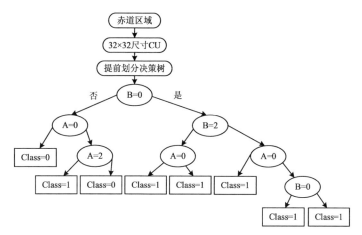

（b）赤道区域32×32尺寸CU的提前划分决策树

图7.23 不同区域的决策树模型

7.2.3基于区域决策树的CU快速划分算法

CU在某一深度的编码过程为：首先计算自身的RD-cost，然后计算四个子CU的RD-cost，最终决定该深度的划分结构。建立的区域决策树将被整合到标准算法中，剪枝决策树的叶节点分类结果被整合在计算自身RD-cost的过程之后；提前划分决策树的叶节点分类结果被整合在计算自身RD-cost的过程之前。当编码一个CU时，CU在ERP视频中的纬度位置被计算，并决定所属区域。根据所属区域不同，将提取不同的样本属性，根据当前区域的决策树分类结果判定CU是否提前划分或者剪枝。图7.24展示了改进的CU快速划分过程，该过程的流程如下：

步骤1：编码开始，CTU的深度为0，进行步骤2。

步骤2：判断CU的深度是否小于3。如果深度小于3，进行步骤3；如果深度等于3，当前CU执行率失真优化过程，计算自身的RD-cost，跳到步骤6。

步骤3：提取样本属性，根据提前划分决策树分类结果判断当前CU是否提前划分。如果判定为"提前划分"，那么跳过当前深度的率失真计算，跳到步骤5；如果判定结果是"不提前划分"，那么当前深度的率失真计算将被执行，之后进行步骤4。

步骤4：提取样本属性，根据剪枝决策树分类结果判断当前CU是否剪枝。如果判定为"剪枝"，那么进行步骤5；如果判定结果为"不剪枝"，跳到步骤6。

步骤5：当前CU向下划分为4个子CU，深度加1，跳回步骤2。

步骤6：返回最终编码单元。

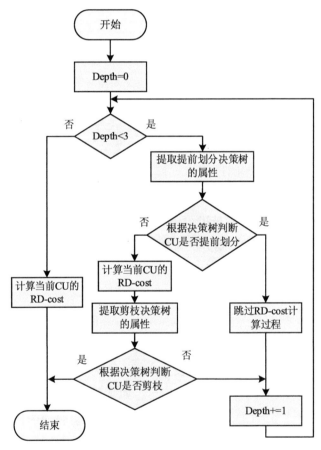

图7.24 基于区域决策树的CU快速划分过程流程图

7.2.4 实验结果与分析

本章提出算法将被整合到HM16.20（HEVC的参考程序）和360Lib-5.1中，来验证算法的有效性。JVET-G0147、JVET-D0143、JVET-D0179、JVET-D0026、JVET-D0039和JVET-D0053提案提供的十二个标准测试序列将用于测试算法的有效性[22]。在编码之前，标准序列将被转换为低分辨率2D平面视频，根据ERP视频格式的参考配置，8K和6K视频的编码尺寸为4096×2048，4K视频的编码尺寸为332×1664。

实验结果如表7.7所示；表7.8展示了本节算法与其他参考文献算法实验结果的比较；表7.9展示了每个深度中，被判定为提前划分与剪枝的CU占全部CU的比例；图7.25展示了三个分辨率各QP序列节省的编码时间；图7.26展示了CU划分的准确率。

表7.7　本节算法与HM16.20的性能比较

分辨率	序列	Δ falseBD-rate	Δ falseWSPSNR	Δ falseT
ClassA (4K 10bit)	AerialCity	0.22%	0.00	24%
	PoleVault	0.21%	−0.01	26%
ClassB (6K 10bit)	BranCastle2	0.21%	−0.01	24%
	Landing2	0.33%	−0.01	33%
	Broadway	0.36%	0.00	30%
	Balboa	0.19%	0.00	33%
ClassC (8K 10bit)	Gaslamp	0.28%	0.00	26%
	Trolley	0.18%	−0.01	29%
	Harbor	0.23%	0.00	29%
	KiteFlite	0.41%	−0.01	23%
	ChairliftRide	0.51%	−0.01	27%
	SkateboardInLot	0.16%	−0.01	31%
平均		0.27%	−0.01	28%

由表7.7可以看出，与标准算法相比，本节算法平均节省了28%的

编码时间。BD-rate增加了0.27%。本章算法减少了Landing2、Balboa和SkateboardInLot序列的较多编码时间，这是因为这些序列的背景纹理相对简单，CU更容易被判定为"剪枝"或"提前划分"，在递归划分过程中跳过了更多的深度。序列KiteFlite、BranCastle2和ChairliftRide使用本章算法减少了较少的编码时间，这是因为它们的背景纹理相对复杂，有更多的CU根据原始算法遍历了整个递归过程。

表7.8　本节算法与其他参考文献算法的性能比较

	Zhang[25]	KUANG[36]	Ruiz[37]	Zhu[40]	Jing[39]	本章提出的算法
Δ falseT	39.3%	54.6%	52.45%	37%	25.5%	28%
Δ falseBD-rate	0.84%	1.25%	1.97%	1.19%	0.51%	0.27%

表7.8显示了其他参考算法和本章算法的性能比较。尽管参考文献算法中有一些比本章算法节省了更多的编码时间，但本章算法增加了更少的BD-rate。特别的是本章算法比Jing提出的算法节省了更多的编码时间，同时增加的BD-rate也相对较小。我们很难公平比较每个算法的性能，因为其他工作中的测试序列与本章使用的测试序列不同。此外，其他算法都使用历史的HM版本，与最新的HM16.20性能有所差异。本章算法与其他基于决策树算法的区别在于，本章算法结合了ERP格式视频的特点，对两个区域分别建立了决策树模型。在构造属性的过程中，仅统计了CU的RD-cost和深度信息，避免了整体算法计算复杂度的增加。

表7.9　被判定为剪枝和提前划分的CU占比

序列	区域	类型	Depth=0	Depth=1	Depth=2
AerialCity	两极	剪枝	7.01%	22.44%	70.79%
		提前划分	18.09%	0.00%	0.00%
	赤道	剪枝	0.00%	0.00%	16.27%
		提前划分	56.82%	13.42%	0.00%

序列	区域	类型	Depth=0	Depth=1	Depth=2
Broadway	两极	剪枝	38.37%	44.16%	75.45%
		提前划分	25.48%	0.00%	0.00%
Broadway	赤道	剪枝	0.00%	0.00%	16.15%
		提前划分	64.82%	11.01%	0.00%
ChairliftRide	两极	剪枝	17.01%	25.83%	75.76%
		提前划分	10.56%	0.00%	0.00%
	赤道	剪枝	0.00%	0.00%	15.56%
		提前划分	56.73%	5.89%	0.00%

　　从表7.9中可以看出，每个区域被判定为剪枝或提前划分的CU占比不同。与赤道区域相比，两极区域深度为2的CU被判定为剪枝的数量更多；与两极区域相比，赤道区域深度为0的CU被判定为提前划分的数量更多。统计结果证明了分区域建立决策树模型的必要性。

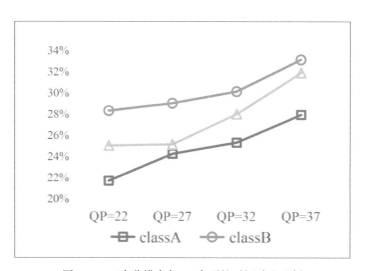

图7.25　三个分辨率各QP序列的时间减少比例

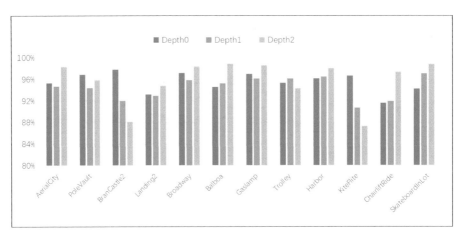

图7.26 CU划分的准确率

图7.27展示了四个序列经过本节算法以及标准算法编码之后的BD-rate曲线比较。四个序列分别为Broadway、Landing2、chairliftRide和PoleVault_le。黑色曲线代表标准算法的RD-rate曲线，红色曲线代表提出算法的RD-rate曲线。从图中可以看出，黑色曲线和红色曲线几乎重合，说明经过两种算法编码之后的图像质量几乎相同。图7.28显示了序列KiteFlite中第一帧的部分图像。从主观看，使用本节算法编码后的图像没有明显的质量下降。

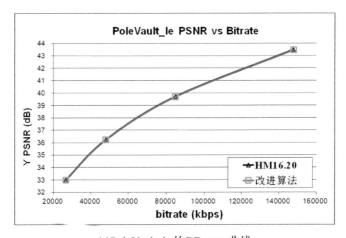

(a)PoleVault_le的BD-rate曲线

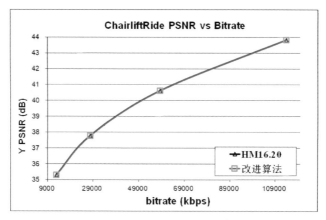

(b)ChairliftRide 的 BD-rate 曲线

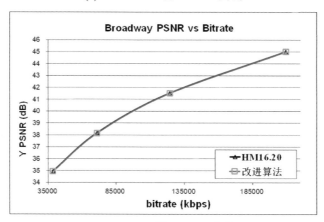

(c)Broadway 的 BD-rate 曲线

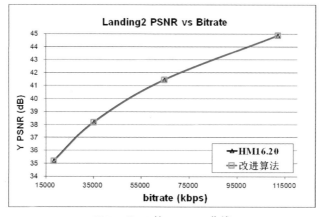

(d)Landing2 的 BD-rate 曲线

图 7.27 四个序列的 BD-rate 曲线比较

(a)标准算法   (b)标准算法

(c)本章提出的算法   (d)本章提出的算法

图 7.28   KiteFlite 序列第一帧的部分图像

7.3 基于区域决策树的参考像素滤波算法

在帧内预测过程中，首先要对 TU 周围的参考像素进行滤波，滤波过程能更好地利用相邻像素间的相关性，提高预测精度。相对于上一代视频编码标准，HEVC 对不同大小的 TU 和不同的预测模式，采用了不同的参考像素滤波方式，并增加了强滤波的滤波方式。但是，由于 ERP 格式视频的图像特性与传统二维视频有所差异，标准算法的滤波过程不能很好地适用于 ERP 视频的帧内编码过程，存在优化空间。本节算法利用区域决策树模型对两极区域和赤道区域的参考像素滤波过程分别进行优化。对于赤道区域，各尺寸 TU 的参考像素将根据赤道区域决策树模型决定滤波方式，滤波方式分为：不滤波、弱滤波和强滤波。对于两极区域，32×32 尺寸的 TU 将根据两极区域决策树模型判断参考像素使用弱滤波或不滤波的滤波方式。

7.3.1 参考像素的滤波方式分析

在帧内预测过程中，模式选择过程是在每个PU上进行的，而具体的像素预测过程是以变换单元TU（Transform Unit）为单位的。每个PU将以四叉树结构划分为若干个TU，TU的尺寸由4×4到32×32不等。一个PU中的TU将共享一种预测模式。

当前TU在进行预测像素的计算过程之前，要对周围参考像素进行滤波。HEVC[31]对参考像素的滤波策略有规定的方法。对于参考像素是否进行滤波的判断规则如下：

（1）对于DC模式和4×4尺寸TU中的所有模式，参考像素将不进行滤波。

（2）对于32×32尺寸的TU，在预测模式为模式10或模式26时，参考像素滤波将不进行滤波。

（3）对于16×16尺寸的TU，在模式9、模式10、模式11、模式25、模式26和模式27下，参考像素将不进行滤波。

（4）对于8×8尺寸的TU，只有在模式2、模式18、模式34和Plannar模式下，参考像素将进行滤波。

参考像素的滤波分为强滤波和弱滤波。强滤波只会对32×32的TU使用。对于灰度值变化程度一般的参考像素，将使用弱滤波；对于变化程度较小的参考像素，将使用强滤波。在滤波方式的判断过程中，标准算法对横向和纵向的参考像素各采样了三个像素点用于判断滤波方式。强滤波的判断过程为：若满足公式（7-17），那么当前滤波方式为强滤波。其中 abs 代表绝对值，$Threshold$ 的大小为 $1<<(Bitdepth-5)$，$Bitdepth$ 为像素灰度值的比特深度，A、B、C、D、E 的像素位置如图7.29所示。公式（7-17）的计算方式可以粗略判断沿着竖向和横向上参考像素灰度值变化的剧烈程度。

$$abs(A+C-2B) < Threshold$$
$$abs(C+E-2D) < Threshold$$

（7-17）

在HEVC标准算法中，TU的尺寸与当前区域的像素灰度值变化程度有关。当像素灰度值变化程度较大时，一般使用小尺寸TU进行像素预测过程；反之，一般使用大尺寸 TU 进行像素预测过程。

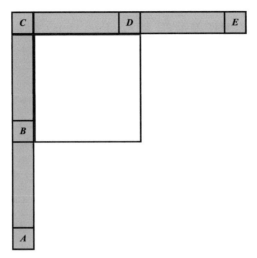

图7.29　各参考像素采样点的位置

（1）两极区域的参考像素滤波方式分析

在ERP格式视频的两极区域，由于图像内容水平拉伸的缘故，该区域的像素灰度值横向变化程度较低，主要采用32×32尺寸的TU。在传统视频编码中，32×32尺寸的TU一般不具有纹理特征，图像内容趋于平坦。在ERP格式视频编码中，两极区域32×32尺寸的TU通常呈现水平方向的纹理，赤道区域的图像内容特性与传统视频大致相同。图7.30展示了两极区域与赤道区域两个典型32×32尺寸的TU。从图4-2中可以看出，相对于赤道区域32×32尺寸TU的平坦纹理，两极区域的TU具有更明显的水平纹理。

(a)两级区域32×32尺寸TU　　　(b)赤道区域3×32尺寸TU

图7.30　两个区域的32×32尺寸的TU

对于具有水平纹理的TU，HEVC标准算法关于滤波方式的判断存在一些问题。在标准算法中，只用了5个像素采样点用于判断强弱滤波，并且对于32×32尺寸的TU，只有模式10和模式26采用了不滤波的参考像素，导致许多TU在应该使用弱滤波或不滤波的参考像素时使用了强滤波的参考像素，降低了像素预测的准确性。

为了体现HEVC标准算法对两极区域参考像素滤波方式判断不准确的问题，本章对三个典型序列统计了标准算法下和穷举算法下各滤波方式的占比，统计数据如表7.10和表7.11所示。穷举算法下的滤波过程为：首先缓存经过强滤波、弱滤波和不滤波的参考像素。然后，当前TU使用三种滤波方式的参考像素进行像素预测过程，随后进行帧内预测过程。最后，在三次帧内预测过程中，代价最小对应的参考像素滤波方式被判定为最终的滤波方式。穷举算法下的滤波过程能更加准确地选择滤波方式，但增加了大量的编码复杂度。

表7.10　标准算法下各滤波方式的占比

序列	强滤波	弱滤波
AerialCity	31.8	68.2
Broadway	35.2	64.8
Gaslamp	28.4	71.6

表7.11 穷举算法下各滤波方式的占比（单位：%）

序列	弱滤波	强滤波	未滤波
AerialCity	30.2	3.8	66.0
Broadway	32.2	5.4	62.4
Gaslamp	37.5	4.9	57.6

从表7.10和表7.11中可以看出，在标准算法的滤波过程中，对两极区域使用了大量的强滤波，而根据穷举算法得到的最优滤波方式统计结果表明，处于两极区域具有水平方向纹理的TU，一般使用弱滤波或者不滤波的方式。

（2）赤道区域的参考像素滤波方式分析

不同于两极区域，赤道区域各尺寸TU的分布比较均匀，图像纹理结构多变，HEVC标准算法对参考像素三种滤波方式的选择不存在明显的倾向性，然而，标准算法对滤波方式的判定方法仍需要改进。

在标准算法的滤波过程中，对所有4×4尺寸的TU都使用不滤波的参考像素，该决策不是最优的。在赤道区域，许多TU的尺寸不是由自身纹理复杂度决定的，而是由相邻TU的纹理复杂度决定的。例如在图7.31中，TU_1到TU_4为一个四叉树分枝上的四个节点，编号为3的TU纹理复杂度较低，为简单块；相邻TU的纹理复杂度较高，为复杂块。由于相邻TU的纹理复杂，TU_3被迫划分为4×4尺寸的TU。按照标准算法，四个TU的参考像素均不滤波，然而，对TU_3而言，采用强滤波或弱滤波的参考像素往往能够实现更准确的像素预测过程。

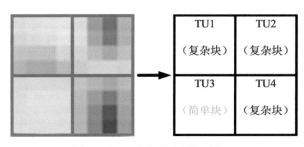

图7.31 TU纹理复杂度示意图

另一个问题是对 32×32 尺寸 TU 参考像素的滤波方式判断。在 32×32 尺寸 TU 的像素预测过程中，只对模式 10 和模式 26 使用不滤波的参考像素，而对其他模式则使用弱滤波或强滤波的参考像素。实际上，对其他模式也存在使用不滤波参考像素的情形。如图 7.32 所示，红框和黄框为两个尺寸为 32×32 的 TU。相对于 TU_1，TU_2 的图像内容显得更加模糊，这是由于 TU_2 的预测模式为模式 11，在该模式下，标准算法判定参考像素采用弱滤波的滤波方式，参考像素的一些纹理细节被滤除了。如果参考像素采用不滤波的滤波方式进行像素预测过程，TU_2 的图像会更加清晰。

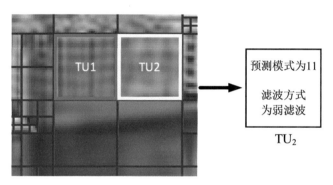

图 7.32 滤波决策误差导致的图像纹理损失示意图

为了探究赤道区域参考像素的滤波方式是否存在优化空间，本节将左侧参考像素和上方参考像素分开进行滤波处理，并定义了 4 种新的滤波方式，研究新滤波方式对滤波过程是否有效。4 种新滤波方式的定义方法为：当左侧参考像素使用弱滤波，上方参考像素使用强滤波时，当前滤波方式被定义为"弱强滤波"。根据此定义方法，其他 3 种滤波方式被定义为"弱弱滤波""强弱滤波"和"强强滤波"。之后统计了 3 个典型序列中四种新滤波方式的占比，统计结果如表 7.12 所示。需要说明的是，所有按照标准算法被判定为不使用滤波参考像素的预测过程将不会被统计在内。

表7.12 各新滤波方式的占比（单位：%）

序列	弱弱滤波	弱强滤波	强弱滤波	强强滤波
AerialCity	88.3	0.5	1.2	10.0
Broadway	90.2	1.1	0.8	7.9
Gaslamp	87.6	1.3	1.3	9.8

由表7.12可以看出，"弱弱滤波"和"强强滤波"是占比最高的两种滤波方式，两种新滤波方式对应着标准算法中的弱滤波和强滤波。所以，标准算法的滤波方式设计是合理的，本文将不对滤波方式进行更改，而是对滤波方式的判断过程进行优化。

基于以上分析，HEVC标准算法关于参考像素滤波方式的判定策略存在优化空间。下文中，将针对上述问题，使用决策树模型，分区域对参考像素的滤波决策进行优化。

7.3.2 决策树的建立过程

在本节算法中，主要通过增加参考像素采样点数量，设计低复杂度的决策树属性以及分区域构造决策树等方式来优化参考像素滤波方式决策。

（1）采样像素点的优化

采样像素点用于反映参考像素灰度值的变化程度。在标准算法的滤波过程中，共有5个像素采样点用于判断参考像素的滤波方式。在横向或纵向上，只有3个像素的灰度值被采样，采样点数量少、间隔较大导致反映出的灰度值变化不够准确。

本文在标准算法的每两个采样点之间，增加一个采样点。优化后的采样点，间隔缩短为原来的二分之一，数量由5个增加到了9个。这样的优化方法可以在避免增加过多计算复杂度的同时，更好地反映参考像素灰度值的变化程度。采样像素点的位置如图7.33所示。其中，L的大小等于二分之一个TU的长度。

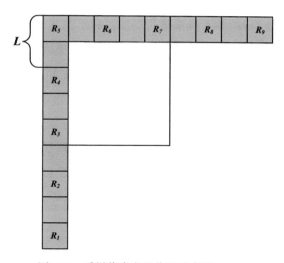

图7.32 采样像素点的位置示意图

（2）决策树属性的构造

决策树样本属性的选择对决策树的性能至关重要。在本节的样本属性选择中，一方面要求属性能够反映不同滤波方式的特征，另一方面要避免增加过多计算量。

本节使用9个参考像素采样点来构造样本属性。属性的计算方法为：对于R_1至R_5和R_5至R_9的两个方向，每个方向上5个采样像素点依次两两相减，如果两个相邻采样像素的灰度值满足公式（7-18），那么属性值加1，依次计算，直到得到最终的属性值，属性的取值范围为：{0，1，2，3，4}。这样的属性计算过程中只有减法、取绝对值以及比较操作，计算复杂度很低。公式（7-18）中，TH_R取值为$2^{Bitdepth-6} \times 3/4$，$Bitdepth$为像素灰度值的比特位深。$TH_R$的值为常数，不需要每次比较的时候都计算。

$$abs(R_x - R_{x-1}) < TH_R \qquad (7-18)$$

（3）决策树的建立

根据前文分析，在两极区域，本文只对32×32尺寸TU的参考像素滤波方式进行重新判定，决策树的样本为所有32×32尺寸的TU。样本有两个属性A和B，分别代表R_1至R_5和R_5至R_9两个方向上的参考像素灰度值变化程度，属性的构造方法如上一段所述。样本最终被分为两类：1和0，分别代表当前TU的参考像素进行弱滤波和不滤波处理。

在赤道区域，本文对所有尺寸TU的参考像素滤波方式进行重新判定，决策树样本为各尺寸TU。样本有三个属性A、B和C。其中属性A和B与两极区域决策树的样本属性A和B相同。样本属性C代表当前TU的尺寸，取值方法如公式（7–19）所示。TU尺寸能作为样本属性的原因是它能反映当前区域的纹理复杂度，且区域的纹理复杂度与参考像素的滤波方式存在一定联系。样本最终被分为三类：0、1和2，分别代表当前TU的参考像素进行不滤波、弱滤波和强滤波处理。

$$C=\begin{cases} 0, & 4\times4\text{尺寸TU} \\ 1, & 8\times8\text{尺寸TU} \\ 2, & 16\times16\text{尺寸TU} \\ 3, & 32\times32\text{尺寸TU} \end{cases} \qquad (7\text{–}19)$$

当样本分类和样本属性确定之后，三个分辨率视频序列中各一个序列将作为典型序列，如图7.33所示。在四个QP（QP=22, 27, 32, 37）下，分别取每个典型序列的一帧用于提取样本，组成样本集。本文采用CART算法建立决策树模型[30]。在建立决策树的参数设置上，决策树的最大深度被设置为4。最终，建立的两极区域和赤道区域决策树模型分别如图7.34和图7.35所示。

(a) PoleVault_le序列   (b)Broadway序列   (c) KiteFlite序列

图7.33　用于提取样本的3个序列

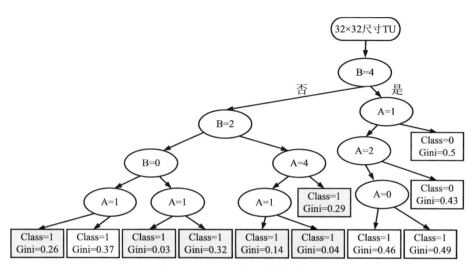

图7.34　两极区域的决策树模型

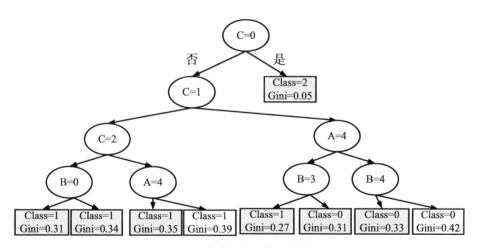

图7.35　赤道区域的决策树模型

在本节算法中，当叶节点的Gini系数小于等于0.35时，该叶节点的
分类结果将被采用。图7.34和图7.35中标黄的叶节点为被采用的叶节点。
对于两极区域，当根据决策树无法判定滤波方式时，对32×32尺寸的TU
使用不滤波的参考像素进行像素预测过程。对于赤道区域，当根据决策树
无法判定滤波方式时，使用标准算法判定的滤波方式进行像素预测过程。

7.3.3 基于区域决策树的参考像素滤波算法

图7.36展示了基于区域决策树的参考像素滤波过程，具体流程如下：

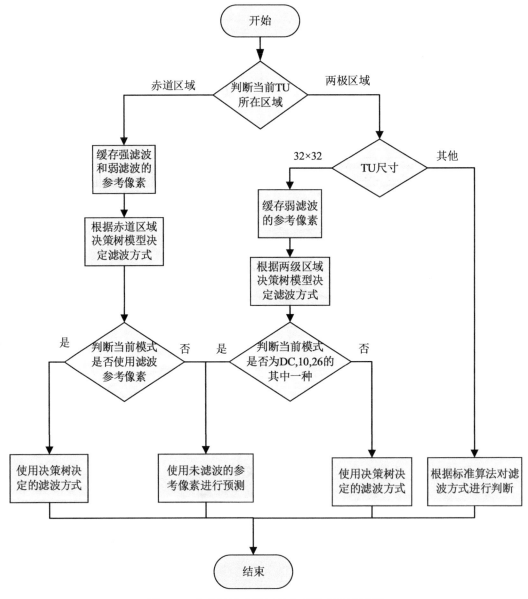

图7.36　基于区域决策树的参考像素滤波过程

步骤1：开始，判断当前TU所在的图像区域，若位于赤道区域，进入步骤2。若位于两极区域，跳到步骤7。

步骤2：缓存经过强滤波和弱滤波的参考像素，进入步骤3。

步骤3：根据赤道区域决策树模型决定当前TU的使用的参考像素种类，进入步骤4。

步骤4：根据标准算法判断当前模式是否使用滤波的参考像素。若使用，进入步骤5，若不使用，跳到步骤6。

步骤5：使用由决策树模型判定的滤波方式进行预测像素的计算，跳到步骤10。

步骤6：当前模式使用未滤波的参考像素进行预测像素的计算，跳到步骤10。

步骤7：判断TU尺寸，若为32×32尺寸的TU，进入步骤8；若为其他尺寸TU，按照标准算法判断参考像素的滤波方式，跳到步骤10。

步骤8：缓存经过弱滤波的参考像素，并根据两极区域决策树判断当前TU参考像素的滤波方式，进入步骤9。

步骤9：判断当前模式是否为DC模式、模式10、模式26的其中一种，若为其中一种，那么跳到步骤6。若不是，当前模式使用由决策树判定的滤波方式进行预测像素的计算，进入步骤10。

步骤10：结束参考像素的滤波，开始预测像素的计算过程。

7.3.4 测试与分析

本节算法被整合到HM16.20（HEVC的参考程序）和360Lib-5.1中验证算法的有效性。测试序列和实验条件与7.2节相同。编码参数的配置为全I帧编码模式（encoder_intra_main10）。用于测试的视频帧数为每个QP100帧（QP = 22, 27, 32, 37）。实验结果如表7.13所示。

表7.13　本节算法与HM16.20的性能比较

分辨率	序列	ΔBD-rate	ΔWSPSNR	ΔT
ClassA (4K 10bit)	AerialCity	−0.08%	0.00	3.8%
	PoleVault	−0.11%	0.01	2.4%
ClassB (6K 10bit)	BranCastle2	−0.06%	0.01	−1.4%
	Landing2	−0.09%	0.00	−1.6%
	Broadway	−0.10%	0.01	3.4%
	Balboa	−0.07%	0.00	2.2%
ClassC (8K 10bit)	Gaslamp	−0.08%	0.00	−1.2%
	Trolley	−0.12%	0.00	−3.4%
	Harbor	−0.07%	0.01	2.0%
	KiteFlite	−0.13%	0.00	−0.1%
	ChairliftRide	−0.09%	0.00	1.1%
	SkateboardInLot	−0.10%	0.01	−0.8%
平均		−0.1%	0.00	0.5%

由表7.13可以看出，与HM16.20相比，本文算法的ΔBD-rate降低了0.1%，而编码时间节省了0.5%，ΔWSPSNR基本保持不变。说明经过改进的参考像素滤波过程在一定程度上提升了帧内编码后的图像质量。从表中还可以看出，各序列减少的ΔBD-rate较为平均，说明算法性能比较稳定。

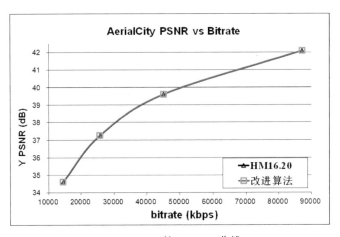

(a)AerialCity 的 BD-rate 曲线

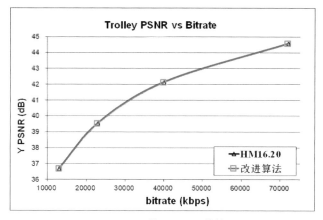

(b)Trolley 的 BD-rate 曲线

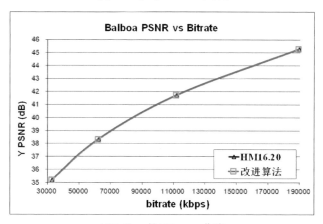

(c)Balboa 的 BD-rate 曲线

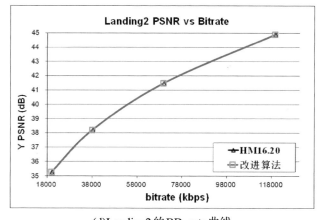

(d)Landing2 的 BD-rate 曲线

图 7.37 四个序列的 BD-rate 曲线比较

图 7.37 展示了在改进算法和 HEVC 标准算法下，四个序列的 BD-rate 曲线比较。从图中可以看出，两个曲线几乎重合，红色曲线略高于黑色曲线，这表明改进的滤波过程能降低少量的 Δ BD-rate，但效果不明显。这是因为滤波过程只占帧内预测过程的小部分，只对滤波过程改进所呈现出的实验效果有限，但一般的帧内预测改进算法通常在牺牲图像质量的情况下节省编码时间，实验结果表明，本文提出的改进滤波过程对补偿部分图像质量是有效的，证明了本节算法的有效性。

7.4 基于 WS-PSNR 权重的自适应 QP 算法

量化参数 QP 可以控制编码视频的输出码率和重建视频质量。如设置较小的 QP，重建后视频图像保留的细节更多，视频流的码率较高；设置较大的 QP，重建后视频图像保留的细节更少，视频流的码率较低。虽然较大 QP 压缩有利于降低码率，但重建图像的质量也会明显下降，因此 QP 应根据实际需求进行设置。

7.4.1 HEVC 中的量化参数 QP

HEVC 中常见的量化方式是率失真优化量化（RDOQ）[33]，该量化器的主要思想是量化过程中和率失真优化准则相匹配，对于同一个变换系数 C_i，搭配多个可选的量化值 $l_{i,1}$，$l_{i,2}$，$\cdots l_{i,k}$，并从中选取一个最优的量化值，计算公式如（7-20）所示：

$$l_i = \arg \min_{k=1,\ldots,m}\{D(C_i, l_{i,k}) + \lambda \mathrm{g} R(l_{i,k})\} \tag{7-20}$$

其中，$D(C_i, l_{i,k})$ 为 C_i 量化为 $l_{i,k}$ 的失真，$R(l_{i,k})$ 表示 C_i 量化为 $l_{i,k}$ 时所需的编码比特数，λ 为拉格朗日因子，经过计算可得出最优的量化值。

HEVC 中的官方框架 HM 使用了 RDOQ，下面简要介绍一下计算步骤：

1）首先根据当前 TU 的系数确定可选择的量化值，用下列公式对当前 TU 内的所有系数进行预量化，如公式（7-21）所示：

$$|l_i|=round\left(\frac{|C_i|}{QP_{step}}\right) \qquad (7-21)$$

其中，QP_{step} 指代的是量化步长，公式是 $QP_{step} \approx 2^{(QP-4)/6}$，$round$ (g) 代表四舍五入，利用 $|l_i|$ 可以确定量化值，如表7.14所示；

2）根据 RDO 进行判断当前 TU 中系数的最优量化值，以 Z 扫描顺序进行遍历，然后进行最终确定。

3）需要注意是否需要将当前 TU 的每一个系数块组（CG）量化为全零组。

因此无论是增加 QP 还是减少 QP，都需要根据具体情况设置，不能随意增加减少。但是由于虚拟现实视频的分辨率和高帧率特性，其码流非常巨大，为了能够降低码流的大小，减少传输压力，可以通过分析虚拟现实视频特性后对 QP 有针对性地处理。

表7.14　不同 $|l_i|$ 对应的可选量化值

$|l_i|$	可选量化值
0	0
1	0,1
2	0,1,2
3	2,3
…	…
N	N−1,N

7.4.2 ERP 投影格式中 WS-PSNR 权重分析

虚拟现实360度视频经过 ERP 格式投影后所得的平面视频具有不均匀采样的特性。例如，所得视频在两极区域具有更加密集的采样，这使得编码器需要花费更多的比特位去描述。此外，为了使用当前的视频编码标准，虚拟现实360度视频需要投影到平面后再进行编码，而用户观看时需要将平面图像投影为球面视频，实际上用户看到的是球面视频。考虑到球面视频的特点，会存在关注区域的问题，直接使用原有的 PSNR 评估指标对平面图像进行评价是不准确的，所以需要设计新的标准来衡量视频质量。这里提出了WS-PSNR衡量参数，下面简要介绍一下WS-PSNR获取过程，如公式（7-22）所示：

$$WS\text{-}PSNR = 10\log(\frac{MAX^2}{WMSE})$$

$$WMSE = \sum_{i=0}^{width-1} \sum_{j=0}^{height-1} (y(i,j) - y^{'}(i,j))^2 \cdot W(i,j) \qquad （7\text{-}22）$$

$$W(\mathrm{i},j) = \frac{w(i,j)}{\sum_{i=0}^{width-1} \sum_{j=0}^{height-1} w(i,j)}$$

其中MAX是图像像素的最大值，$y(i,j)$，$y'(i,j)$分别表示原始像素值和重建像素值，$W(i,j)$表示归一化的球体的权重比例因子，$width$，$height$分别表示视频的宽度和高度。不同的投影格式权重比例因子$w(i,j)$的计算公式是不同的。ERP投影的权重比例因子$w(i,j)$计算公式（7-23）如下：

$$w(i,j) = \cos((j - \frac{height}{2} + \frac{1}{2}) \cdot \frac{\pi}{height}) \qquad （7\text{-}23）$$

其权重分布如图7.38所示，颜色越深，越接近0；颜色越浅，越接近1。

图7.38　ERP投影权重分布图

对于赤道区域，视频内容受关注度较高，应该尽量减少失真，我们对该区域的QP进行负补偿，减小量化步长；而对于两极区域，视频内容受关注度较低，我们对该区域的QP正补偿，增大量化步长。由于WS-PSNR的权重w与ERP投影视频的失真分布有良好的对应关系，所以本文考虑使用WS-PSNR的权重w为参考对QP进行补偿。

7.4.3 基于WS-PSNR权重的自适应QP算法

虚拟现实360度视频通过ERP投影格式所得的整个平面图像具有不均匀采样的特性。例如，两极区域比赤道区域具有更加密集的采样，造成编码器需要花费更多的比特位去描述这些冗余数据。所以可根据虚拟现实360度视频ERP投影的采样密度进行优化，在保证视频重建质量的同时提高编码效率。

由于WS-PSNR的权重w与ERP投影视频的失真分布有良好的对应关系，所以目前已有算法[34]基于WS-PSNR的权重w进行补偿QP，但是该算法存在一定的缺陷，并未充分考虑虚拟现实360度视频画面特性，因此可进一步优化。

（1）现有的自适应QP算法

JVET协会中的F会议中提出了一种基于ERP特性的自适应QP，提案号为F0038，提案的思想是根据纬度来调整QP。两极区域对设置好的QP正补偿，赤道区域使用设置的QP。提案采用下列公式对QP进行调整，公式如（7-24）所示：

$$QP_{new} = QP - 3 \times \log_2(w) \tag{7-24}$$

F0038使用$\cos(\pi y)$作为w，其中w与纬度相关，φ是纬度弧长值，y为纬度角度值，$y = \varphi/\pi$，$-0.5 \leqslant y \leqslant 0.5$，$-\pi/2 \leqslant \varphi \leqslant \pi/2$，这样其QP公式为：

$$QP' = QP - 3 \times \log_2(\cos(\pi y)) \tag{7-25}$$

这里$w = \cos(\pi y)$的范围为$(0,1)$，即在两极区域时，$\log_2(\cos(\pi y))$小于0，QP被补偿后变大；在赤道区域时，$\log_2(\cos(\pi y))$接近0，QP补偿后基本不变，能实现两极区域QP增大，赤道区域QP不变的效果。

例如，设置QP参数为27时，以测试序列为AerialCity为例，QP经过补偿后效果，各区域QP值如下图7.39所示：

图7.39　ERP的自适应QP算法

（2）基于WS-PSNR权重的自适应QP算法

F0038提案的核心思想是保持赤道区域QP量化参数不变，两极区域QP量化参数变大，以牺牲视频重建质量为代价压缩码率，并不合理。本文考虑到赤道区域视频内容受关注度较高，应尽量减少失真；而两极区域视频内容受关注度较低，该区域的失真对于重建视频的影响较低，因此可对赤道区域QP进行负补偿，减小QP；而对两极区域的QP正补偿，增大QP。由于WS-PSNR的权重w与ERP投影视频的失真分布有良好的对应关系，所以本文考虑以该权重为参考对QP进行补偿。我们通过更新以下公式来补偿用于编码的QP值，如公式（7-26）所示：

$$QP_{new} = QP - 3 \times \log_2(w) \qquad (7-26)$$

对于ERP，WS-PSNR使用的权重公式如（7-27）：

$$w(i,j) = \cos((j - \frac{N}{2} + \frac{1}{2}) \times \frac{\pi}{N}) \qquad (7-27)$$

其中N为CTU的高度，其中j表示像素位置的高度（范围从0到图像高度）。论文基于WS-PSNR的权重计算补偿值，以CTU为单位进行权重计算，计算过程如下：

1）定义 *Num_Of_Ctu_Height* 为一列中CTU的个数，计算一列中每一行CTU权重和的平均值，公式如（7-28）所示：

$$w_{Index\_Of\_Ctu\_Mean\_Weight}(i,j) = \frac{1}{N} \sum_{0+index \times N}^{N-1+index \times N} w(i,j) \qquad （7-28）$$

其中 index 为一列中 CTU 的序号，取值为 [0, *Num_Of_Ctu_Height*]，N为 CTU 的高度；

2）计算步骤（1）中一列内所有 CTU 权重平均值的总和，公式如（7-29）定义为：

$$Mean\_weight = \sum_{0}^{Num\_Of\_Ctu\_Height} w_{Index\_Of\_Ctu\_Mean\_Weight}(i,j) \qquad （7-29）$$

3）算法修改后权值的公式如（7-30）所示：

$$w_{new} = \frac{w_{Index\_Of\_Ctu\_Mean\_Weight}}{Total\_Ctu\_Mean\_weight} \times Num\_Of\_Ctu\_Height$$

$$QP_{new} = QP - 3 \times \log_2(w_{new}) \qquad （7-30）$$

每行 CTU 位置的 w_{new} 值经计算，其取值范围为 [0,1.57]。图 7.40 中的图表为使用分辨率为 3328×1664 的虚拟现实 360 度视频中每行 CTU 中的 w_{new} 值根据 Height 变化的幅度。

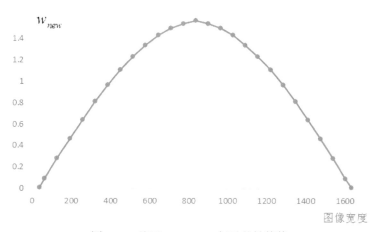

图 7.40　基于 WS-PSNR 权重的补偿值

基于 CTU 的自适应 QP 补偿，我们计算 CTU 内所有高度位置的权重的平均值。为确保补偿后的 QP 在允许的范围内，补偿后 QP 受以下公式限制，使得其最大QP不超过51，如公式（7-31）所示：

$$QP^{'} = \min\left(51, QP - 3 * \log_2\left(w\right)\right) \qquad （7-31）$$

7.4.4 测试与分析

本节使用四个QP参数22、27、32、37统计数据，如表7.15所示。本节算法与HM16.16相比，BD-rate平均下降了1.77%，WS-PSNR平均提高了0.015。其中，PoleVault视频测试序列、Landing2视频测试序列，Harbor视频测试序列和Trolley视频测试序列的编码性能提升较多，这是因为上述四种序列中，两极区域视频内容纹理复杂度较低且两极区域的权重较低，QP经正补偿后变大，量化后对重建视频质量评估影响较小；赤道区域权重较高，QP经补偿后变小，量化更加细致，对重建视频质量有增益。综合考虑两极区域和赤道区域的视频重建质量，最终有所提升；AerialCity视频测试序列、Broadway视频测试序列、Balboa视频测试序列、Gaslamp视频测试序列的编码性能提升较少，这是因为上述四种序列内两极区域视频内容的纹理复杂度较高，被补偿后增大的QP量化后对重建视频质量的影响较大，虽然赤道区域使用补偿后较小的QP量化提高了重建后的视频质量，但是综合计算后得出所提升的重建视频质量有限。

表7.15　改进的自适应QP算法数据

分辨率	序列	BD-rate	△ WS-PSNRY
4K	AerialCity	−1.20%	0.09
	PoleVault	−2.40%	0.09
6K	BranCastle2	−1.90%	0.07
	Landing2	−2.90%	−0.02
	Broadway	−1.10%	0.11
	Balboa	−0.70%	0.17
8K	Gaslamp	−1.20%	0.06
	Trolley	−2.00%	0.05
	Harbor	−2.20%	0.03

续表

分辨率	序列	BD-rate	△ WS-PSNRY
8K	KiteFlite	−2.00%	0.03
	ChairliftRide	−1.70%	0.05
	SkateboardInLot	−1.90%	0.09
平均值		−1.77%	0.015

　　图7.41为四个测试序列AerialCity，Landing2，ChairliftRide和SkateboardInLot的BD-rate与原编码框架HM16.16进行对比。

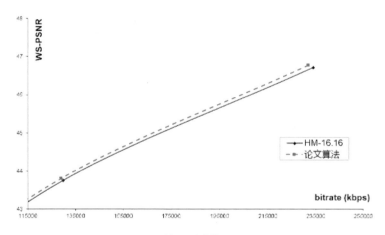

(a) AerialCity

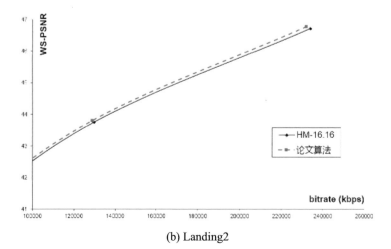

(b) Landing2

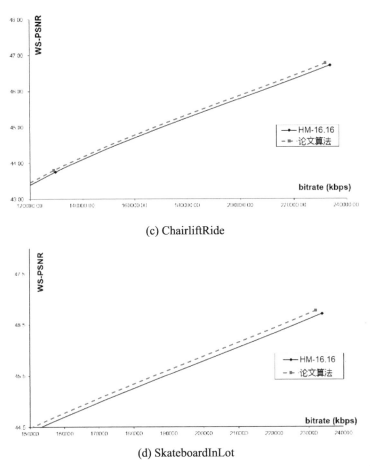

(c) ChairliftRide

(d) SkateboardInLot

图 7.41 　不同序列的 RD 曲线

　　可以看出，本节算法的 BD–rate 曲线均高于编码框架 HM16.16 的曲线，说明本节算法能够提高重建视频质量。这是由于本节算法充分考虑了虚拟现实 360 度视频的 ERP 投影格式特性（两极区域拉伸大，关注度较低；赤道区域拉伸小，关注度较高），同时基于 WS–PSNR 的权重（WS–PSNR 的权重 w 与 ERP 投影视频的失真分布有良好的对应关系，即两极区域权重较低，赤道区域权重较高的特性），以每一行 CTU 为基本单元，计算每一行 CTU 的权重值，自适应地补偿视频所设置的参数值 QP，对权重较大（对重建视频质量影响较大）的赤道区域处理得更为精细，对权重较小（对重建视频质量影响较小）的两极区域处理得较为粗糙，最终实现了对视频重建质量的提升，提高了编码性能。

以测试序列AerialCity为例，当设置QP为27时，如图7.42所示，本节的自适应QP算法效果，相比图7.39量化更加合理，对重建视频质量影响更小。

图7.42　改进的ERP的自适应QP算法

本节的自适应QP算法充分考虑了虚拟现实360度ERP投影格式的特性（两极区域拉伸大，赤道区域拉伸小），对QP值进行自适应补偿。在两极区域通过正补偿增大QP，在赤道区域通过负补偿减小QP，减少码流的同时保证视频重建质量。本文以一帧内每一行CTU为单元，求出每一行CTU内所有权重值（采用的是WS-PSNR里的权重值）得和并取平均，然后利用加权法计算得出QP的补偿值。该补偿值结合了ERP投影格式的特性和WS-PSNR的权重，能够合理量化视频内容，相比单一设定固定的QP值去量化虚拟现实360度视频更为合理。

此外，本节算法的几个测试序列的BD-rate性能曲线皆是在较大码率段高于原算法曲线的，而在码率较小段与原算法曲线几乎重合，这说明本文的自适应QP算法在优化码率较大的视频时效果更好。

参考文献

[1] LUIGI INGRASSIA P, RAGAZZONI L FAU – CARENZO L, CARENZO L FAU – COLOMBO D, et al. Virtual reality and live simulation: a comparison between two simulation tools for assessing mass casualty triage skills [J]. 2015, (1473–5695 (Electronic)).

[2] LUO B, XU F, RICHARDT C, et al. Parallax360: Stereoscopic 360 degrees Scene Representation for Head–Motion Parallax [J]. IEEE Trans Vis Comput Graph, 2018, 24(4): 1545–1553.

[3] 丁颖，刘延伟，刘金霞，刘科栋，王利明，徐震.虚拟现实全景图像显著性检测研究进展综述 [J].电子学报，2019，47（07）：1575：1583.

[4] RHEE T, PETIKAM L, ALLEN B, et al. MR360: Mixed Reality Rendering for 360 degrees Panoramic Videos [J]. IEEE Trans Vis Comput Graph, 2017, 23(4): 1379–1388.

[5] VIGNAIS N, KULPA R, BRAULT S, et al. Which technology to investigate visual perception in sport: Video vs. virtual reality [J]. Human Movement Science, 2015, 39: 12–26.

[6] PUYANA–ROMERO V, LOPEZ–SEGURA L S, MAFFEI L, et al. Interactive Soundscapes: 360°–Video Based Immersive Virtual Reality in a Tool for the Participatory Acoustic Environment Evaluation of Urban Areas [J]. Acta Acustica United With Acustica, 2017, 103: 574–588.

[7] JENSEN K, BJERRUM F, HANSEN H J, et al. A new possibility in thoracoscopic virtual reality simulation training: development and testing of a novel virtual reality simulator for video–assisted thoracoscopic surgery lobectomy [J]. Interactive cardiovascular and thoracic surgery, 2015, 21 4: 420–426.

[8] SEE Z S, BILLINGHURST M, CHEOK A D. Augmented reality using high fidelity spherical panorama with HDRI [C]. SIGGRAPH Asia 2015 Mobile Graphics and Interactive Applications, 2015: 1–4.

[9] MULLER K, MERKLE P, WIEGAND T. 3–D Video Representation

Using Depth Maps [J]. Proceedings of the IEEE, 2011, 99(4): 643–656.

[10] SKUPIN R, SANCHEZ Y, WANG Y K, et al. Standardization status of 360 degree video coding and delivery [C]. 2017 IEEE Visual Communications and Image Processing (VCIP), 2017: 1–4.

[11] LAFRUIT G, DOMAŃSKI M, WEGNER K, et al. New visual coding exploration in MPEG: Super–MultiView and Free Navigation in Free viewpoint TV [J]. Electronic Imaging, 2016, 28(5): 1–9.

[12] SYNDER J P. Emergence of Map Projections, from Flattening the Earth: Two Thousand Years of Map Projections [M]. The Map Reader. 2011: 164–169.

[13] FERNANDO R, KILGARD M J. The CG Tutorial: The Definitive Guide to Programmable Real–Time Graphics [C], F, 2003.

[14] WANG Y, CHEN Z, LIU S. Equirectangular Projection Oriented Intra Prediction for 360–Degree Video Coding [C]. 2020 IEEE International Conference on Visual Communications and Image Processing (VCIP), 2020: 483–486.

[15] YE Y, ALSHINA E, BOYCE J. JVET–H1004: Algorithm descriptions of projection format conversion and video quality metrics in 360Lib [M]. 2018.

[16] LIN J–L, LEE Y–H, SHIH C–H, et al. Efficient Projection and Coding Tools for 360 ° Video [J]. IEEE Journal on Emerging and Selected Topics in Circuits and Systems, 2019, 9(1): 84–97.

[17] TAI K–C, TANG C–W. Siamese Networks–Based People Tracking Using Template Update for 360–Degree Videos Using EAC Format [J]. Sensors, 2021, 21(5): 1682.

[18] ZHENG X, JIANG G, YU M, et al. Segmented Spherical Projection–Based Blind Omnidirectional Image Quality Assessment [J]. IEEE Access, 2020, 8: 31647–31659.

[19] YU N, ZHAO Y, LIU M, et al. 360 video compression based on sphere–rotated frame prediction [J]. IET Image Processing, 2020, 14.

[20] YE Y, BOYCE J M, HANHART P. Omnidirectional 360° Video Coding Technology in Responses to the Joint Call for Proposals on Video Compression With Capability Beyond HEVC [J]. IEEE Transactions on Circuits and Systems for Video Technology, 2020, 30(5): 1241–1252.

[21] ZARE A, AMINLOU A, HANNUKSELA M M. Virtual reality content streaming: Viewport–dependent projection and tile–based techniques [C]. 2017 IEEE International Conference on Image Processing (ICIP), 2017: 1432–1436.

[22] BOYCE J, ALSHINA E, ABBAS A, et al. JVET–D0193: Test conditions for 360 Video [M]. 2018.

[23] TRAN H T T, NGOC N P, BUI C M, et al. An evaluation of quality metrics for 360 videos [C]. 2017 Ninth International Conference on Ubiquitous and Future Networks (ICUFN), 2017: 7–11.

[24] ZHU Z, XU G, RISEMAN E M, et al. Fast construction of dynamic and multi–resolution 360° panoramas from video sequences [J]. Image and Vision Computing, 2006, 24(1): 13–26.

[25] JARVINEN A. Virtual reality as trend contextualising an emerging consumer technology into trend analysis [C]. 2016 Future Technologies Conference (FTC), 2016: 1065–1070.

[26] 康剑源. 基于区域决策树的虚拟现实360度视频帧内编码快速算法研究 [D]. 北京: 北方工业大学, 2020.

[27] JIN G, SAXENA A, BUDAGAVI M. Motion estimation and compensation for fisheye warped video [C]. 2015 IEEE International Conference on Image Processing (ICIP), 2015: 2751–2755.

[28] RUIZ D, FERNáNDEZ–ESCRIBANO G, ADZIC V, et al. Fast CU partitioning algorithm for HEVC intra coding using data mining [J]. Multimedia Tools and Applications, 2015, 76(1): 861–894.

[29] JING R, ZHANG Q, WANG B, et al. CART–based fast CU size decision and mode decision algorithm for 3D–HEVC [J]. Signal, Image and

Video Processing, 2018, 13(2): 209–216.

[30] LOH W–Y. Classification and Regression Trees [J]. Wiley Interdisciplinary Reviews: Data Mining and Knowledge Discovery, 2011, 1: 14–23.

[31] SULLIVAN G J, OHM J–R, HAN W–J, et al. Overview of the High Efficiency Video Coding (HEVC) Standard [J]. IEEE Transactions on Circuits and Systems for Video Technology, 2012, 22(12): 1649–1668.

[32] 张京. 基于自适应QP和CU深度范围预测的虚拟现实视频编码优化算法研究 [D]. 北京：北方工业大学, 2019.

[33] ZHANG M, BAI H, LIN C, et al. Texture Characteristics Based Fast Coding Unit Partition in HEVC Intra Coding [C]. 2015 Data Compression Conference, 2015: 477–477.

[34] OZCINAR C, DE ABREU A, KNORR S, et al. Estimation of Optimal Encoding Ladders for Tiled 360° VR Video in Adaptive Streaming Systems [C]. 2017 IEEE International Symposium on Multimedia (ISM), 2017: 45–52.

第八章　屏幕内容视频编码优化

8.1 屏幕内容视频介绍

随着网络、电子技术的快速发展，视频数据量以爆发式的趋势增长[1]。从视频生成的角度来划分，由摄像机拍摄的视频称为自然内容视频，由计算机或移动终端等电子设备生成的视频称为屏幕内容视频[2]-[5]，两种类型的视频如图8.1所示，其中（a）为自然内容视频，（b）为屏幕内容视频。同时包含以上两种内容的视频称为复合屏幕内容视频。屏幕内容图像主要是指包含了大量电脑图像、文字以及与包含了自然图像的混合图像。这类图像与自然图像有着很大的不同，屏幕内容通常没有传感器噪声，存在大量一致的平坦区域、重复图像内容、较少的颜色数以及完全相同的图像块。

(a)自然内容视频　　　　　　　　　　(b)屏幕内容视频

图8.1　两种类型的视频图像

8.1.1 屏幕内容视频研究背景

随着计算机技术和网络技术的发展，视频应用已深入到了人们生活的方方面面，近年来云技术的迅猛发展，加速了人们对更高地综合体验的追求。如何实现一些设备的远程控制和计算机支持的协同工作等成为发展的方向，当前交互式网络教学、远程网络监控等都已成为可能，而这些技术方向的研究均离不开屏幕内容编码技术的支持。当前屏幕内容编码技术已广泛用于网络多媒体会议、产品演示、远程办公、远程教学和股票分析系统中。

在这些应用中，屏幕内容视频编码技术尤为关键，往往决定了整个应用系统的性能好坏，这主要是因为视频内容的数据量十分巨大，大部分视频在每一秒的视频数据量可达到几百兆比特，如果直接将原始视频数据在网络上进行传输，势必会带来网络拥堵或传输延迟，所以屏幕内容视频的高效压缩编码是十分必要的。屏幕内容视频与传统的自然图像视频在内容上有很大的不同，屏幕内容视频中包含了计算机产生的大量人造内容，如web网页、word文件、在线游戏等，因此屏幕内容主要是由文本、图像和自然图像等信息复合而成，是一种复合内容的视频序列。

屏幕内容视频有着与自然内容视频不一样的统计特性，使得基于自然内容优化的编码工具在屏幕内容视频上的编码性能表现不佳。2016年，视频编码联合协作小组（Joint Collaboration Team on Video Coding，JCT-VC）发布了以HEVC（High Efficiency Video Coding）为基础扩展的屏幕内容编码标准（Screen Content Coding，SCC），即HEVC-SCC[6]。针对屏幕内容视频中出现的色调离散、局部结构重复、边缘锐利和大面积的平坦区域的特点，HEVC-SCC编码标准中增加了帧内块拷贝（Intra Block Copy，IBC）、调色板模式（Palette，PLT）、自适应运动矢量精度（Adaptive Motion Vector Resolution，AMVP）以及自适应颜色转换（Adaptive Color Transform，ACT）等技术，使得针对屏幕内容视频的编码效率相比于HEVC编码标准提升了30% — 50%。

针对4k、8k超高清视频的压缩需求，联合视频专家组（Joint Video

Experts Team，JVET）于2020年7月发布了最新一代视频编码标准 —— 通用视频编码标准（Versatile Video Coding，VVC），即H.266标准。在屏幕内容视频的编码方面，H.266继承并发展了HEVC-SCC针对屏幕内容的编码工具，如降低IBC模式在硬件上的实现成本以及使用更简单的方式获得和发送块位移向量的信息，优化调色板架构等，从而降低编码模式的实现代价[7]。

8.1.2 屏幕内容视频国内外现状

屏幕内容编码在学术界研究较多，研究的方向主要分为编码低复杂度优化和重建质量优化，编码低复杂度优化通过结合多种方法快速决策编码模式完成，重建质量优化则主要针对屏幕内容中的文本、图表、图案等内容，往往有着较为尖锐的边缘特征和较高的对比度，其中细微的瑕疵也极易被人眼察觉到。下面分别介绍两种方向的研究现状。

（1）屏幕内容视频编码低复杂度优化

自屏幕内容编码工具引入到HEVC-SCC中，人们就开始了降低屏幕内容视频帧内编码复杂度的相关研究。随着新一代视频编码标准VVC/H.266的发布，相关研究逐渐基于VVC编码器展开。现有的关于屏幕内容视频帧内快速编码的决策算法可以分为两类，一类是基于人工提取特征的快速决策算法，另一类是基于深度学习的快速决策算法。下面将分别进行描述。

基于人工提取特征的帧内模式快速决策算法是指通过对数据的统计分析，选择出具有判别力的特征，再根据这些特征设计快速决策算法。Kuang等人[8]提出了一种基于内容分析的SCC模式决策算法，将屏幕内容视频中的CU分为静态CU和动态CU。对于动态CU，联合高梯度像素和背景颜色将它分为屏幕内容CU和自然内容CU，并根据CU类型自适应地选择不同的候选模式；而对于静态CU，则利用同位CU的信息来预测其最佳编码模式。Chen等人[14]提出了一种基于Gabor特征模型的HEVC-SCC快速模式决策算法。利用Gabor滤波器将当前CU中的边缘信息提取出来，并根据提取出的Gabor特征将CU分为自然内容CU、平滑屏幕内容

CU和复杂屏幕内容CU，对不同的CU分配不同的编码模式，从而避免不必要的计算。Sreelekha等人[15]提出了一种基于决策树的分类器，将编码单元分为调色板块和非调色板块，对于非调色板块跳过调色板模式，以降低编码时间。

基于深度学习的帧内模式快速决策算法无需手动设计提取特征，利用神经网络直接对数据自动进行高维抽象学习，利用学习到的数据表达指导快速帧内模式决策。Kuang等人[16]利用卷积神经网络（CNN）提出了一种低复杂度的帧内预测算法。该网络首先通过分析CTU（Coding Tree Unit）的全局特征来决定是否应该检查CU的尺寸，若决定检查CU的尺寸，网络通过分析局部特征来跳过不必要的模式候选，降低编码器的复杂度。Gao等人[17]提出了两步快速模式决策方法来降低编码器复杂度。首先，使用卷积神经网络来自动提取对细密纹理的CU分类有用的特征，将CU分为四类。其次，建立从CU到候选模式的精确且简洁的映射，从而跳过不必要的编码模式。Kuang等人[18]提出了一个基于深度学习的屏幕内容编码快速预测网络，通过单次预测，直接输出一个CTU的84个子CU及自身共85个标签，每个预测标签包含跳过所有预测模式、Intra、IBC和PLT四个模式类别的概率，从而避免了对每一个CU的迭代预测，减少了计算开销。Tsang等人[19]提出了一种全卷积网络下的VVC屏幕内容帧内快速编码模式决策算法，设计了一个全卷积网（Fully Convolutional Network，FCN），使用FCN一次推理就可以将64×64的CU及其所有子CU分类为自然内容CU和屏幕内容CU，根据CU的类型分配不同的编码模式集，加快编码过程。

（2）屏幕内容视频编码质量优化

视频编码的失真由量化造成，失真导致重建视频的质量降低，主要反映为块效应和振铃效应。这是因为，主流的视频编码标准都是基于块的混合编码框架，在编码时，由于各个块的编码都是独立的，变换和量化后在块与块的边界会产生不连续，在视觉上就会产生类似于马赛克的"块效应"，由于吉布斯效应导致边缘出现的波纹则称为"振铃效应"。

环路滤波则与后处理滤波不同，它是编码环路内的一部分。一方面，环路滤波的参数是在编码端决定，并写入码流传输到解码端的；另一方面，经过环路滤波处理的像素将用于后面未经编码的像素的预测。对于环路去块滤波（Deblocking Filter, DBF），Pang, K. K 和 Tan, T. K. 提出了一种利用3抽头的低通滤波器来削弱边界不连续性的去块滤波器。Lee, Y. L 和 Park, H. W. 提出了一种通过设置标志位来降低环路滤波和后处理滤波的复杂度方案。H.264/AVC 是第一个引入环路去块滤波的标准。对于处理振铃效应，Windows Media Video 9 在解码端采用一种去振铃滤波器。该滤波器将图像像素分为两个种类：边缘性像素和非边缘性像素，再对它分别进行滤波处理，这可能导致图像之间切换时出现剧烈的闪动现象。VCEG-AL27 提出了自适应环路滤波（Adaptive Loop Filter，ALF）技术，它根据拉普拉斯强度和方向将重建像素进行分类，再针对不同种类的像素进行相应的滤波及补偿。JCTVC-B077、JCTVC-C147 和 JCTVC-D122 提出了基于图像四叉树的条带补偿法、边界补偿法、自适应限幅以及自适应分类方式。JVTVC-E049 提出了样本自适应补偿（Sample Adaptive Offset, SAO），它在第5次 JCT-VC 会议上被纳入 HEVC 草案中。

8.2 屏幕内容视频编码技术

HEVC 标准主要用于高清晰的相机捕获的视频，但是近年来，屏幕内容视频使用越来越广泛，随之数据量越来越大，就信号处理而言，屏幕内容视频相较于相机捕获的视频有更多的信息冗余，因此，国际标准组织在 HEVC 的基础上做了扩展，即 SCC 标准，编码框架如图 8.2 所示[20]。此外，VVC 继承并优化了 HEVC-SCC 中针对屏幕内容视频的帧内编码工具。

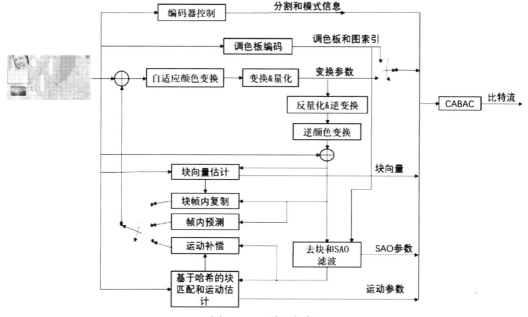

图8.2 SCC编码框架

从SCC标准的编码框架可以看出，SCC的编码流程与HEVC基本一致，将视频图像分割为最大编码单元之后，调用预测编码、变换编码、量化和熵编码四大模块。此外，预测编码不仅有帧内编码和帧间编码两种模式，还可以选择调色板模式（Palette Coding, PLT），帧内预测编码部分引入了帧内块复制模式（Intra Block Copy, IBC），在预测编码之后变换编码之前，引入了自适应色彩变换（Adaptive Color Transform, ACT），以及自适应运动矢量分解（Adaptive Motion Vector Resolution, AMVR）等技术。本文会对这四种新技术做详细的说明。

8.2.1 帧内块复制

如图8.3所示，IBC模式是一种块级的编码模式，也是一种类似于帧间编码的帧内编码模式。在编码时，IBC模式会使用块匹配（Block Maching, BM）技术为每一个CU寻找到最佳的匹配块，进而获得最佳匹配块的块向量（Block Vector, BV）。块向量也称为运动向量（Motion

Vector，MV），是指当前编码块指向参考块的向量。而IBC模式与帧间技术不同之处在于，帧间预测的运动向量MV是通过在当前编码帧在时间域上的相邻参考帧中搜索得到的，而IBC模式的最佳匹配块的块向量BV是在当前CU所处帧的重建区域中搜索得到的，但并不是当前帧中所有的重建区域都可以作为IBC的参考区域来使用，而且在不同的编码标准中IBC参考区域大小的设定也是不同的。

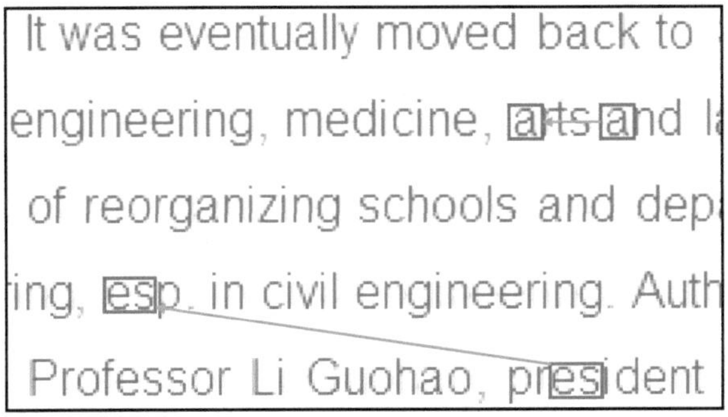

图8.3　IBC模式编码示例

和帧间技术类似之处在于，IBC也包含IBC_AMVP模式和IBC_Merge模式，在编码端通过一个flag标志来标识这两种模式。若当前CU执行IBC_AMVP模式，需要通过运动估计来搜索最佳匹配块的运动向量，而IBC的运动估计包含两种方式，一种是基于哈希（Hash）的运动估计，一种是基于块匹配的局部搜索（Block Matching Based Local Search）。对于IBC_AMVP模式，首先执行基于Hash的运动估计来进行块向量的搜索，若该搜索没有返回有效的候选项，则执行基于块匹配的局部搜索。

若当前CU执行IBC_Merge模式，IBC_Merge模式并不直接在参考区域内搜索与当前待编码块相匹配的块，来获得相应的位移。而是建立一个候选列表，利用空间相关性将相邻CU的帧内运动向量存储起来，并对其中的每一个候选运动向量进行运动补偿，进行相应率失真代价的计算，从中选择率失真代价最小的运动向量作为IBC_Merge模式下CU的最终帧内运动向量。

8.2.2 调色板模式

调色板模式是针对单元块内含有少量不同颜色的情况[21]。调色板模式指将编码单元中有限的颜色组成索引表，对索引值和色彩参照表进行编码。对于编码单元中的每一个样本，在码流中传送当前表中的索引[22]。然后解码器根据色彩参照表和索引值重建编码单元的样本。调色板的表不仅要包含亮度分量，还要记录色度分量。对于没有色度成分表示的序列，即420色彩格式和422色彩格式的序列，使用调色板模式编码时，只需要编码和重建Y分量。由于色彩参照表的大小有限，所以在使用调色板模式时，遇到不属于调色板的色彩，可以用特殊的索引 —— 逃生指数（Escape）表示，此时逃生指数以及逃生样本中元素成分的量化都需要编码在比特流中。图8.4为一个调色板编码示例，CU中有四种不同的颜色，与调色板对应的颜色标记相应的索引值，黑色不在调色板中，标记为逃生指数。

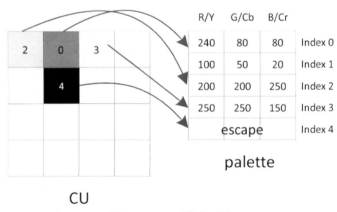

图8.4　Palette模式示例

8.2.3 自适应颜色变换

自适应色彩转换利用了不同的颜色成分之间有很强的相关性[23]。该技术将RGB或者YCbCr色彩空间的预测残差转化到YCoCg–R色彩空间，以降低颜色成分之间的相关性。由于屏幕内容视频生成条件的特殊性，多数屏幕内容视频的采集是在RGB颜色空间，可能会包含很多不同特征的图片块，这些块中颜色饱和度较高，弱化了颜色成分之间的相关性，对于这种块，直接编码RGB色彩空间更有效。为了处理这种问题，提出了色彩空间RGB–YCoCg的转换，如公式（8–1）所示：

$$\begin{bmatrix} Y \\ Co \\ Cg \end{bmatrix} = \begin{bmatrix} 1/4 & 1/2 & 1/4 \\ 1/2 & 0 & -1/2 \\ -1/4 & 1/2 & -1/4 \end{bmatrix} \begin{bmatrix} R \\ G \\ B \end{bmatrix} \qquad (8\text{–}1)$$

$$\begin{aligned} Co &= R - B \\ t &= B + \left\lfloor \frac{Co}{2} \right\rfloor \\ Cg &= G - t \\ Y &= t + \left\lfloor \frac{Cg}{2} \right\rfloor \end{aligned} \qquad (8\text{–}2)$$

ACT技术从RGB到YCoCg的变换如公式（8–2）所示，称为正向变换；对应的反向变化如（8–3）所示。

$$\begin{aligned} t &= Y - \left\lfloor \frac{Cg}{2} \right\rfloor \\ G &= Cg + t \\ B &= t - \left\lfloor \frac{Co}{2} \right\rfloor \\ R &= B + Co \end{aligned} \qquad (8\text{–}3)$$

其中⌊ ⌋表示向下取整。由于CoCg的动态范围是输入RGB的2倍，为了防止算法溢出，在色彩空间正向变换时，Co和Cg的比特深度需要右移一位。相应地，在逆向变换前需要左移一位。如果是无损编码，可以直接使用变换公式[24]。

8.2.4 自适应运动矢量分解

自适应运动矢量分解的主要贡献在于针对屏幕内容视频的特点节省码率[25]。计算机生成的屏幕内容视频通常是根据样本的位置生成的，从而产生与图片中的样本位置离散或精确对准的运动。对于这一类型的视频，整像素运动矢量足够表达运动。因此，细微部分的运动矢量不做信号化可以节省码率。

在实际的编码中，片级（Slice level）有一个亮度样本使用整像素运动矢量的标志，如果开启整像素运动矢量，则运动矢量预测、差异、以及生成的运动矢量全部为整数值，所以，不需要编码表示分数值的位。相对应地，在解码处理时，整数矢量需要左移一位或者两位。

8.3 基于屏幕内容区域特性的CU划分快速选择算法

与H.265/HEVC相比，H.266/VVC编码时间大幅上升，原因之一是引入了四叉树嵌套多类型树的划分结构[3]。与自然内容视频相比，屏幕内容视频各类区域呈现不同的特性。通过统计分析，发现屏幕内容视频的不同种类区域在多叉树划分模式的选择上呈现明显规律性，本章根据屏幕内容视频区域特性与划分规律，对多叉树划分模式进行预选，从而降低了遍历划分模式的复杂度。

本章首先分析了屏幕内容视频特性，对屏幕内容视频的多叉树划分规律进行描述；接着对算法的核心思想和判决指标进行设计；最后，通过实验测试算法的性能。

8.3.1 屏幕内容视频特性分析

由计算机产生的屏幕内容视频（Screen Content Video，SCV）具有区别于由摄像头拍摄的自然视频的统计特性。图8.5所示为不同分辨率的典型屏幕内容序列示例，与自然内容相比，它有更少的噪音、不连续的色调、细腻的线条、尖锐的边缘、相对大面积的均匀平整区域、明显的方向变化和频繁重复的纹理[35]。

（a）测试序列 MissionControlClip2

（b）测试序列 SlideShow

（c）测试序列 Desktop

（d）测试序列 Programming

图8.5　屏幕内容序列示例

　　为了更直观地展示自然内容编码区域与屏幕内容编码区域的区别，本文对分辨率为2560×1440的复合屏幕内容视频序列 BasketballScreen 第一帧中自然内容和屏幕内容代表区域的像素值分布进行了实验统计。原始数据如图8.6所示，统计结果如图8.7所示。屏幕内容区域以空白区域（区域二）和文字区域（区域三）为例，像素分布如图8.7（b）和（c）。自然内容以区域一为例，像素分布如图8.7（a）。可以看出：自然内容的像素值种类多于屏幕内容的像素值种类，自然内容像素值之间的差小于屏幕内容像素值之间的差，自然内容像素值分布比屏幕内容像素值分布更连续。基于以上分析，本文设计了三个指标，根据统计屏幕内容不同种类区域特性判决划分模式，减少不必要的划分的尝试。

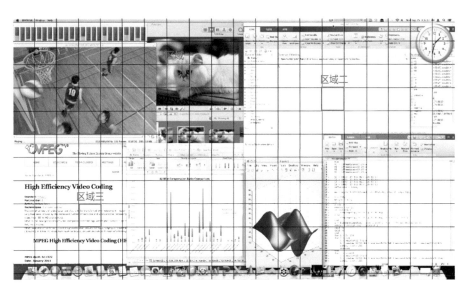

图8.6　BasketballScreen序列第一帧

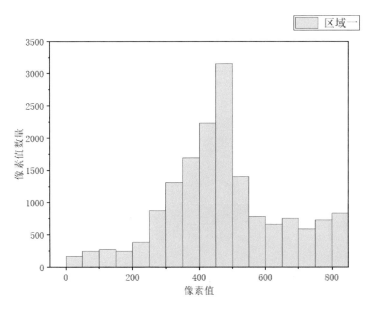

（a）区域一像素值统计

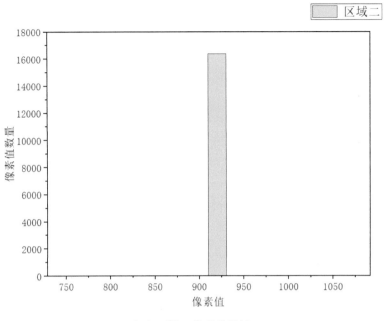

（b）区域二像素值统计

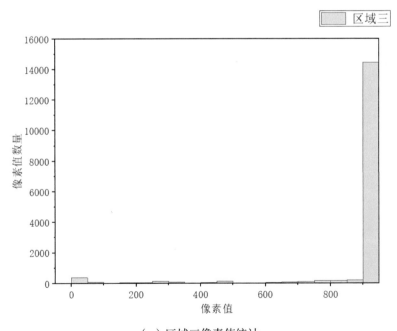

（c）区域三像素值统计

图8.7　自然内容与屏幕内容像素差异图

8.3.2 屏幕内容视频下的多叉树划分

Saldanha等人[35]对自然内容视频多叉树划分的复杂度进行了统计分析，结果表明，禁用MT可以节省92%的编码时间。为了更直观地了解屏幕内容视频下的多叉树划分规律，本章统计了不同分辨率的16个官方标准屏幕内容视频序列的多叉树划分模式对编码时间的影响，另外还统计了关闭对应多叉树划分模式导致的编码性能损失，如表8.1所示。通过统计数据可以发现，当VTM编码器关闭BT（即不使用水平二叉树划分和垂直二叉树划分）时编码时间平均减少71.75%。关闭TT（即不使用水平三叉树划分和垂直三叉树划分）时编码时间平均减少48.33%，关闭HT（即不使用水平二叉树划分和水平三叉树划分）时编码时间平均减少75.42%，关闭VT（即不使用垂直二叉树划分和垂直三叉树划分）时编码时间平均减少75.92%。关闭MT（即只有四叉树划分可用时），编码时间有平均90.42%的节省上限，关闭以上对应模式所增加的BD-rate如表8.1所示。通过分析，不论是自然内容视频还是屏幕内容视频，多叉树划分模式都占用了大量编码时间。最佳划分模式的选择与视频的各类区域特性有极大关联，与自然内容视频相比，屏幕内容视频呈现显著不同的特性。基于以上分析，本章提出一种针对屏幕内容不同区域特性的多叉树划分快速决策算法，提前决策最可能的多叉树划分方式，缩小划分模式遍历范围。

表8.1 多叉树划分复杂度

	分辨率	TS	BD-rate		
			Y	U	V
禁用MT	1280 × 720	89.75%	13.40%	13.80%	13.40%
	1920 × 1080	91.00%	14.10%	14.90%	14.60%
	2560 × 1440	90.50%	15.30%	14.80%	14.60%
	平均	90.42%	14.27%	14.50%	14.20%
禁用BT	1280 × 720	70.25%	4.60%	5.30%	5.10%
	1920 × 1080	74.00%	5.40%	5.70%	5.70%
	2560 × 1440	71.00%	6.00%	6.10%	6.00%

	分辨率	TS	BD-rate		
			Y	U	V
禁用BT	平均	71.75%	5.33%	5.70%	5.60%
禁用TT	1280×720	47.50%	2.10%	2.50%	2.20%
	1920×1080	53.25%	2.00%	2.10%	2.40%
	2560×1440	44.25%	2.80%	2.60%	2.60%
	平均	48.33%	2.30%	2.30%	2.40%
禁用HT	1280×720	73.50%	6.10%	6.70%	6.20%
	1920×1080	77.00%	6.80%	7.00%	6.70%
	2560×1440	75.75%	8.40%	7.70%	7.40%
	平均	75.42%	7.10%	7.13%	6.77%
禁用VT	1280×720	73.75%	8.70%	9.10%	8.80%
	1920×1080	77.50%	9.10%	8.90%	9.20%
	2560×1440	76.50%	8.20%	8.20%	7.80%
	平均	75.92%	8.67%	8.73%	8.60%

8.3.3 算法主体内容

（1）算法核心思想

VVC中QTMT划分结构的计算复杂性非常高，但在许多情况下，CU划分与当前编码块的内容属性密切相关。与自然内容视频相比，屏幕内容视频呈现诸多独特的属性，因此可以根据屏幕内容视频特性预判编码块的划分方式，从而有效降低编码复杂度。

本文发现，屏幕内容中的边框区域、文字区域在进行多叉树划分时经常连续选择某个方向的划分，即一行或者一列的某段中的最优划分模式连续为水平划分或者垂直划分。例如，图8.8是"WebBrowsing"序列的第一帧的最优划分结果，其中边框区域A和B连续选择了水平方向的划分方式，文字区域C、D、E中则全选择了垂直方向的划分方式。这是因为屏幕内容中边框、文字区域的纹理方向往往是固定的、有规律的、沿直线变化的，而自然内容中的边界大多沿曲线变化，比如人物的轮廓等。除此之外，屏幕内容视频相比于自然内容视频而言存在更多的空白区域，其最大的特点在于空白区域中的每个像素点的亮度值为相同的某个值，这部分区域通常在完成四叉树划分后不会继续进行二叉树划分和三叉树划分，如图8.8中的F和G。对于边缘模糊和纹理复杂的区域，亮度值种类较多，需要更精细的划分方式，往往需要进一步进行二、三叉树划分。根据以上的分析，在下一节中，针对屏幕内容视频中的不同区域的CU特性，使用三个指标进行多叉树划分方式的提前决策，从而节省编码时间。

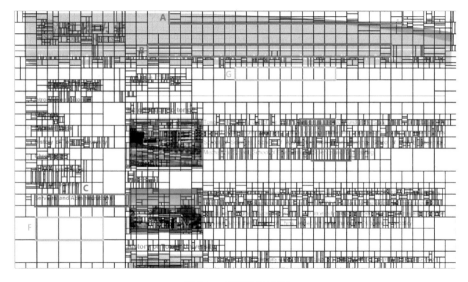

图8.8　CU划分示例

（2）划分指标和阈值选取

基于上节分析，本章针对屏幕内容视频含有大片空白区域及划分方向变化明显的特点，对屏幕内容视频中占比相对较高的空白区域、文字区域、边框区域和其他区域分别进行指标设计，详细分析如下：

1）空白区域

屏幕内容视频中存在许多平滑的空白区域，这部分区域的特点是像素值在水平和垂直方向数值相等，如图8.9所示。相比于自然内容视频，屏幕内容视频中的平滑区域更趋近于理想化纯色空白块。针对这部分区域，可以在不考虑CU背景噪声的情况下，使用一个计算量相对较小的指标进行率失真代价的预判。本章通过计算每个CU内的水平像素活动度（ACT_v）和垂直像素活动度（ACT_h），来反映块内的像素波动。如果$ACT_v = 0$ && $ACT_h = 0$，表示当前块中每个像素点的像素值为相同的值，这部分区域更倾向于选择四叉树划分，往往不会选择多叉树划分，因此可以提前终止四种MTT划分模式，减少划分模式的遍历过程。

$$ACT_h = \sum_{i=1}^{w-1} \sum_{j=1}^{h-1} \left| P(i+1,j) - P(i,j) \right| \tag{8-4}$$

$$ACT_v = \sum_{i=1}^{w-1} \sum_{j=1}^{h-1} \left| P(i+1,j) - P(i,j) \right| \tag{8-5}$$

其中$P(i,j)$表示当前块的像素值。

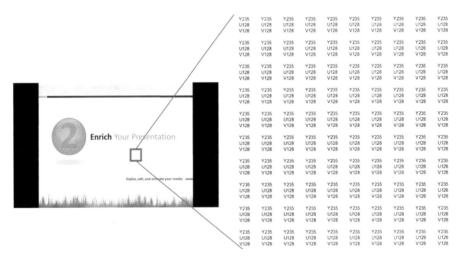

图8.9　空白区域像素值分布

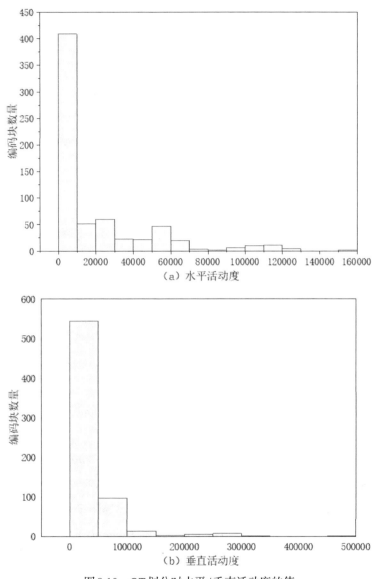

图8.10　QT划分时水平/垂直活动度的值

　　为了验证指标的有效性，本章统计了VTM10.0参考模型下最优划分模式为四叉树划分（即未使用四种多叉树划分模式时）的水平/垂直活动度的值，如图8.10所示，可以看出，最优划分模式为四叉树划分时，水平/垂直活动度值为0的概率超过50%。为了近一步减小误差，本章算法的前提是水平和垂直活动度同时为0。

2）文字及边框区域

针对屏幕内容中亮度值沿一个方向变化的块，比如边框区域和文字区域，这类区域有亮度值朝一个方向跳变或者渐变的特点。如果ACT_h和ACT_v都不等于0，本章定义了一个名为等距子块亮度差变化幅值（ESDA）的指标，提前终止亮度差的变化幅度较小的划分方向，从而减少划分模式的遍历。具体计算步骤如下：

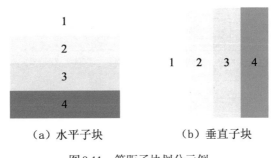

（a）水平子块 （b）垂直子块

图8.11 等距子块划分示例

步骤1：将当前块沿水平和垂直方向分别均匀分成四个等距离的子块，如图8.11所示。

步骤2：计算每个子块的亮度平均值$Hmean(n)$、$Vmean(n)$。

步骤3：根据公式（8-6）（8-7）分别将水平、垂直子块的亮度平均值按顺序两两作差（n的取值为1、2、3），得到等距子块亮度差。

$$HOR_{dif}(n) = |Hmean(n+1) - Hmean(n)| \qquad (8-6)$$

$$VER_{dif}(n) = |Vmean(n+1) - Vmean(n)| \qquad (8-7)$$

表8.2 TH1=25时ESDA划分结果与VTM10.0划分结果比较

	QP=22	QP=27	QP=32	QP=37
1280×720	92%	94%	97%	91%
1920×1080	92%	93%	90%	93%
2560×1440	91%	93%	92%	95%
平均	92%	93%	93%	93%

　　步骤4：将步骤3得到的水平、垂直子块的等距子块亮度差由公式（8-8）（8-9）两两作差得到等距子块亮度差变化幅值（ESDA），它反映当前块沿某方向的亮度值变化幅度，$HOR_A(n)$代表水平方向的ESDA，$VER_A(n)$代表垂直方向的ESDA。如果$HOR_A(n)<\text{TH}_1 \&\& HOR_A(n)<VER_A(n)$，说明当前块沿水平方向变化缓慢且均匀，亮度沿水平方向无突变，当前块更倾向于选择垂直划分，因此本算法将终止水平方向划分。如果$VER_A(n)<\text{TH}_1 \&\& VER_A(n)<HOR_A(n)$，说明当前块沿垂直方向变化缓慢且均匀，亮度沿垂直方向无突变，当前块更倾向于选择水平划分，因此本算法将终止垂直方向划分。经过多次实验统计分析，如图8.12为阈值TH_1的统计折线图，其中横坐标代表TH_1不同的取值，纵坐标代表节省时间与质量损失之熵，图中可以看出，TH_1取值25时效果表现最好。如表8.2所示，TH_1等于25时，不同QP、不同分辨率下使用等距子块亮度差变化幅值预知的最优划分方向准确率高于90%，指标表现最好。

$$HOR_A(n) = \left| HOR_{dif}(n+1) - HOR_{dif}(n) \right| \tag{8-8}$$

$$VER_A(n) = \left| VER_{dif}(n+1) - VER_{dif}(n) \right| \tag{8-9}$$

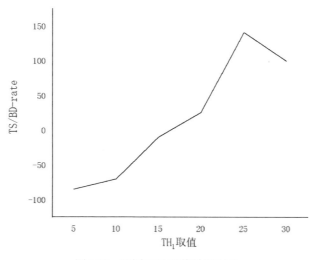

图8.12　不同TH1取值效果对比

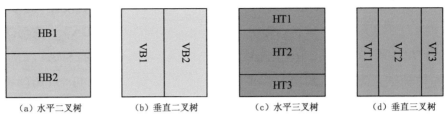

| (a) 水平二叉树 | (b) 垂直二叉树 | (c) 水平三叉树 | (d) 垂直三叉树 |

图8.13　子块标识图

3）其他区域

对于屏幕内容视频中既不是空白区域、文字区域或边框区域，也没有明显方向特征的其他区域，本算法引入计算量相对较小的平均绝对误差（MAE），减少率失真代价的计算次数。通过比较图8.13中四种MTT划分方式下的子块平均绝对误差的大小，预先判断选择某种多叉树划分方式时当前块的纹理特征，自定义跳过子块之间MAE最小的划分模式，根据最优划分模式的选择原理，所跳过的这种划分方式被选择为最佳划分模式的概率最小。

$$Ave = \frac{1}{width \times height} \sum\nolimits_{i=1}^{width} \sum\nolimits_{j=1}^{height} P(i, j) \qquad (8-10)$$

$$MAE_k = \frac{1}{width \times height} \sum\nolimits_{i=1}^{width} \sum\nolimits_{j=1}^{height} |P(i, j) - Ave| \qquad (8-11)$$

其中Ave为子块亮度平均值，height为子块的高度，width为子块的宽度，$P(i, j)$是像素点(i, j)处的亮度值，MAE_k为子块平均绝对误差。如k图8.14，其中k代表HB1、HB2、VB1、VB2、HT1、HT2、HT3、VT1、VT2、VT3。公式（8-12）和（8-13）中，μ_{HB}、μ_{VB}、μ_{HT}、μ_{VT}分别为四种划分模式下每个子块的平均绝对误差的平均值；MAE_{HB}、MAE_{VB}、MAE_{HT}、MAE_{VT}分别为四种多叉树划分模式下当前块的平均绝对误差。

$$\begin{cases} \mu_{HB} = \dfrac{1}{2}\sum\nolimits_{m=1}^{2} MAE_{HBm} \\[2mm] \mu_{VB} = \dfrac{1}{2}\sum\nolimits_{m=1}^{2} MAE_{VBm} \\[2mm] \mu_{HT} = \dfrac{1}{3}\sum\nolimits_{m=1}^{3} MAE_{HTm} \\[2mm] \mu_{VT} = \dfrac{1}{3}\sum\nolimits_{m=1}^{3} MAE_{VTm} \end{cases} \qquad (8\text{--}12)$$

$$\begin{cases} MAE_{HB} = \dfrac{1}{2}\left(\sum\nolimits_{m=1}^{2}\left|MAE_{HBm}-\mu_{HB}\right|\right) \\[2mm] MAE_{VB} = \dfrac{1}{2}\left(\sum\nolimits_{m=1}^{2}\left|MAE_{HBm}-\mu_{HB}\right|\right) \\[2mm] MAE_{HT} = \dfrac{1}{3}\left(\sum\nolimits_{m=1}^{3}\left|MAE_{HBm}-\mu_{HB}\right|\right) \\[2mm] MAE_{VT} = \dfrac{1}{3}\left(\sum\nolimits_{m=1}^{3}\left|MAE_{HBm}-\mu_{HB}\right|\right) \end{cases} \qquad (8\text{--}13)$$

　　如图8.14所示为CU纹理分布与最优划分模式举例，示例块沿水平方向的像素差异大于沿垂直方向的像素差异，上下子块间的平均绝对误差小于左右子块间的平均绝对误差，因此VTM10.0遍历完各种划分模式最终选择的即为垂直二叉树划分。经过多次实验验证，在MAE_{HB}、MAE_{VB}、MAE_{HT}、MAE_{VT}中，如果MAE_{HB}最小，说明当前块采用水平二叉树划分时的两个子块纹理相似，所提算法提前终止HB划分RD代价的计算过程。同理，若MAE_{VB}最小，提前终止VB划分RD代价的计算过程。若MAE_{HT}最小，提前终止HT划分RD代价的计算过程。若MAE_{VT}最小，提前终止VT划分RD代价的计算过程。为了近一步优化视频质量损失，经多次实验统计，加一个附加条件，即判断为最小的MAE与其他MAE的差值都需要小于−10，此时时间节省与质量损失达到平衡。

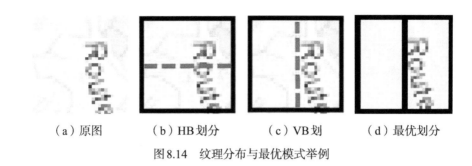

（a）原图　　　　（b）HB 划分　　　　（c）VB 划　　　　（d）最优划分

图8.14　纹理分布与最优模式举例

（3）算法描述

为了充分结合屏幕内容视频特性对多叉树划分模式进行提前决策，本章使用三个指标，分别为水平/垂直活动度、等距子块亮度差变化幅值、平均绝对误差。针对宽度和高度都大于或等于16的CU块，本章提出基于屏幕内容区域特性的CU划分快速选择算法，旨在提前决定划分模式，减少划分遍历复杂度。算法具体流程如图8.15所示。

算法描述如下：

步骤1：计算当前块的水平像素活动度（ACT_h）和垂直像素活动度（ACT_v），判断ACT_h和ACT_v是否都等于0，如果两者都等于0，跳过HB、VB、HT、VT划分模式的递归划分过程；如果二者之中有一个不等于0，或者两者都不为0，进入步骤2。

步骤2：计算当前块水平方向的等距子块亮度差变化幅值$HOR_A(n)$和垂直方向的等距子块亮度差变化幅值$VER_A(n)$，判断两者之间的大小关系以及两者与阈值TH_1的大小关系，进而提前判断划分方向。如果$HOR_A(n)$ < $VER_A(n)$并且$HOR_A(n)$ < TH_1，跳过水平二叉树划分和水平三叉树划分的递归遍历过程。如果不满足以上条件，则进一步判断是否满足$VER_A(n)$ < $HOR_A(n)$并且$VER_A(n)$ < TH_1，如果满足$VER_A(n)$ < $HOR_A(n)$并且$VER_A(n)$ < TH_1，跳过垂直二叉树划分和垂直三叉树划分的递归遍历过程。如果以上两个条件都不满足，进入步骤3。

步骤3：分别计算当前块中HB、VB、HT、VT划分模式下平均绝对误差MAE_{HB}、MAE_{VB}、MAE_{HT}、MAE_{VT}，若MAE_{HB}最小，跳过水平二叉树划分模式的遍历。若MAE_{VB}最小，跳过垂直二叉树划分模式的遍历。

若 MAE_{HT} 最小，跳过水平三叉树划分模式的遍历。若 MAE_{VT} 最小，跳过垂直三叉树划分模式的遍历。

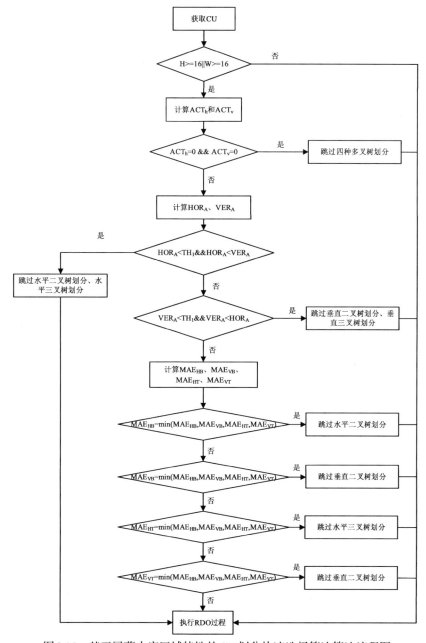

图8.15 基于屏幕内容区域特性的CU划分快速选择算法算法流程图

8.3.4 实验结果及分析

为了验证本节提出的算法的有效性，在VVC参考软件VTM10.0中测试该算法。本文选择VTM标准测试序列，涉及不同的场景和不同的分辨率。对每个序列在不同的QPs（22、27、32、37）下进行测试。使用BD–rate衡量所提算法的率失真性能，TS衡量节省的时间，TS定义为：

$$TS = \frac{1}{4} \sum_{QP \in \{22, 27\ 32\ 37\}} \frac{Time_{VTM}(QP_i) - Time_{Pro}(QP_i)}{Time_{VTM}(QP_i)} \quad (8\text{--}14)$$

表8.3　ESDA划分与VTM10.0划分实验性能比较

序列	TS	BD–rate		
		Y	U	V
FlyingGraphics	28.50%	0.6%	0.4%	0.6%
Desktop	13.25%	0.2%	0.3%	0.2%
Console	10.25%	0.8%	0.7%	0.7%
ChineseEditing	26.75%	0.4%	0.3%	0.2%
Web_Browsing	10.50%	0.5%	0.4%	−0.1%
Map	30.00%	1.4%	1.5%	1.0%
Programming	25.50%	0.6%	0.4%	0.5%
SlideShow	30.75%	0.6%	0.3%	1.2%
EBURainFruits	29.75%	0.5%	0.3%	0.0%
Robot	26.50%	1.0%	0.6%	0.7%
Kimono	32.00%	0.5%	0.2%	0.1%
Basketball_Screen	19.25%	0.7%	0.5%	0.6%
MissionControlClip2	14.50%	0.4%	0.5%	0.5%
MissionControlClip3	22.75%	0.5%	0.3%	0.5%
SlideEditing	29.25%	0.4%	0.2%	0.6%
WordEditing	28.75%	0.9%	0.6%	0.4%
平均	23.64%	0.63%	0.47%	0.48%

表8.3展示了本文所设计的等距子块亮度差变化幅值（ESDA）的指标效果，与VTM10.0相比，利用ESDA进行多叉树划分方向的提前决策可以在BD-rate仅增加0.63%的情况下节省23.64%的编码时间。表8.4显示了AI配置下VTM10.0与所提算法之间的实验效果比较。结果表明，AI配置下与原始参考算法相比，本文提出的基于屏幕内容区域特性的多叉树划分快速决策算法平均节省39.16%的时间，而BD-rate仅提高1.45%。表8.5显示了本文算法与VTM10.0在RA配置中的性能比较，在RA配置下，与VTM10.0相比，该算法平均节省了27.5%的编码时间，BD-Rate率增加了0.94%。表8.6展示了本文算法与VTM10.0在LDB配置下的实验效果，本文算法与VTM10.0相比平均可节省20.48%的编码时间，BD-rate增加1.01%。对于SlideEditing等只存在较多文字区域或空白区域的序列节省时间较多的同时也带来相对较多的质量损失，但Kimono等屏幕内容特征表现不明显的序列时间节省较少，而对于MissionControl2、MissionControlClip3、BasketballScreen等复合屏幕内容序列本文算法综合表现较好，这证实了本文针对复合屏幕内容视频不同区域特性设计多个指标的必要性。

表8.4 AI配置下VTM10.0和本章所提算法之间的性能比较

序列	TS	BD-rate		
		Y	U	V
FlyingGraphics	35.50%	1.4%	1.1%	1.2%
Desktop	38.25%	0.8%	1.0%	1.0%
Console	41.75%	2.0%	1.9%	1.7%
ChineseEditing	34.75%	1.1%	0.5%	0.6%
Web_Browsing	37.00%	1.6%	1.0%	1.5%
Map	40.50%	1.7%	1.5%	1.1%
Programming	40.00%	2.5%	1.5%	0.9%
SlideShow	42.25%	1.6%	1.5%	0.5%
EBURainFruits	37.75%	0.7%	0.2%	0.3%

续表

序列	TS	BD-rate		
		Y	U	V
Robot	43.00%	1.0%	0.1%	0.8%
Kimono	33.00%	0.6%	0.3%	0.2%
Basketball_Screen	40.50%	1.3%	1.1%	1.1%
MissionControl2	39.50%	1.3%	1.1%	1.0%
MissionControlClip3	38.75%	1.0%	0.9%	1.0%
SlideEditing	45.00%	2.0%	1.6%	2.2%
WordEditing	39.00%	2.6%	1.6%	1.5%
平均	39.16%	1.45%	1.06%	1.04%

表8.5　RA配置下VTM10.0和本章所提算法之间的性能比较

序列	TS	BD-rate		
		Y	U	V
FlyingGraphics	14.25%	1.3%	0.9%	0.7%
Desktop	22.00%	1.0%	0.7%	0.5%
Console	26.25%	1.3%	1.3%	1.1%
ChineseEditing	30.50%	0.8%	0.7%	0.5%
Web_Browsing	23.00%	0.9%	0.6%	0.3%
Map	35.50%	1.6%	1.2%	1.7%
Programming	29.75%	0.6%	0.4%	0.4%
SlideShow	33.75%	0.9%	0.6%	0.6%
EBURainFruits	32.75%	0.7%	0.3%	0.1%
Robot	34.25%	0.7%	0.6%	1.1%
Kimono	11.25%	0.9%	−0.2%	0.2%
Basketball_Screen	33.25%	0.9%	0.5%	0.6%
MissionControl2	31.25%	0.7%	0.4%	0.7%
MissionControlClip3	28.75%	0.9%	0.4%	0.6%
SlideEditing	38.25%	1.0%	0.9%	0.5%

序列	TS	BD-rate		
		Y	U	V
WordEditing	15.25%	0.8%	0.5%	0.5%
平均	27.50%	0.94%	0.61%	0.63%

表8.6 LDB配置下VTM10.0和本章所提算法之间的性能比较

序列	TS	BD-rate		
		Y	U	V
FlyingGraphics	12.50%	1.5%	1.1%	1.2%
Desktop	17.50%	0.7%	0.5%	0.6%
Console	19.00%	1.2%	0.9%	0.9%
ChineseEditing	11.50%	0.9%	0.2%	0.8%
Web_Browsing	16.00%	1.2%	0.9%	0.0%
Map	22.75%	1.5%	1.4%	1.4%
Programming	22.00%	1.3%	1.1%	0.9%
SlideShow	26.50%	1.2%	0.3%	0.9%
EBURainFruits	22.00%	0.6%	−0.2%	0.9%
Robot	30.50%	1.2%	2.0%	0.0%
Kimono	9.00%	0.6%	0.0%	0.2%
Basketball_Screen	16.25%	0.9%	0.6%	0.7%
MissionControl2	21.00%	0.8%	0.6%	0.8%
MissionControlClip3	14.75%	0.7%	0.5%	0.2%
SlideEditing	34.00%	1.0%	2.3%	0.4%
WordEditing	32.50%	0.9%	0.6%	0.6%
平均	20.48%	1.01%	0.80%	0.66%

图8.16展示了本算法与VTM10.0的率失真曲线对比。可以看出，四个序列的两条曲线都基本吻合，证实了本算法的性能。

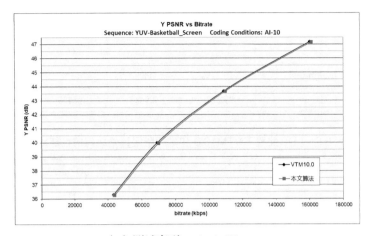

（a）测试序列 BasketballScreen

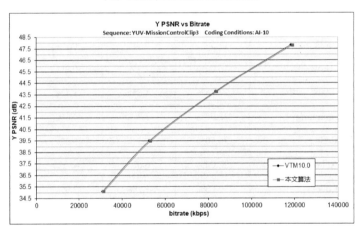

（b）测试序列 MissionControlClip3

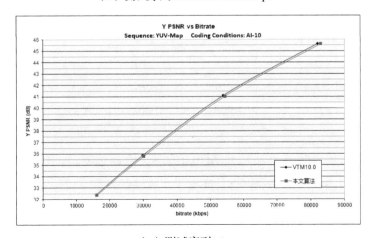

（c）测试序列 Map

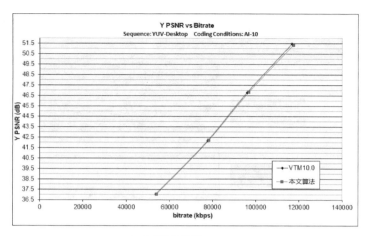

（d）测试序列 Desktop

图8.16　率失真曲线对比图

　　为了展示本文算法的视觉主观效果，图8.17选取了序列Programming第一帧在VTM10.0编码与本章算法编码后的重建图像的对比图，可以看出视频质量没有明显的损失。

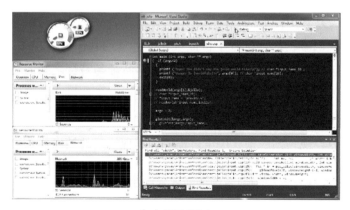

（a）VTM10.0

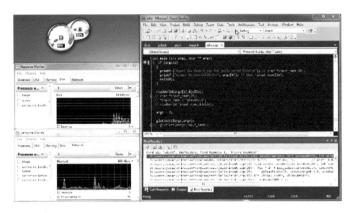

（b）本文算法

图8.17 序列"Programming"编码前后主观质量对比

8.4 基于特征交叉的屏幕内容视频帧内模式快速决策算法

复合屏幕内容视频编码中，为了加快帧内模式决策过程，常常需要将编码单元分类为自然内容CU和屏幕内容CU，根据CU类别的不同分别限定候选预测模式集，从而降低模式决策的计算复杂度。良好的特征对编码单元的分类具有十分重要的作用。然而，设计具有良好分类能力的特征有时候是比较困难的。现有基于特征设计的屏幕内容帧内模式决策算法中，对特征的选择问题进行了较多的研究，但对特征与特征之间的相互作用问题研究较少。有研究表明，通过特征间的相互交叉能够产生新的具有更强判别力的新特征，从而提升分类性能。本章中，通过将特征交叉的思想引入到屏幕内容视频帧内模式决策过程中，实现快速的帧内模式决策。

8.4.1 屏幕内容视频帧内预测模式复杂度分析

在VVC标准下的屏幕内容视频帧内预测中，每一个64×64大小的CU及其子CU进行完整的帧内预测需要遍历传统帧内预测Intra模式（以下简称Intra模式）、IBC_AMVP模式、IBC_Merge模式、PLT模式等候选模式，从中选择代价值最小的预测模式作为当前CU的最佳预测模式。遍历这些编码模式需要耗费大量的编码时间。若能提前判断当前CU的最佳编码模式，从而跳过对不必要模式的遍历过程，则有利于加快屏幕内容视频的帧内编码速度。

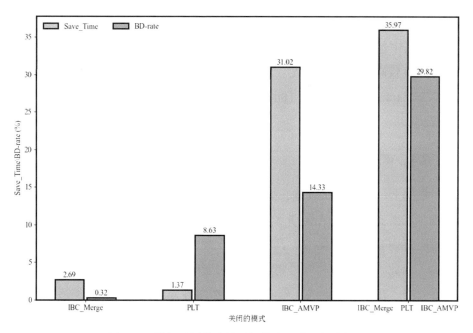

图8.18　关闭不同模式的时间节省和编码损失情况

　　为了分析屏幕内容视频帧内预测模式的性能和计算复杂度，在VVC标准的参考模型下，通过分别禁用IBC_AMVP模式、IBC_Merge模式、PLT模式以及同时禁用IBC_AMVP、IBC_Merge和PLT模式来测量各模式的性能和时间耗费情况，如图8.18所示，所用的测试序列为屏幕内容视频的标准测试序列。其中BD-rate（Bjontegaard Delta Rate）为编码性能的评价指标，BD-rate大于0代表编码性能下降，小于0代表编码性能提升，Save_Time代表禁用相应模式所节省的编码时间。

　　从图8.18中可以看出，同时关闭IBC_AMVP、IBC_Merge和PLT模式时，测试序列的BD-rate平均上升了29.82%，而编码时间平均节省了35.97%，表明这些工具能显著提升屏幕内容视频的编码性能。同时，统计数据也表明，这些编码模式的加入大大增加了编码时间。当关闭PLT

模式时，测试序列的BD-rate平均上升了8.63%，而时间节省平均只有1.37%。在关闭IBC_Merge模式时，测试序列的平均BD-rate上升了0.32%，而时间节省平均只有2.69%。在关闭IBC_AMVP模式时，测试序列的平均BD-rate上升了14.33%，而时间节省平均达到了31.02%。此外，Intra模式中包含众多的帧内编码模式，如：角度模式、ISP模式和MRL等，因此具有较高的计算复杂度。所以，若在编码过程中提前决策跳过IBC_AMVP或Intra模式，则有可能在较少编码损失的情况下获得较多的时间节省。

8.4.2 算法核心思想

根据上一节的测试数据，为了加快屏幕内容视频的帧内模式快速决策过程，需要实现IBC_AMVP和Intra模式的提前判决。IBC_AMVP模式是针对屏幕内容视频优化的工具，而Intra 模式是针对自然内容视频优化的工具，因此，这里的关键是将编码单元按照屏幕内容CU和自然内容CU进行分类。在基于特征的屏幕内容与自然内容分类算法中，分类特征的设计成为影响算法性能的关键。然而，有时很难设计出具有良好分辨能力的特征。有研究表明[36][37]，通过特征交叉操作可以获得有判别力的新特征。在本章的算法设计中，通过引入特征交叉思想，利用特征间的交叉作用来构造出新的具有更强判别力的特征，提升算法对编码单元的分类能力，在减少帧内模式决策时间的同时保持较低的编码损失。

特征交叉通常通过特征向量间的内积、阿达玛积或笛卡尔积来实现。然而，在进行特征交叉时存在两个关键问题。首先，特征交叉会产生大量的新特征，这些新特征中既包含判别力强的特征，也包含判别能力不佳的特征。因此从新特征中选择判别力强的特征是十分关键的。其次，为了实现帧内模式的快速决策，应该选择具有低计算复杂度的特征交叉模型。

自适应因子分解网络（Adaptive Factorization Network，AFN）[37]是特征交叉领域的网络模型，具有无需指定交叉阶数、自动筛选有判别力的交叉特征、轻量级等特点，满足本章算法的基本要求。因此，本章选择AFN网络作为特征交叉的基本模型，设计屏幕内容视频帧内模式快速决策算法。

8.4.3 AFN网络工作原理

AFN网络模型是一种深度推荐网络模型，主要用于CTR（Click-Through-Rate）预测任务。AFN网络主要由嵌入层、对数变换层和隐藏层组成，其中对数变换层是AFN的核心部分。对数变换层将待交叉的特征向量转换到对数空间，利用对数神经元将特征交叉中每个特征的幂运算转换为带系数的乘法运算，每一个对数神经元可以自动学习有用的交叉特征。

图8.19所示为AFN网络的基本结构。为了节省篇幅，该图中也包含了本章改进的结构，改进部分的设计将在后文说明。图中，网络的输入特征向量X由X_V和X_L特征组成，分别为数值型特征和类别型特征。类别型特征X_L通过嵌入层，得到相应特征的向量表示，如公式（8-15）所示：

$$e = \{e_1, \cdots, e_j, \cdots, e_m\} = embed(X_L) \qquad (8-15)$$

其中m为类别特征的个数，e_i为对应类别特征的向量表示，维度为4×1，e为对数变换层的整体输入。在得到类别特征的向量表示集e后，对向量进行对数变换并送入对数神经网络中进行计算，再将得到的结果进行指数变换，得到最终的交叉特征y_j，如公式（8-16）所示：

$$\mathbf{y}_j = ltl(\mathbf{e}) = exp\left(\sum_{i=1}^{m} w_{ij} \ln \mathbf{e}_i\right) = \mathbf{e}_1^{w_{1j}} \odot \cdots \odot \mathbf{e}_2^{w_{2j}} \odot \cdots \odot \mathbf{e}_m^{w_{mj}} \qquad (8-16)$$

其中y_j为第j个对数神经元的输出，其维度为4×1，j的取值范围为0到9，w_{ij}为第i行j列神经元的系数。函数ln（·）、exp（·）和w_{ij}次幂均是在相关向量的元素上进行的运算，$\odot$代表相关向量的对应元素相乘。

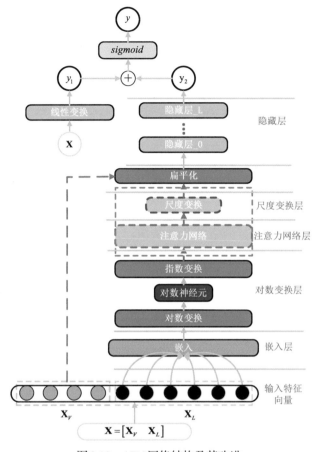

图 8.19　AFN 网络结构及其改进

对数变换层输出的交叉特征 y_j，经过扁平化操作，得到隐藏层的输入 $\mathbf{Z}_0$，如公式（8-17）所示：

$$\mathbf{Z}_0 = \left[\mathbf{y}_1^T, \cdots, \mathbf{y}_j^T, \cdots, \mathbf{y}_n^T \right] \tag{8-17}$$

其中 n 为前一层对数神经元的个数，本节中 n 设置为 10。$\mathbf{Z}_0$ 的维度为 1×40，[ ] 为连接操作，将展平后的 $\mathbf{y}_j$ 进行连接，共同组成隐藏层的输入。

AFN 网络的整体处理过程可以表达为式（8-18）：

$$AFN(\mathbf{X}) = linear(\mathbf{X}) + mlp\left(ltl\left(embed(\mathbf{X}_L)\right)\right), \mathbf{X} = \left[\mathbf{X}_V, \mathbf{X}_L\right] \tag{8-18}$$

其中 embed( ) 对应图 8.19 中的嵌入层，ltl( ) 对应图 8.19 中的对数变换层，mlp( ) 对应图 8.19 中的隐藏层，而 linear(X) 对应图 8.19 中的线性变换。

8.4.4 算法主体内容

（1）AFN网络模型的改进设计

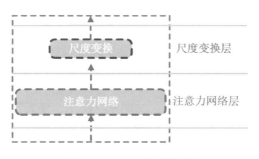

图8.20 AFN网络新增的层

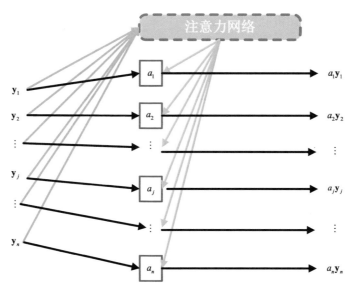

图8.21 注意力网络工作示意图

为了进一步提高网络对屏幕内容CU和自然内容CU的判别能力，本章将对AFN网络进行改进。在原AFN网络中，利用对数变换层自动学习到有判别力的交叉特征，这些交叉特征经过扁平化操作后，直接作为隐藏层的输入。然而，对隐藏层而言，它将同等处理所有所学习到的交叉特征，没有考虑到不同的交叉特征对网络性能的影响程度是不同的。同时，这也使得隐藏层具有较多的参数量。本文认为，应该对网络自动学习到的新特征的重要程度进行评价，并对新特征的尺寸进行压缩变换。因此，本章在AFN网络中引入注意力机制和尺度变换，改进的网络结构如图8.20所示。

1）注意力机制

为了能够评价不同的交叉特征对网络性能的影响程度，本文在对数变换层之上，加入了注意力网络层，如图8.21所示。随着网络训练的不断进行，注意力网络会根据指数变换的输出y_j对网络性能影响程度的不同，为不同的y_j分配不同的权重值a_j，以此评价出具有更强判别力的交叉特征，提升网络的整体性能。注意力网络的工作示意图如图8.21所示，其中注意力网络由多层感知机制构成。

由于注意力网络层的加入，隐藏层的输入与原AFN网络有所不同，因此原AFN网络中的公式（8-17）需要进行修改，修改后的公式如式（8-19）所示，其中权重值a_j的计算公式如公式（8-20）所示。在公式（8-20）中，$\mathbf{h}$、$\mathbf{w}$和$\mathbf{b}$均为注意力网络层的相关参数，其尺寸分别为10×1、4×10和10×1，并采用ReLu()作为该网络层的激活函数，同时使用softmax()函数对注意力网络层的输出进行标准化。

$$\mathbf{Z}_0 = \left[a_1 \mathbf{y}_1^T, \cdots, a_j \mathbf{y}_j^T, \cdots, a_n \mathbf{y}_n^T \right] \qquad (8\text{-}19)$$

$$a_j = softmax \left(ReLU \left(\mathbf{w} \left(ltl(\mathbf{e}) \right)^T + \mathbf{b} \right) \mathbf{h} \right) \qquad (8\text{-}20)$$

2）尺度变换

在原网络中，隐藏层的输入Z_0是由对数变换层的输出y_j经过扁平化操作后形成的，y_j的尺寸为4×1，在经过扁平化后，使得Z_0尺寸为1×40，这使得隐藏层的参数数量较多，增加了网络的训练时间和网络过拟合的风险，同时也增加了网络的训练难度。因此，本文在注意力网络层之上加入了尺度变换层，对注意力网络输出的$a_j y_j$进行尺寸压缩，从而减少隐藏层的参数数量和网络的训练时间，降低网络过拟合的风险和网络的训练难度。尺度变换层的原理如图8.22所示：

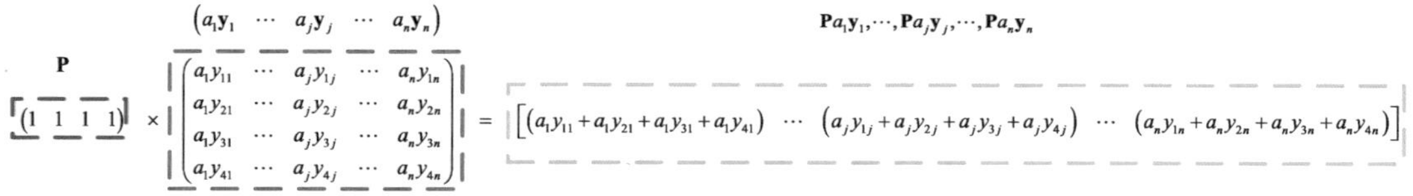

$$\underset{\underset{(1\ 1\ 1\ 1)}{P}}{\begin{bmatrix} \end{bmatrix}} \times \overset{\begin{pmatrix} a_1\mathbf{y}_1 & \cdots & a_j\mathbf{y}_j & \cdots & a_n\mathbf{y}_n \end{pmatrix}}{\begin{bmatrix} a_1y_{11} & \cdots & a_1y_{1j} & \cdots & a_ny_{1n} \\ a_1y_{21} & \cdots & a_1y_{2j} & \cdots & a_ny_{2n} \\ a_1y_{31} & \cdots & a_1y_{3j} & \cdots & a_ny_{3n} \\ a_1y_{41} & \cdots & a_1y_{4j} & \cdots & a_ny_{4n} \end{bmatrix}} = \overset{\mathbf{P}a_1\mathbf{y}_1,\cdots,\mathbf{P}a_j\mathbf{y}_j,\cdots,\mathbf{P}a_n\mathbf{y}_n}{\begin{bmatrix} \left(a_1y_{11}+a_1y_{21}+a_1y_{31}+a_1y_{41}\right) & \cdots & \left(a_jy_{1j}+a_jy_{2j}+a_jy_{3j}+a_jy_{4j}\right) & \cdots & \left(a_ny_{1n}+a_ny_{2n}+a_ny_{3n}+a_ny_{4n}\right) \end{bmatrix}}$$

图8.22　尺度变换层原理示意图

图中，红色虚线所包围的矩阵为注意力网络层的输出，P 为 1×4 的矩阵，且矩阵中的数值全为1。利用矩阵 P 与注意力网络层的输出相乘，从而对注意力网络的输出进行尺寸变换，变换后 a_jy_j 的尺寸由 4×1 变为了 1×1，Z_0 的尺寸也由 1×40 变为了 1×10。为此，需要更新公式（8-19），更新后的公式如式（8-21）所示。

$$\mathbf{Z}_0 = \left[\mathbf{P}a_1\mathbf{y}_1^{\,T},\cdots,\mathbf{P}a_j\mathbf{y}_j^{\,T},\cdots,\mathbf{P}a_n\mathbf{y}_n^{\,T}\right] \tag{8-21}$$

3）数值特征复用

除了以上改进之外，本文还对数值型特征 X_v 进行了复用，如图8.19左侧的红色虚线所示。在原 AFN 网络中，数值型特征 X_v 只在线性变换中和类别型特征 X_L 一起作为输入使用。本文通过将数值型特征 X_v 与尺度变换层的输出进行连接，共同作为隐藏层的输入，以达到复用数值型特征 X_v 的目的，最终形成一种类似于残差结构的网络，有利于提升网络表达能力。由于对数值型特征 X_v 进行了复用，因此需要更新公式（8-21），更新后的公式如式（8-22）所示。本文将结构改进后的 AFN 网络称为 AFN_Attention 网络，其整体处理过程如公式（8-23）所示。本章将在8.4.6节对网络结构改进前后的性能进行比较。

$$\mathbf{Z}_0 = \left[\mathbf{X}_V, a_1\mathbf{P}\mathbf{y}_1^{\,T}, a_2\mathbf{P}\mathbf{y}_2^{\,T}, ..., a_n\mathbf{P}\mathbf{y}_n^{\,T}\right] \tag{8-22}$$

$$AFN\_Attention(\mathbf{X}) = linear(\mathbf{X}) + mlp(\mathbf{Z}_0), \mathbf{X} = \left[\mathbf{X}_V, \mathbf{X}_L\right] \tag{8-23}$$

（2）损失函数的选择

图8.23 难分类样本示例

对于一个典型的屏幕内容视频帧，视频中总是有很多图标，典型的图标如图8.23所示。由于图标中的局部结构具有相似性，它所在区域的最优预测模式应该为IBC模式。然而，根据数值特点来判断，这种区域更倾向于被分类为自然内容块；而且，该区域周围常常使用Intra模式进行编码，增加了对这类区域进行编码模式判决的难度。这类样本称为难分类样本。为了解决这一问题，本文将网络AFN_Attention的损失函数由交叉熵损失函数修改为Focal Loss损失函数，以下简称FL损失函数。FL的表达式如（8-24）所示，其中α和γ为参数，通过调节参数α和γ，可以调节网络对难分类样本的判断能力。本章中，α和γ的值分别设置为0.2和3。本文将修改损失函数后的网络称为AFN_Attention_FL，它的性能将在8.4.5节进行展示。

$$FL = -\frac{1}{N}\sum_{i=1}^{N}\left[\alpha\left(1-\hat{y}_i\right)^{\gamma} y_i \, log \, \hat{y}_i + (1-\alpha)\hat{y}_i^{\gamma}\left(1-y_i\right) log\left(1-\hat{y}_i\right)\right]$$

（8-24）

（3）特征设计

如图8.19所示，网络的输入特征可分为数值特征和类别特征两类，AFN网络只对类别型特征进行特征交叉操作。本文根据屏幕内容视频的特点，将AFN_Attention以及AFN_Attention_FL网络的输入特征进行如下设计：

1）数值型特征

信息熵（H(X)）：与自然内容CU相比，在相同尺寸下，屏幕内容

CU亮度值的多样性要小于自然内容CU亮度值的多样性，因此引用信息论中的熵作为描述两类CU的特征。计算如公式（8-25）所示：

$$H(X) = -\sum_{I=0}^{I=1024} P_I \log P_I \qquad (8-25)$$

其中P_I为CU中每种亮度值出现的概率，计算方法如下：$P_I = n_i/N$；N为CU中亮度值的个数，n_i为亮度值为i的亮度值的个数。

平均灰度水平差值（MGLD）：屏幕内容图像通常色调离散，颜色饱和度高，图像块像素灰度差值较大而灰度级数较少，通常含有较高的平均灰度差值[38]，这与自然内容图像有着明显的不同，本文选择平均灰度水平亮度差作为网络的输入特征，计算如式（8-26）所示。

$$MGLD = \left(\frac{max\_val - min\_val}{gray\_level\_num}\right) \times 0.001 \qquad (8-26)$$

在公式（8-26）中，max_val、min_val代表当前CU中的最大亮度值和最小亮度值，$gray\_level\_num$代表着当前CU的灰度级数。

背景像素的百分比（PBC）：背景色是指在一个CU内，具有像素个数最多的灰度级。在屏幕内容图像中，由于没有摄像机噪声的影响，具有相同灰度级的背景像素所占的比例一般比较大。而自然内容图像中，由于摄像机噪声的影响，具有相同灰度级的背景像素所占的比例往往比较小。因此，本文选择背景像素百分比来区分两类，其计算公式如式（8-27）所示。

$$PBC = \frac{piel\_number\_most}{width \times height} \qquad (8-27)$$

piel_number_most代表当前CU内的背景像素的个数，width和height分别代表当前CU的宽度和高度。

高梯度像素数（HGN）：公式（8-28）中，$high\_gradient\_number$代表着当前CU中的高梯度像素个数。这是由于屏幕内容视频中通常具有锐利的边缘，因此选用CU中的高梯度像素个数作为CU的分类特征。高梯度像素的判决如公式（8-29）所示，将当前像素的亮度值$P_{i,j}$与它上下左右像素亮度值作差，若差的绝对值大于阈值TH_1，则认为当前像素为高梯度像素，其中TH_1的值设置为128。

$$HGN = \frac{high\_gradient\_number}{5000.0} \qquad （8-28）$$

$$\left|P_{i,j} - P_{i,j\pm1}\right| > TH_1 \quad or \quad \left|P_{i,j} - P_{i\pm1,j}\right| > TH_1 \qquad （8-29）$$

2）类别型特征

对于所有的CU，原则上它们所具有的类别型特征都可以进行特征交叉而不用考虑特征判别能力的强弱。考虑到屏幕内容视频的特点，本算法设计的类别型特征如表8.7和表8.8所示。

表8.7　相邻CU类别属性表

相邻CU类别	相邻CU属性
Left_above_CU	{N、Y、X }
Left_CU	{N、Y、X }
Above_CU	{N、Y、X }

在表格8.7中，Left_above_CU、Left_CU、Above_CU分别带代表左上方相邻CU、左方相邻CU以及上方相邻CU，这里所谓的相邻CU属性指的是相邻CU是否存在以及相邻CU的最佳预测模式是否为Intra。这里用N表示相邻CU不存在，用Y表示相邻CU的最佳预测模式为Intra，用X表示Y的反例。

表8.8　当前CU深度类别属性表

当前CU深度类别	深度属性
CurrBtDepth	a ~ g
CurrDepth	a ~ g
CurrMtDepth	a ~ f

在表8.8中，CurrBtDepth、CurrDepth、CurrMtDepth分别代表当前CU的二叉树深度，当前CU的深度以及当前CU的多叉树深度。当前CU的二叉树深度CurrBtDepth有0 ~ 6共7个深度，分别用a ~ g共7个字母表示；由于能够进行帧内预测的CU宽高均小于或等于64，因此当前CU的

深度CurrDepth的范围为1 ~ 7，分别用a ~ g的字母表示。同样，当前CU的多叉树深度CurrMtDepth有0 ~ 5个深度，依次用a ~ e的五个字母表示。

本章将最佳预测模式为Intra的CU的特征向量的标签设定为0，将最佳预测模式为IBC_AMVP的CU的特征向量的标签设定为1，至此完整的特征向量定义完毕。

8.4.5 实验结果与分析

为测试网络改进前后的效果，基于公开的视频编码测试序列进行实验。从Desktop、ChineseEditing、Console、Map、MissionControlClip2、Programming和Robot共7个测试序列中的第一帧中提取训练样本，共获得训练样本3410167条；从SlideShow、WebBrowsing、FlyingGraphics、BasketballScreen和MissionControl3的第一帧中提取测试样本，共获得测试样本2390092条。为了增加网络的泛化能力，提取训练样本和测试样本时，QP统一设置为30，与后面编码实验中使用的QP=22，27，32，37相区别。使用Pytorch框架建立网络AFN、AFN_Attention和AFN_Attention_FL，其中AFN和AFN_Attention的损失函数均采用二值交叉熵损失函数，其公式如（8-30）所示。

$$Loss = -\frac{1}{N}\sum_{i=1}^{N}\left[y_i \log \hat{y}_i + (1-y_i)\log\left(1-\hat{y}_i\right)\right] \tag{8-30}$$

其中N为mini-batch的大小，值为2048。网络的训练周期为300个epoch，优化器使用Adam优化器，学习率设为1e-4，由于网络模型比较简单，训练和测试均在CPU上进行。表8.9展示了各网络在测试集上的性能表现。

表8.9　网络改进前后的性能对比

网络模型	ACC	TPR	FPR
AFN	79.71%	40.29%	8.55%
AFN_Attention	83.08%	54.64%	8.46%
AFN_Attention_FL	82.91%	58.11%	9.70%

　　从表8.9可以看出，改进后的AFN_Attention网络要优于原网络AFN，而AFN_Attention_FL网络和AFN_Attention网络在ACC（Accuracy）和FPR（False positive rate）上差别不大，但在TPR（Ture positive rate）上，AFN_Attention_FL网络要优于AFN_Attention网络。

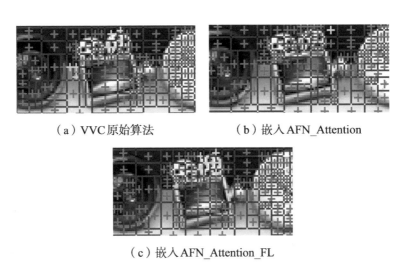

（a）VVC原始算法　　　　　　　（b）嵌入AFN_Attention

（c）嵌入AFN_Attention_FL

图8.24　AFN_Attention和AFN_Attention_FL的性能对比

　　在编码过程中，AFN_Attention_FL网络和AFN_Attention网络在难分类样本上的表现如图8.24的（a）（b）和（c）所示。其中图8.24（a）为VVC原始算法的分类效果，图8.24（b）为AFN_Attention网络下VVC的分类效果，图8.24（c）为AFN_Attention_FL网络下VVC的分类效果。图中红色十字代表最佳编码模式为Intra模式，绿色十字代表最佳编码模式为IBC模式。通过对比图8.24（a）、图8.24（b）和图8.24（c）中IBC模式数量可以看出，AFN_Attention_FL网络对难分类样本的分类能力要优于AFN_Attention网络。

　　基于表8.9中的数据对比以及AFN_Attention和AFN_Attention_FL在难分样本上的不同表现，本章的后续实验均选用AFN_Attention_FL网络。此外，为了加快AFN_Attention_FL的计算速度，本章利用C++语言重新编写了AFN_Attention_FL网络的前向传播过程，使得AFN_Attention_FL

网络的计算复杂度降低到只占VTM10.0计算复杂度的1%左右。

在VTM中，根据AFN_Attention_FL网络的输出y，为当前CU分配不同的编码模式，分配策略如公式（8-31）所示。

$$CU_{Mode} \in \begin{cases} \{Intra、PLT \quad IBC\_Merge\} & y > 1-y \\ \{IBC\_AMVP、PLT \quad IBC\_Merge\} & y \le 1-y \end{cases} \quad (8-31)$$

若AFN_Attention_FL网络的输出y大于1-y，则当前CU的候选编码模式为Intra、PLT、IBC_Merge，否则为IBC_AMVP、PLT、IBC_Merge。其中PLT模式和IBC_Merge模式总是被保留，原因是它们的编码复杂度较低且能够提供较好的编码性能。

编码实验中，所有序列均采用All Intra（AI）配置，QP设置为通用的测试值22、27、32和37。采用ΔT和BD-rate作为算法的性能评价指标，ΔT的计算公式如式（8-32）所示。

$$\Delta T = \frac{1}{4}\sum_{QP_i \in \{22,27,32,37\}} \frac{T_{proposed}(QP_i) - T_{VTM10.0}(QP_i)}{T_{VTM10.0}(QP_i)} \quad (8-32)$$

$T_{proposed}$为所提算法所用的编码时间，$T_{VTM10.0}$为VTM10.0的原始编码时间。BD-rate为新算法相对于VVC原始算法的质量损失指标。在共有测试视频序列下，本章所提算法与文献[19]以及文献[38]相比，实验结果如表8.10和表8.11所示。

表8.10 本章算法与文献[19]中所提算法对比

测试序列	文献[19]		所提算法	
	ΔT/%	BD-rate/%	ΔT/%	BD-rate
FlyingGraphics	−18.51	6.66	−25.99	4.38
Desktop	−32.29	2.24	−26.38	1.40
Console	−23.69	1.98	−24.78	4.87
ChineseEditing	−31.89	1.37	−26.03	1.76
Web_Browsing	−17.62	7.01	−25.69	1.14
Map	−26.87	2.28	−33.57	1.65
Programming	−24.55	3.64	−26.10	1.70

测试序列	文献[19]		所提算法	
	ΔT/%	BD-rate/%	ΔT/%	BD-rate
SlideShow	−23.19	3.77	−31.07	2.44
EBURainFruits	−36.44	0.07	−40.67	0.01
Robot	−37.33	1.98	−37.38	0.53
Kimono	−24.66	−0.07	−23.90	−0.03
Basketball_Screen	−25.16	4.38	−29.21	1.69
MissionControlClip2	−31.23	2.17	−32.99	1.72
MissionControlClip3	−29.32	5.71	−26.73	1.31
平均	−27.34	3.09	−29.32	1.76

表8.11 本章算法与文献[38]中所提算法对比

测试序列	文献[38]		所提算法	
	ΔT/%	BD_BR/%	ΔT/%	BD_BR/%
FlyingGraphics	−16.6	4.22	−25.99	4.38
Desktop	−18.9	1.1	−26.38	1.40
Console	−16.55	4.95	−24.78	4.88
Web_Browsing	−21.09	1.09	−25.69	1.16
Map	−27.51	1.87	−33.57	1.65
Programming	−20.37	2.04	−26.10	1.70
SlideShow	−24.55	1.41	−31.07	2.44
EBURainFruits	−33.35	0	−40.67	0.01
Robot	−29.62	0.67	−37.38	0.52
Kimono	−28.15	0.01	−23.90	−0.02
Basketball_Screen	−24.14	1.69	−29.21	1.68
MissionControlClip2	−27.97	1.14	−32.99	1.72
MissionControlClip3	−22.69	1.06	−26.73	1.31
平均	−23.96	1.64	−29.57	1.76

从表8.10可以看出，在共有测试视频序列下，本文所提算法在时间节省和编码损失上均要优于文献[19]所提算法。而在表8.11中，本文所提算法在平均时间节省上要多于文献[38]所提算法，但在平均质量损失上略高于岳洋洋等人所提算法。为了能够更好评价本文所提算法与文献[38]，本文使用$\Delta T/BD\_BR$作为评价指标。文献[38]在指标$\Delta T/BD\_BR$下的结果为-14.61，而本文算法的结果为-16.80。由于$\Delta T/BD\_BR$所代表的意义为单位BD_BR损失下的时间节省，因此可以看出本文算法优于文献[38]所提算法。

8.5 基于非正方形哈希块匹配的编码质量优化算法

8.5.1 帧间预测模式下编码性能分析

本节屏幕内容编码工具的性能测试包括：帧内块拷贝、调色板模式、自适应颜色域变换以及帧间和帧内块拷贝中的哈希块匹配。测试序列为Slideshow_444和desktop_444，配置文件为Low delay和Random Access，QP为32，编码帧数50。

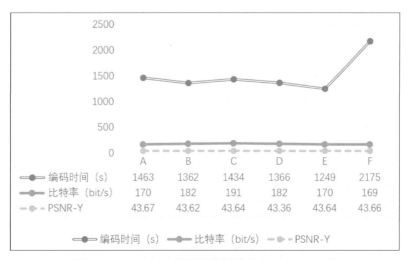

	A	B	C	D	E	F
编码时间（s）	1463	1362	1434	1366	1249	2175
比特率（bit/s）	170	182	191	182	170	169
PSNR-Y	43.67	43.62	43.64	43.36	43.64	43.66

图8.25　Low delay编码性能测试（Slideshow_444）

　　首先看Slideshow_444的测试结果，如图8.25和图8.26所示，A代表四种编码工具全部开启，B代表只关闭帧内块拷贝中的哈希块匹配，C代表只关闭帧内块拷贝，D代表只关闭Palette模式，E代表只关闭自适应颜色域变换，F代表只关闭帧间预测的哈希块匹配。与A相比，B、C、D、E在比特率的变化上并不明显。但是在F下，编码时间却有了极其明显的增长。这说明，哈希块匹配极大地缩短了编码时间，同时也保证了预测的准确性。但是，Slideshow并不能完全体现哈希块匹配的优越性，这是因为哈希块匹配的有效作用区域绝大多数是文字区域[39]。

　　因此，将添加一个测试序列来验证哈希匹配对文字区域的影响。如图8.27和图8.28所示，是视频序列desktop_444在Low delay和Random Access下的实验结果。可以看到帧内块拷贝对存在大量文字的视频序列有巨大的影响，同时，F状态下，比特率也有了明显的变化，升高了14%和10%。也就是说文字区域越多，哈希块匹配发挥的作用就越大。

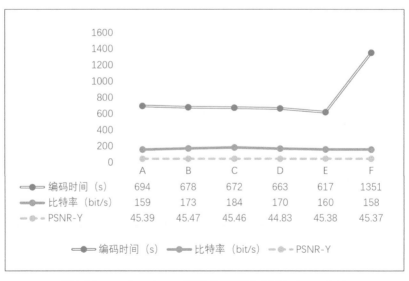

图8.26　Random Access编码性能测试（Slideshow_444）

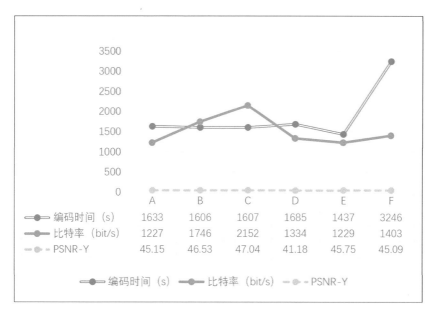

图 8.27　Low delay 编码性能测试（desktop_444）

哈希块匹配首次在文献 [39] 提出来。在文献 [40] 中，作者把哈希块匹配应用在帧间预测和帧内块拷贝预测过程中，从实验结果可以看出，哈希块匹配过程对于存在较多文字的视频序列能极大地提高编码效率。在文献 [41] 中，哈希块匹配正式被加入到屏幕内容测试代码模型（Screen Content Coding Test Model，SCM）中。帧内块拷贝和帧间预测中的哈希块匹配都设计为只针对正方形块的预测，但是由于哈希块匹配是帧间预测的一种特殊方法，帧间预测包含了长方形块的预测，因此，在帧间预测的哈希块匹配过程中增加长方形块的匹配过程将不会改变编码框架，同时根据文献 [42] 的分析可知，帧间预测块越小，预测也就越准确，因此增加长方形块的匹配过程将很可能提高编码性能，降低码率。

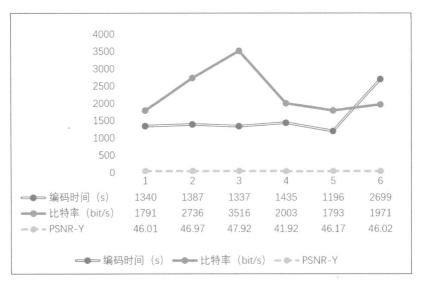

图 8.28   Random Access 编码性能测试（desktop _444）

8.5.2 哈希块匹配流程

（1）哈希表的建立

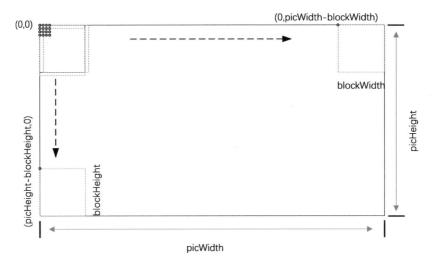

图 8.29   哈希表的建立

哈希匹配过程的第一步是哈希表的建立。哈希表是针对所有参考帧的，非参考帧不建立哈希表。图像的尺寸以及图像中简单块的数量决定了哈希表的大小。如图8.29所示，按照从左至右、从上到下的顺序，每个整像素位上计算一次哈希值，若当前块不是简单块，则当前块就会被添加至哈希表。

对于一个2N×2N（N=4、8、16、32）的哈希块，需要计算2个哈希值。第一个哈希值（Hash value1）需要消耗18 bits，作为哈希表的索引值。其中前两个比特代表了哈希块的大小（00代表8×8大小，01代表16×16大小，10代表32×32大小，11代表64×64大小），之后的16比特是根据当前哈希块原始像素值计算得到的。第二个哈希值（Hash value2）也是根据原始像素值计算而来，被用来排除哈希冲突，达到精确匹配的目的。

在早期的测试代码中，哈希值的计算都是直接基于像素值的。Hash value1和Hash value2的计算都采用循环冗余校验（Cyclic redundancy check, CRC）码的计算方式。Hash value1和Hash value2使用ITU–IEEE标准的CRC–24形式，Hash value1为0×5D6DCB，Hash value1为0×864CFB。 在HM–16.9+SCM–8.0中，哈希值的计算只采用了一种自下而上的方式[43]。哈希值的计算过程如下：

1）根据原始像素值计算2×2大小块的哈希值。$pixel[Y_i]$为Y分量的第i个像素值，$pixel[U_i]$为U分量的第i个像素值，$pixel[V_i]$为V分量的第i个像素值，$Hash()$代表使用CRC计算哈希值。

$$Hash\text{value}_{2\times2} = Hash\begin{pmatrix} pixel[Y_0], pixel[U_0], pixel[V_0], \\ ..., pixel[Y_3]\, pixel[U_3]\, pixel[V_3] \end{pmatrix} \quad (8\text{--}33)$$

2）根据4个2×2大小的子块哈希值计算4×4大小块的哈希值。

$$Hash\text{value}_{4\times4} = Hash\begin{pmatrix} hashvalue_{2\times2}^0, hashvalue_{2\times2}^1 \\ hashvalue_{2\times2}^2, hashvalue_{2\times2}^3 \end{pmatrix} \quad (8\text{--}34)$$

3）重复这个过程，计算8×8、16×16、32×32、和64×64大小的哈希值。

$$Hash\text{value}1_{16\times16} = Hash\begin{pmatrix} hashvalue1_{8\times8}^0, hashvalue1_{8\times8}^1 \\ hashvalue1_{8\times8}^2, hashvalue1_{8\times8}^3 \end{pmatrix} \& 0xffff + 01 << 16$$

$$(8\text{--}35)$$

同时，在整个计算过程中，会检测当前块是否是简单块。这些简单块具有以下特征：每行像素值都相同或者每列的像素值相同。由于这些简单块能在帧内预测过程中得到很精确的重构值，所以把这些简单块从哈希表中排除不但不会影响预测的精度，还会在很大程度上节省哈希搜索的时间，降低编码复杂度。

简单块的排除方法如下：如图8.30所示，是一个2N×2N大小的块，先按顺序判断标号为0、1、2、3这四个N×N大小的子块是否为简单块，若其中一个不是简单块，则该2N×2N大小的块不是简单块，若这四个字块都是简单块，则判断标号4、5的子块是否是简单块，若横向和纵向标号为4、5的子块都是简单块，则该2N×2N大小的块是简单块，否则不是简单块。

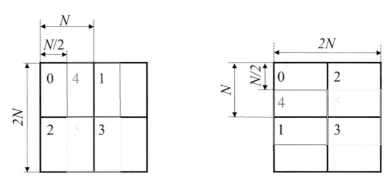

图8.30　正方形简单块的判断

（2）基于哈希的运动估计

基于哈希的运动估计过程如下：

1）计算当前块的哈希值，并在哈希表中搜索匹配块。

2）若当前块深度为0，如果找到匹配块且匹配块的重建图像质量不比期望值差，则跳过之后的率失真优化过程。如果当前块深度不为0并且找到匹配块，则跳过整像素运动估计和半像素运动估计过程。若找不到匹配块，则执行原始的运动估计过程。

8.5.3 非正方形哈希块匹配

在目前的哈希块匹配过程中，哈希块的搜索仅限于正方形块。如果对于所有支持尺寸的预测块都能进行哈希块匹配，那么预测精度将会有明显提高。如图8.31所示：

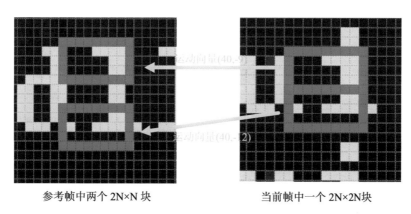

参考帧中两个 2N×N 块　　　　　当前帧中一个 2N×2N 块

图8.31　2N×N哈希块匹配

在图8.31中，每个红框代表了一个大小为2N×N（N = 4, 8, 16, 32）的块。图中右侧上下相邻的两个红框代表了当前帧中一个2N×2N大小的块，记为B_0。B_0有B_1和B_2这两个N×2N大小的块组成。图中左侧两个N×2N的块B_3和B_4是参考帧中B_1和B_2的匹配块。在2N×2N块的帧间运动估计中，B0并不能找到其匹配块，并且在Test Zone搜索（TZ search）域中，B_1和B_2在N×2N块的运动估计过程中仍不能找到匹配块。但是，若是使用基于哈希块匹配的运动估计，B_1和B_2就能不受到TZ search 搜索范围的限制，找到B_3和B_4作为其匹配块，其运动向量分别为（40，–9）和（40，–12），从而得到更精确的预测，最终提升整体的编码效率。

8.5.4 算法主体内容

（1）非正方形块哈希值的计算

为了计算非正方形块的哈希值，Hash value1的所用比特数应改为

20。前四个比特由块的大小来决定，如表8.12所示。后16个比特和Hash value2由块的原始像素值决定。

表8.12 Hash value1 的前四个比特分配

前4个比特	对应大小块	前4个比特	对应大小块
0001	8×8	0111	16×8
0010	16×16	1000	8×16
0011	32×32	1001	32×16
0100	64×64	1010	16×32
0101	8×4	1011	64×32
0110	4×8	1100	32×64

类似于正方形块哈希值的计算，非正方形哈希值的计算也采用由下而上的方式。以8×4块的计算为例，图8.32显示了这一过程。对于一个8×4块，哈希值的计算基于其两个子4×4块的哈希值，一个4×4块哈希值的计算基于其四个子2×2块的哈希值，2×2块哈希值的计算直接由原始像素值来决定。

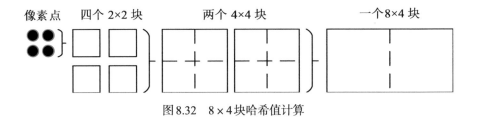

像素点　　四个 2×2 块　　　两个 4×4 块　　　　一个8×4 块

图8.32　8×4块哈希值计算

8×4和4×8大小的简单块同样不会被添加到哈希表内。其简单块的判断如图8.33所示，如果标号为1、2、3的子4×4块全为简单块，这说明该8×4或4×8块为简单块。

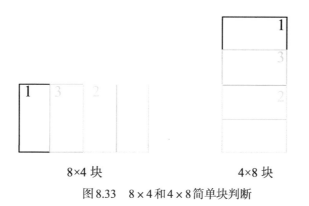

8×4 块　　　　　　　　　　　4×8 块

图8.33　8×4和4×8简单块判断

根据这种方法，所有2N×N和N×2N块的哈希值和可用性（是否为简单块）都能计算和判断出来。

表8.13　建立2N×2N哈希表所用时间

编码帧数	t_{hash} (ms)	t_a (ms)	t_{hash} / t_a
1	926	32835	2.82%
10	9198	122092	7.53%
20	18613	152199	12.23%
30	28246	178312	15.84%
40	38165	300038	12.72%
50	47772	330230	14.47%

（2）非正方形哈希块匹配的复杂度分析

在表8.13中，t_{hash}是建立哈希表所用的时间，t_a是编码时间。同时列出了随着编码帧数的增加，建立所有2N×2N哈希表所用时间绝对值和占用编码时间的百分比。可以看到，在编码帧数为1的时候，只有2.82%的编码时间被用来建立哈希表。然而，随着编码帧数的增加，建立哈希表用时所占百分比也在随之增加。

原因在于，对于同一个序列的各个参考帧，建立哈希表的时间基本是相同的。当编码帧数为1的时候，帧间预测这一过程并没有执行。而当编码帧数大于1时，帧间预测和其它的一些快速算法开始工作（例如哈希匹配中的快速算法），这就使得总体编码时间减少。可以用以下公式解释上述情况的原因，其中 t_{hash} 是建立 2N×2N 哈希表所用的时间，接近于一个定值，t_{other} 是个变量，总编码是减去 t_{hash} 的时间。当编码帧数为 1 时，t_{other} 所占比重最大。

$$t_{hash}\% = \frac{t_{hash}}{t_{other}} \times 100\% \qquad (8-36)$$

计算两个 2N×N 或 N×2N 哈希值的复杂度等于计算一个 2N×2N 哈希值的复杂度。所以，如果只建立 2N×N 和 N×2N 的哈希表，而不进行相应的运动估计过程，那么建立哈希表的时间应该变为 $2t_{hash}$，总编码时间应接近于 $2t_{hash}+t_{other}$。所以，t_{other} 所占比重会增加。如图 8.34 所示，建立所有的 2N×N 和 N×2N 大小块的哈希表将会带来巨大的时间开销。

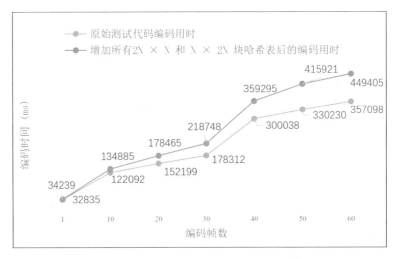

图 8.34　原始测试模型和添加 N×N 和 N×2N 哈希表的用时对比

另外，考虑到空间复杂度。一个哈希块需要 8 字节的存储空间，4 字节用于 Hash value2，另外 4 字节用于块坐标 x 和 y，各占 2 字节。Hash value1 用于哈希表的索引值。因此，对于一个 720P 视频序列，一帧哈希表所需空间为 $(1,280 - 8 + 1) \times (720 - 8 + 1) \times 8 \approx 7.3$ MB 存储哈希块信息，$(1 \ll 18) \times 8 = 2$ MB 用于建立表格。若该序列有 8 个参考帧，则 2N×2N 哈希表就需要 $(7.3 + 7.1 + 6.9 + 6.4 + 2) \times 8 = 237.6$ MB，2N×N

和N×2N哈希表需要548MB，是2N×2N哈希表占用空间的两倍多。

另外，由于在实际的编码过程中，16×8或者8×16大小块的预测过程可以被两个8×8大小块的预测过程所代替；同理，32×16或者16×32大小块的预测过程可以被两个16×16大小块的预测过程所代替。即，在N>4的情况下，一个2N×N或N×2N块的运动估计过程可以被其两个子N×N块所代替。综上所述，我们只增加8×4和4×8哈希块的匹配过程。

（3）8×4和4×8哈希块匹配

对于8×4和4×8哈希块匹配，Hash value1只需要19比特。前3个比特，000、001、010、011、100、和101分别代表了8×8、16×16、32×32、64×64、8×4和4×8大小的块。

8×4和4×8哈希块匹配过程在8×4和4×8预测块的TZ search 运动估计之前进行。如果当前块能找到匹配块，则跳过之后的运动估计过程，若找不到，则进行正常的TZ search搜索匹配过程。图8.35为其流程图。

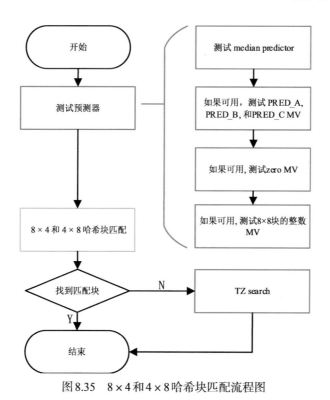

图8.35　8×4和4×8哈希块匹配流程图

8.5.5 实验结果与分析

本文试验基于屏幕内容编码模型测试代码HM–16.9+SCM–8.0，量化参数设置为22、27、32和37。试验结果如表8.14所示，在low delay 和random access 的配置下，BD–rate平均减少了0.6%和0.3%，而编码时间仅仅增加了1.56%和1.23%。这是由于视频序列中存在很多这样的块，它们具备第三节所描述的特征（如图8.36中红色方框所示）。同时可以注意到，这些被标记的块几乎都是文字块，这类块也是哈希块匹配过程的作用块。所以，针对有大量文字的序列，例如desktop、console、ChineseEditing、web browsing 和MissionControlClip3，其编码性能提升是很明显的，BD–rate减少了1.47%和0.94%。正是由于屏幕内容中文字的大量存在，使得我们的算法能有效地工作，最终使得编码质量提高。

表8.14 实验结果

	序列	BD–rate (low delay)			BD–rate (random access)		
		Y	U	V	Y	U	V
YUV, text and graphics with motion, 1,080 pixels	flyingGraphics	−0.06%	−0.04%	−0.04%	0.01%	0.06%	0.10%
	desktop	−2.66%	−2.63%	−2.66%	−1.34%	−1.31%	−1.32%
	console	−1.35%	−0.94%	−1.00%	−1.41%	−1.17%	−1.16%
	ChineseEditing	−0.70%	−0.88%	−0.64%	−0.46%	−0.44%	−0.42%
YUV, text and graphics with motion, 720 pixels	web_browsing	−1.17%	−1.19%	−1.41%	−0.53%	−0.55%	−0.58%
	map	−0.10%	−0.08%	0.01%	−0.05%	−0.05%	−0.04%
	programming	−0.25%	−0.16%	−0.43%	−0.07%	0.02%	−0.01%
	SlideShow	−0.15%	−0.39%	−0.84%	0.09%	0.14%	0.05%
YUV, mixed content, 1440p	Basketball_Screen	−0.01%	0.04%	−0.02%	0.01%	0.00%	0.02%
	MissionControlClip2	−0.17%	−0.10%	−0.31%	0.00%	−0.03%	0.00%
YUV, mixed content, 1080p	MissionControlClip3	−0.84%	−1.37%	−1.30%	−0.22%	−0.26%	−0.24%
YUV, animation, 720 pixels	robot	−0.03%	−0.10%	0.01%	0.00%	0.00%	−0.02%
平均		−0.62%	−0.65%	−0.72%	−0.33%	−0.30%	−0.30%
编码时间 (%)		101.56%			101.23%		
解码时间 (%)		100.89%			99.56%		

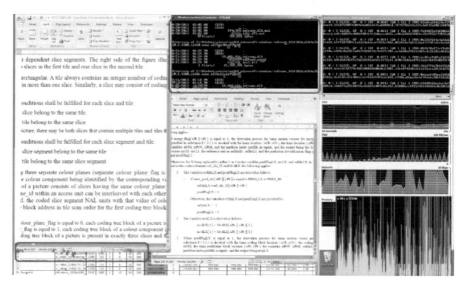

图 8.36　本实验中的匹配块

参考文献

[1]贾川民,马海川,杨文瀚,等.视频处理与压缩技术[J].中国图象图形学报,2021.

[2]Peng W H, Walls F G, Cohen R A, et al. Overview of Screen Content Video Coding: Technologies, Standards, and Beyond[J]. IEEE Journal on Emerging & Selected Topics in Circuits & Systems, 2016, 6(4):393–408.

[3]Xu X, Liu S. Overview of Screen Content Coding in Recently Developed Video Coding Standards[J]. IEEE Transactions on Circuits and Systems for Video Technology, 2021.

[4]Ma Z, Sun S. Research on HEVC Screen Content Coding and Video Transmission Technology Based on Machine Learning[J]. Ad Hoc Networks, 2020: 102–257.

[5]Xu X, Li X , Liu S . Current Picture Referencing in Versatile Video Coding[C]// 2019 IEEE Conference on Multimedia Information Processing and Retrieval (MIPR). IEEE, 2019.

[6]Jizheng, Joshi, Rajan, et al. Overview of the Emerging HEVC Screen

Content Coding Extension[J]. IEEE Transactions on Circuits & Systems for Video Technology, 2016.

[7]Nguyen T, Xu X, Henry F, et al. Overview of the Screen Content Support in VVC: Applications, Coding Tools, and Performance[J]. IEEE Transactions on Circuits and Systems for Video Technology, 2021, PP(99):1.

[8]Kuang W, Chan Y L, Tsang S H. Efficient mode decision for HEVC screen content coding by content analysis[C]//2019 13th International Conference on Signal Processing and Communication Systems (ICSPCS). IEEE, 2019: 1–5.

[9]Pang C, Sole J, Chen Y, et al. Intra block copy for HEVC screen content coding[C]//2015 Data Compression Conference. IEEE, 2015: 465–465.

[10]Xu X, Liu S, Chuang T D, et al. Intra block copy in HEVC screen content coding extensions[J]. IEEE Journal on Emerging and Selected Topics in Circuits and Systems, 2016, 6(4): 409–419.

[11]Guo L, Pu W, Zou F, et al. Color palette for screen content coding[C]//2014 IEEE International Conference on Image Processing (ICIP). IEEE, 2014: 5556–5560.

[12]Sun Y C, Chuang T D, Lai P L, et al. Palette mode — A new coding tool in screen content coding extensions of HEVC[C]//2015 IEEE International Conference on Image Processing (ICIP). IEEE, 2015: 2409–2413.

[13]Pu W, Karczewicz M, Joshi R, et al. Palette mode coding in HEVC screen content coding extension[J]. IEEE Journal on Emerging and Selected Topics in Circuits and Systems, 2016, 6(4): 420–432.

[14]Chen J, Ou J, Zeng H, et al. A fast algorithm based on gray level co-occurrence matrix and Gabor feature for HEVC screen content coding[J]. Journal of Visual Communication and Image Representation, 2021, 78:103–128.

[15]Kumar G P, Sreelekha G. Fast SCC in HEVC using a Palette Mode Decision Tree Classifier[C]//2020 International Conference on Communication

and Signal Processing (ICCSP). IEEE, 2020: 1356–1360.

[16]Kuang W, Chan Y L, Tsang S H. Low–complexity intra prediction for screen content coding by convolutional neural network[C]//2020 IEEE International Symposium on Circuits and Systems (ISCAS). IEEE, 2020: 1–5.

[17]Gao C, Li L, Liu D, et al. Two–Step Fast Mode Decision for Intra Coding of Screen Content[J]. IEEE Transactions on Circuits and Systems for Video Technology, 2022, 32(8): 5608–5622.

[18]Kuang W, Chan Y L, Tsang S H, et al. DeepSCC: Deep learning–based fast prediction network for screen content coding[J]. IEEE Transactions on Circuits and Systems for Video Technology, 2019, 30(7): 1917–1932.

[19]Tsang S H, Kwong N W, Chan Y L. FastSCCNet: Fast mode decision in VVC screen content coding via fully convolutional network[C]//2020 IEEE International Conference on Visual Communications and Image Processing (VCIP). IEEE, 2020: 177–180.

[20]Xu J, Joshi R, Cohen R A. Overview of the emerging HEVC screen content coding extension[J]. IEEE Transactions on Circuits and Systems for Video Technology, 2016, 26(1): 50–62.

[21]Guo L, Pu W, Zou F, Sole J, Karczewicz M, Joshi R. Color palette for screen content coding[C]. 2014 IEEE International Conference on Image Processing (ICIP). IEEE, 2014: 5556–5560.

[22]Pu W, Karczewicz M, Joshi R, Seregin V, Zou F, Sole J, Sun Y C, Chuang T D, Lai P, Liu S, Hsiang S T, Ye J, Huang W Y. Palette Mode Coding in HEVC Screen Content Coding Extension[J]. IEEE Journal on Emerging and Selected Topics in Circuits and Systems, 2016, 6(4):420–432.

[23]Malvar H S, Sullivan G J, Srinivasan S. Lifting–based reversible color transformations for image compression[C]. Applications of Digital Image Processing XXXI. International Society for Optics and Photonics, 2008, 7073: 707307.

[24]Zhang L, Chen J, Sole J, Karczewicz M, Xiu X, Xu J. Adaptive color–

space transform in HEVC screen content coding[J]. IEEE Journal on Emerging and Selected Topics in Circuits and Systems, 2016, 6(4): 446–459.

[25]Wang Z, Zhang J, Zhang N, Ma S. Adaptive Motion Vector Resolution Scheme for Enhanced Video Coding[C]. 2016 Data Compression Conference (DCC). IEEE, 2016: 101–110.

[26]薛雅利.基于内容特性的屏幕内容编码优化[D].深圳大学,2019.

[27]欧健珊,陈婧,曾焕强,等.结合内容特性与纹理类型的HEVC-SCC帧内预测快速算法[J].信号处理,2020,36(3):7.

[28]Lei J, Li D, Pan Z, et al. Fast Intra Prediction Based on Content Property Analysis for Low Complexity HEVC–Based Screen Content Coding[J]. IEEE Transactions on Broadcasting, 2017.

[29]Xue Y, Wang X, Zhu L, et al. Fast Coding Unit Decision for Intra Screen Content Coding Based on Ensemble Learning[C]// ICASSP 2019 IEEE International Conference on Acoustics, Speech and Signal Processing (ICASSP). IEEE, 2019.

[30]Huang C, Peng Z, Chen F, et al. Efficient CU and PU Decision Based on Neural Network and Gray Level Co–Occurrence Matrix for Intra Prediction of Screen Content Coding[J]. IEEE Access, 2018, 6:46643–46655.

[31]张文刚.基于屏幕内容统计分布与预测的CU快速划分算法[D].北方工业大学,2018.

[32]窦艺文.复合屏幕内容视频编码中的多叉树划分算法研究[D].北方工业大学,2023.DOI:10.26926/d.cnki.gbfgu.2023.000632.

[33]张思远.基于VVC的屏幕内容视频帧内编码优化研究[D].北方工业大学,2023.DOI:10.26926/d.cnki.gbfgu.2023.000419.

[34]朱昂.基于文字块识别和长方形哈希块匹配的屏幕内容编码优化方案[D].北方工业大学,2017.

[35]Saldanha M, Sanchez G, Marcon C , et al. Complexity Analysis Of VVC Intra Coding[C]// 2020 IEEE International Conference on Image Processing (ICIP). IEEE, 2020.

[36]Cheng H T, Koc L, Harmsen J, et al. Wide & deep learning for recommender systems[C]//Proceedings of the 1st workshop on deep learning for recommender systems. 2016: 7–10.

[37]Cheng W, Shen Y, Huang L. Adaptive factorization network: Learning adaptive–order feature interactions[C]//Proceedings of the AAAI Conference on Artificial Intelligence. 2020: 3609–3616.

[38]岳洋洋, 曾焕强, 陈婧, 等. 采用联合特征的 H. 266/VVC 屏幕内容快速模式选择算法[J]. Journal of Signal Processing, 2021, 37(8):1479–1486.

[39]W. Zhu, W. Ding, J. Xu, Y. Shi, and B. Yin, "2–D dictionary based video coding for screen contents," Data Compression Conference, 2014：43–52.

[40]W. Zhu, W. Ding, J. Xu, Y. Shi, and B. Yin, "Hash–Based Block Matching for Screen Content Coding," IEEE Transaction on Multimedia, vol. 2015（17）：935–944.

[41]B. Li, J. Xu, F. Wu, X. Guo, G J. Sullivan, "Description of screen content coding technology proposal by Microsoft, "JCTVC–Q0035, ITU–T/ISO/IEC Joint Collaborative Team on Video Coding, Valencia, ES, Mar. 2014.

[42]I K. Kim, J. Min, T. Lee, Block partitioning structure in the HEVC standard[J]. IEEE transactions on circuits and systems for video technology, 2012, 22(12): 1697–1706.

[43]W. Xiao，B. Li，J. Xu. " Bottom–up hash value calculation and validity check"，JCTVC–W0078_r1, ITU–T/ISO/IEC Joint Collaborative Team on Video Coding, San Diego, USA, Feb. 2016.